基于耕地质量建设的
废弃工矿用地复垦优化研究

边振兴　王秋兵 等　著

U0302873

科学出版社

北京

内 容 简 介

本书是在"坚持人与自然和谐共生"和"绿水青山就是金山银山"的新时代背景下,研究国土空间生态修复工程的特定类型——废弃工矿用地复垦利用前期评价技术体系构建和实证的成果。其主要内容包括基于耕地质量建设的废弃工矿用地复垦研究基础与框架、耕地质量和废弃工矿用地复垦适宜性评价、辽宁省废弃工矿用地利用现状调查、基于耕地质量的辽宁省废弃工矿用地复垦适宜性评价、辽宁省宜耕废弃工矿用地耕地质量评价、辽宁省废弃工矿用地复垦优化、辽西半干旱区铁矿采坑复垦工艺构建及营口市老边区废弃工矿用地复垦规划与设计实证等。

本书可作为国土空间生态修复技术服务单位的技术指导参考书。

图书在版编目(CIP)数据

基于耕地质量建设的废弃工矿用地复垦优化研究 / 边振兴等著. —北京:科学出版社,2022.9

ISBN 978-7-03-062788-9

Ⅰ. ①基… Ⅱ. ①边… Ⅲ. ①工矿区-复土造田-研究-辽宁 Ⅳ. ①TD88 ②F321.1

中国版本图书馆 CIP 数据核字(2019)第 239046 号

责任编辑:孟莹莹 李嘉佳 / 责任校对:樊雅琼
责任印制:吴兆东 / 封面设计:无极书装

科 学 出 版 社 出版

北京东黄城根北街 16 号
邮政编码:100717
http://www.sciencep.com

北京中石油彩色印刷有限责任公司 印刷
科学出版社发行 各地新华书店经销

*

2022 年 9 月第 一 版 开本:720 × 1000 1/16
2022 年 9 月第一次印刷 印张:15 3/4
字数:318 000

定价:119.00 元
(如有印装质量问题,我社负责调换)

作者名单

边振兴　王秋兵　钱凤魁　刘永海

魏忠义　王　帅　陈　昕　果晓玉

林　琳　孟　卓　刘晓晨　孙天祺

靳文娟　杨祎博　杨子娇　张宇飞

周　俊　齐　丽

前　　言

党的十九大报告提出"坚持人与自然和谐共生",并将其作为新时代坚持和发展中国特色社会主义的基本方略之一。党的十九大首次将"必须树立和践行绿水青山就是金山银山的理念"写入大会报告;大会新修订的《中国共产党章程》总纲明确指出"增强绿水青山就是金山银山的意识"。第十三届全国人民代表大会第一次会议将"推动物质文明、政治文明、精神文明、社会文明、生态文明协调发展,把我国建设成为富强民主文明和谐美丽的社会主义现代化强国,实现中华民族伟大复兴"写入《中华人民共和国宪法》。国土空间生态修复工程按照"山水林田湖草是生命共同体"的系统思想,对长期受到高强度的国土开发建设、矿产资源开发利用及自然灾害等的影响,生态系统严重破损退化,生态产品供给能力不断下降的重要生态区域,采取国土空间规划、土地权属调整和工程、化学与生物等综合措施,开展国土综合整治活动。

截至 2018 年,我国有超过 667 万 hm^2 因生产建设项目和自然灾害造成的损毁土地未得到复垦,其中 60%以上是耕地或其他农用地,我国粮食安全和生态安全受到严重威胁。废弃工矿用地复垦利用具有规模大、区域性强、工程类型多、复垦技术复杂、修复时间较长和综合效益显著等特点。无论是为落实党的十九大提出的"坚持人与自然和谐共生"的基本方略,还是为确保耕地数量、质量和生态"三位一体"综合管护,在废弃工矿用地复垦实施中都需要注重耕地质量管控、植被重建与景观生态系统建设等工作,并在工程实践中协同推进山水林田湖草系统综合治理与生态修复。废弃工矿用地复垦利用效果很大程度上取决于前期评价和规划方案的科学性。综合考虑废弃工矿用地生态的可用性、自然资源的属性和复垦技术水平、资金投入等因素,科学评价复垦为耕地的废弃工矿用地的质量和适宜性,是确保废弃工矿用地各生态要素得到系统修复,进而实现预期目标的重要基础。

在此背景下,本书以可持续性科学、资源科学和景观生态学为理论基础,通过对废弃工矿用地基本特征和国家有关废弃工矿用地复垦政策进行分析,并以土地适宜性评价和耕地质量评价为技术体系,构建废弃工矿用地复垦利用优化框架;分析和总结目前废弃工矿用地的分类方法,以《土地复垦条例》为参照,结合辽宁省废弃工矿用地的特点,提出以 3S 技术为主要技术的天地同步的废弃工矿用地调查方法,并对废弃工矿用地复垦利用过程中社会、经济和自然等因素进行评价，同时综合考虑不同类型废弃工矿用地的损毁特点，借鉴相关研究成果，根据不同的矿种建立废弃工矿用地复垦利用适宜性评价指标体系，并将 GIS 与层次分析法相耦合，利用空间模糊评价模型，在空间尺度上对废弃工矿用地复垦利用适宜性及耕地质量进行分析评价；借鉴并运用已有的研究成果和经验，实现废弃工矿用地再利用数量和空间结构优化的统一；依据国家废弃工矿用地复垦利用有关政策要求，提出适宜的废弃工矿用地复垦利用优化对策，并选择辽宁省西北半干旱区铁矿采坑进行复垦工艺设计，以及辽宁省营口市老边区废弃工矿用地进行复垦实例设计。

本项工作得到了辽宁省自然资源厅"辽宁省废弃工矿用地复垦再利用优化研究"课题的经费支持，辽宁省自然资源事务服务中心靳洪武高级工程师的技术指导和全程工作协调，以及调查点所在地自然资源部门的大力协助；还得到建平盛德日新矿业有限公司刘永海，沈阳农业大学魏忠义、钱凤魁等老师的支持。陈昕、齐丽、孟卓等硕士研究生做了大量与本书相关的研究工作，王帅老师、杨子娇老师、果晓玉、张宇飞、靳文娟、刘晓晨博士研究生以及林琳、周俊、杨祎博、孙天祺等硕士研究生对本书进行了内容完善和校稿工作，在此谨向他们致以热忱的感谢。

由于作者水平有限，书中难免存在不足和疏漏之处，我们殷切期望读者对本书提出批评和建议。

边振兴

2022 年于沈阳农业大学土壤楼

目　录

第二部分　实　践　分　析

第三部分　应 用 探 索

第一部分 基 础 理 论

第1章 基于耕地质量建设的废弃工矿用地 复垦研究基础与框架

1.1 理 论 基 础

1.1.1 概念

（1）废弃工矿用地：采矿及其相关活动造成生态系统结构和功能已全部或部分丧失的、非经治理而无法恢复的废弃的土地。除了少量废弃工矿用地由产权人自行组织复垦外，其他废弃工矿用地主要由国家组织安排复垦，包括《土地复垦条例》实施前的矿业开采损毁的土地以及复垦义务人灭失情况下（即无产权人）的矿业开采损毁的土地（崔毅敏，2017）。

（2）耕地质量：在一定的时间、一定的地区、一定的社会经济水平及耕作制度下，耕地的自然肥力状况与田间设施保障条件下形成的耕地生产能力（杨庆媛等，2018）。

（3）耕地质量建设：以国土资源部门为主导，农业、气象、环境保护等部门共同协作实施的一项系统性、综合性的工程，它以耕地保护为目标，以水利保障、土壤养育、地灾防治、污染治理等为重要内容（钱凤魁，2011）。

（4）土地适宜性：一定土地利用类型对某一种特定用途的适合程度。土地适宜性可分为现有条件下的适宜性和经过改良后的潜在适宜性两种。土地按其适宜的广泛程度，又有多宜性和单宜性之分（王沈佳，2013）。多宜性是指某一块土地同时适于发展农业、林业、旅游业等多项用途；单宜性是指该土地只适于某特定用途，如陡坡地仅适于发展林业、水域仅适于发展渔业等。由于每块地有不同等级的质量，因此每块地在满足同一用途上，还有高度适宜、中等适宜、勉强适宜或不适宜的程度差别。

（5）土地适宜性评价：针对某种特定的用途而对区域土地资源质量进行的综合评定。为了保证评价结果的科学性、正确性和实用性，就必须掌握一定的基本原理，遵循一定的评价原则。在现有的生产力经营水平和特定的土地利用方式条件下，以土地的自然要素和社会经济要素相结合作为鉴定指标，通过考察和综合分析土地对各种用途的适宜程度、质量高低及其限制状况等，从而对土地的用途和质量进行分类定级。

（6）土地复垦：是指对生产建设活动和自然灾害损毁的土地，采取整治措施，使其达到可供利用状态的活动。土地复垦通常分为复原、恢复与重建三种情形，复原是指复原破坏前所存在的状态；恢复是指将破坏土地恢复到稳定的和永久的用途，这种用途可以和破坏前一样，也可以在更高程度上用于发展农业，或者改做其他用途（刘文锴等，2006）；重建是指将破坏的场地恢复到与破坏前制定的规划相一致的形式和生产力。

1.1.2 基础理论

1. 人与自然和谐共生

人与自然和谐共生是指人与自然和谐发展、共生共荣的存在状态。第一，人与自然和谐共生是生态文明建设的时代要求。生态文明是对工业文明的超越，是对我国粗放式经济发展方式的超越，因此转变经济发展方式是生态文明时期的经济发展要求，而转变经济发展方式需要改变资源短缺趋紧的局面，需要改变生态环境恶化状况，需要满足人民日益增长的美好生活的需要。满足这些时代要求，需要树立人与自然和谐共生的理念，在经济发展中弘扬节约资源的思想，充分认识自然的价值。第二，人与自然和谐共生是生态文明建设的本质特征。新时代生态文明建设是通过实现人与自然的和谐来促进人与人、人与社会关系的和谐的，是通过实现人类的生产方式、生活方式、消费方式与自然生态系统相互协调发展，最终实现人类的可持续发展的，其根本目的是实现人与自然和谐共生，使人类更加幸福。新时代生态文明建设应树立尊重自然、顺应自然、保护自然的生态文明理念，着眼于保护生态环境关系到人民的根本利益和中华民族的长远利益。第三，人与自然和谐共生是实现中华民族永续发展的根本保障。生态兴则文明兴，生态衰则文明衰。人与自然和谐共生，是解决人与自然关系的最佳方案，是保护生态环境的思想基础，还关系到人民的根本利益和民族发展的长远利益。生态环境没有替代品，保护生态环境，功在当代、利在千秋。人与自然和谐共生，客观要求倡导绿色发展理念。绿色发展理念是正确处理经济发展与生态环境保护之间关系的思想基础。在经济发展的各方面融入绿色发展理念，可以形成绿色发展方式和绿色生活方式，这是实现中华民族永续发展的根本保障（冯留建和韩丽雯，2017）。

2. 可持续发展理论

可持续发展理论是指既能满足当代人的需求，又不对后代人满足其需求的能力构成危害的发展。可持续发展的基本原则包括公平性原则、持续性原则和共同性原则。可持续发展包含两个基本要素：需要和对需要的限制。满足需要，首先是要满足贫困人民的基本需要。对需要的限制，主要是指对未来环境需要的能力构成危害的限制，这种能力一旦被突破，必将危及支持地球生命的自然系统，即大气、水体、土壤和生物等。可持续发展涉及可持续经济、可持续生态和可持续社会三方面的协调统一，要求人类在发展中讲究经济效率、关注生态和谐和追求社会公平，最终达到人类全面发展。这表明，可持续发展虽然起源于环境保护问题，但作为一个指导人类走向21世纪的发展理论，它已经超越了单纯的环境保护，成为一个有关社会经济发展的全面性战略（陈百明和王秀芬，2013）。

可持续发展理论的提出、形成和发展完善是长期总结的过程。自20世纪60年代开始，人们逐步意识到社会经济的快速发展会带来土地资源紧缺、生态环境退化、水体污染、全球厄尔尼诺现象和物种消失等一系列问题。可持续发展是一种注重长远发展的经济增长模式，是科学发展观的一项基本要求。该理论最初提出是在1972年，指既能满足当代人的各项需求，又不对后代人需求满足构成损害和威胁。2002年，党的十六大报告《全面建设小康社会，开创中国特色社会主义事业新局面》把不断增强可持续发展能力加入全面建设小康社会的任务目标中。可持续发展是经济、社会和生态可持续发展的综合概括，突出人与自然协调共生的关系，人类的社会和经济发展必须符合资源与环境的承载能力，不能超越，并再次强调了发展的可持续性。总的来说，可持续发展，就是要促进人与自然的和谐，坚持走生产发展、生态良好、生活富裕的文明发展道路，实现人口、资源、环境和经济发展相协调，保证后代的永续发展（林培，1996）。土地是人类社会发展的物质载体，在其利用过程中更应该注重其可持续的特性，这样才能有效解决耕地资源开发浪费、占补不均衡等问题。因此，我们不仅要重视耕地质量建设及粮食产能提升，更要注重耕地质量状况，加强对其的保护，通过耕地质量评价、监测等手段，来保证耕地资源的数量与质量的双重提升，从而实现资源的可持续利用。

3. 农业区划理论

农业区划是指按农业地域分异规律，科学地划分农业区，是研究农业地理布局的一种重要的科学分类方法；是在农业资源调查的基础上，根据各地不同的自然条件与社会经济条件、农业资源和农业生产特点，按照区内相似性与区间差异性和保持一定行政区界完整性的原则，把全国或一定地域范围划分为若干不同类型和等级的农业区域，并分析研究各农业区的农业生产条件、特点、布局现状和存在的问题，指明各农业区的生产发展方向及其建设途径（林培，1996）。

农业区划理论是区位理论在农业布局、农业生产过程中的应用与延伸。20世纪20年代初期，先后产生了许多经典理论及代表人物：杜能的农业区位论、韦伯的工业区位论及克里斯塔勒的中心地理论等。最早的农业区划思想便起源于杜能提出的农业区位论。农业的劳动对象是自然界的动植物，自然因素等对农业生产起着至关重要的作用。因此，农业区划首先要在掌握自然规律的前提下进行，地形地貌、土壤类型、气候条件是通常要考虑的主要自然因素。在自然因素的约束下，地区的社会经济水平及人类行为习惯对农业区域布局和发展起着至关重要的作用（倪绍祥，2003）。我国目前已完成的农用地分等定级工作是基于大比例尺的、覆盖全国所有农用地的耕地质量评价工作。农用地分等定级是依据国家统一的指导规范，先对县级尺度进行评定，而后汇总到对应的省级成果，最终进行全国汇总。以这种方式进行的评定工作不仅能够反映耕地质量情况，还能够体现出耕地总体利用状况。同时，依据农用地分等定级成果建立的国家耕作制度标准、产量比系数和农作物生产等国家级参数体系，为我国国土资源管理工作提供了准确的农用地质量信息（金涛，2009）。

4. 人地关系理论

人地关系，即人类与其赖以生存和发展的地球环境之间的关系，是自有人类以来就存在的客观关系。人类的生存和活动，都要受一定的地理环境影响。人地关系理论就是指人类社会向前发展的过程中，为了生存的需要，而不断地扩大和加深对地理环境的改造和利用，增强适应地理环境的能力，改变地理环境的面貌，同时地理环境也影响人类活动，产生地域特征和地域差异的理论。随着人类进步和社会经济发展，人地关系日趋紧张，并由此产生了一系列的问题。因此，保证人类社会经济平稳快速发展的同时必须要保持生态系统的平衡、控制人口增长（钱凤魁，2011）。土地给人类提供了生产、生活所必需的产品和空间，是人类生存和发展的重要基础，但也在一定程度上制约着社会经济的发展，因此必须合理地处理好人地之间的矛盾关系，解决人地紧张问题，改善耕地质量，确保经济、社会、生态综合效益最大化（王沈佳，2013）。

人地关系是人类活动与地理环境相互作用的关系，土地是人类得到生产、生活必需品的基础和空间，但它也在一定程度上限制了人类社会的进步和发展，如当前我国面临人多地少的严峻形势。在我国国民经济快速、可持续发展的进程中，必须合理地处理好人地之间的矛盾关系。如何解决土地与人类之间的矛盾，使经济得到可持续发展、改善自然环境与人类生产生活的关系，已成为我国当前耕地资源保护研究中十分重要的问题。所以，粮食与人口的问题，总结起来还是人地关系的问题（钱凤魁，2011）。

5. 景观生态学理论

Ecology 一词来源于希腊文，原意是研究生物住所的科学。Haeckel、Elton、Andrewartha、Krebs、Odum、马世骏等生态学家都定义过生态学的概念。结合生态学的发展，人们现在一般认为：生态学是研究生物生存条件、生物及其群体与环境相互作用的过程及相互规律的科学（洪和琪，2015）。景观生态学

（landscape ecology）理论是以整个景观为对象，通过物质流、能量流、信息流与价值流在地球表层的传输和交换，通过生物与非生物，以及与人类之间的相互作用与转化，运用生态系统原理和系统方法研究景观结构和功能、景观动态变化及相互作用机理，研究景观的美化格局、优化结构、合理利用和保护的学科，是一门新兴的多学科交叉学科，主体是生态学和地理学（王业融，2016）。现代景观学研究向两个方向发展：一个方向是强调分析研究和综合研究相结合，分析研究通过对景观各个组成成分及其相互关系的研究去解释景观的特征，综合研究则强调研究景观的整体特征，这一方向的景观学相当于综合自然地理；另一个方向是研究景观内部的土地结构，探讨如何合理开发、利用、治理和保护景观，这一研究在苏联发展为景观形态学，在中国则称为土地类型学（史同广等，2007）。

在耕地质量建设过程中树立景观生态学理念，核心是把耕地视为完整的生态系统，维护耕地生态系统循环过程及其与周边环境的联系，协调人类与耕地的关系，关注和落实人类对耕地生态系统健康的责任。从宏观方面看，要使耕地质量建设有利于耕地生态系统发挥食物生产、气候调节、空气净化、水源涵养、土壤形成与保护、废物处理、生物多样性保护和休闲游憩等功能；从微观方面看，主要是在耕地质量建设的具体工作中，从规划、设计、施工等不同层面都要应用景观生态学理论，探讨耕地质量建设的生态化途径。

6. 系统论

系统论是研究系统的一般模式、结构和规律的理论，它研究各种系统的共同特征，用数学方法定量地描述其功能，寻求并确立适用于一切系统的原理、原则和数学模型，是具有逻辑和数学性质的一门新兴的学科。土地本身是由土地经济系统和土地生态系统在一定区域内耦合而成的生态经济系统，是由土地的自然属性和社会属性决定的。系统论的观点要求对土地的生态经济系统价值进行分析和统筹规划，从而获得最大的综合经济效益、生态效益。系统论要求以系统的整体优化为目的，从系统与要素之间、要素与要素之间、系统内外之间的相互联系和相互作用中甄别对方，并且遵循系统的整体性与动态发展性原则，为认知、操控、修改系统提供最佳优化方案（胡乔木，1993）。

7. 最低因子限制律

德国李比希发现的最低因子限制律的定义为：一个地区初始生产力只有当所有实质性因子都恰到好处地处于容忍范围之内时才可能获得；而地区初始生产力的水平却总是由一个不定的"本质因子"来决定的，在限制性因子排序中该因子总是处于最低地位并且独立发挥作用，而不考虑其他因子对区域初始生产力的形成具有多大的促进作用，这就是所谓的瓶颈资源或限制性因子（陈百明和王秀芬，2013）。

8. 土地资源优化配置理论

土地资源优化配置理论主要包含土地利用的数量结构优化、利用效益优化、时间组织优化、空间布局优化几个方面。土地一旦被开发利用就成为人类与自然界有机关联的，并且受自然、经济、社会和技术等因素的综合作用与交互影响的生态经济系统。土地利用系统的属性基础在于它的用途可调控性和经济可利用性，而这些属性又构成了区域土地资源评价的基本前提（史同广等，2007）。土地资源优化配置理论就是要依据各类型土地适宜性评价结果，以保持土地利用适宜性在时间上延续、空间上合理分布，最后达到土地资源持续利用为目标，针对每一土地类型的现状利用方式与适宜性进行匹配，判别分析出不适宜利用的类型和其适宜利用的方向，以可持续发展利用准则为指导，对现状利用不适合适宜性要求的土地利用方式按照自然生态的标准进行优化调整（王沈佳，2013）。

9. 生态控制论

所谓生态控制论，就是使事物发展过程遵循其规划所制订的方向与目标，使偏离目标保持在可允许的限度内变化。生态控制论分为三类：一是人类不同的活动之间、人与自然之间及个体与整体间的共生原则与公平性原则；二是对有效资源及可利用的生态位的竞争中效率最大化原则；三是通过再生系统对组织行为进行系统结构的维护、功能的完善和过程稳定性的增强，从而使整个系统得以保持自生与生命力再生的原则（倪绍祥，2003）。

1.1.3 耕地质量内涵及其建设研究现状

1. 耕地质量内涵

土地是民生之本、财富之母，是人类社会赖以生存和发展的基础，土地孕育了人类灿烂的文化和悠久的历史。在社会经济高速发展及城市化、工业化进程不断加快的进程中，土地已成为各国社会发展的重要支撑，其不仅提供了丰富的资源条件，承载了社会发展的根基，还提供了丰富的资产条件，成为各级政府重要的财政收入来源，带动了地区生产总值的增长。耕地资源是土地资源的精华，耕地开发、保护和利用问题已成为土地问题的焦点和核心之一。耕地资源是关系国计民生的重要资源，在国家的发展中具有重要的战略地位，因此维护一定数量和质量的耕地,对保障国家粮食安全、社会稳定及社会持续协调发展具有重要的保障作用(卞正富,2000)。

在前人对耕地质量的研究中,耕地地力最先被认识,其是指特定区域中特定的土壤类型通过地力建设和土壤改良后所确定的地力要素总和,是一个由耕地内在基本地力要素所构成的基础地力,是由特定气候区内地形条件、地貌条件、成土母质、农田基础设施、培肥水平、土壤理化性状等要素综合构成的耕地生产力。随着研究的逐步深入,学术界从耕地质量的综合性和相对性入手,开始全面考虑耕地质量。由于耕地质量的构成要素较多,要素之间也存在较为复杂的联系和影响,因此耕地质量是一个由多种因素相互影响形成的统一体。此外,地区间自然条件和利用水平的差异导致耕地质量在空间上的变异性,受地区之间耕地质量定义和标准不统一的影响,耕地质量优劣通常采用相对的表达形式。

就耕地生产力而言,不同学者根据自己的理解和研究目的给予了不同的表述,并提出了一些衍生的概念。1976 年联合国粮食及农业组织(United Nation Food and Agriculture Organization of the United Nations,UNFAO)发表的《土地评价纲要》提出,"土地生产力是在一定水平上完成某种用途的能力"。日本学者金野隆光在讨论土壤肥力与土地生产力的关系时指出,所谓土壤肥力,是指土壤生产植物的能力,土地生产力是土壤肥力与栽培环境(气候、种植方法等)的综合,从现实来讲,就是粮食产量的高低。金野隆光和朱铭义(1987)认为在农业上土地生产力是指一个地区的土地能生产人们可以利用的能量及蛋白质的能力,对耕地或粮食作物来说,土地生产力则是指单位面积耕地生产粮食的能力或数量。黎孟波和刘继华(1985)认为"土壤肥力是指在地表环境中某一地段全部自然地理要素(包括地质、气候、水文、植被、土壤等)及人类活动所形成的自然综合体在单位时间内生产若干特定植物产品的能力"。对于耕地,作物大田产量是耕地生产力的指标,人类在生产过程中通过物化的资本(种子、肥料、农药、机械、灌溉等)投入,获得现实生产力,以现实条件下耕地作物产量来衡量生产力的高低。

在侧重经济效益和生态效益研究中,耕地质量内涵主要概括为四方面:耕地对各种作物的适宜性、耕地生产力的大小、耕地利用后其环境污染情况及耕地利用后产生的经济效益的多少。耕地对各种作物的适宜性可以用生产力大小来表征,而生产力大小又可以用产生的经济效益表征,所以耕地质量实质上可以概括为耕地利用后产生的经济效益和生态效益(辛磊,2013)。韩德宝和王松江(2004)认为耕地质量是一个内涵十分丰富的概念,是一个比土壤肥力研究范围更宽、内涵更综合的概念,是由影响土地产出能力的一系列因素所决定的,包括耕地所处的气候因素(光温、降水)、地学因素(地形、土壤)、科技装备因素(农田基础设施条件)、人文因素(土地利用、投入产出)等;耕地质量的核心是耕地的全要素生产能力，提升耕地质量，不仅仅是提升土壤肥力、提高有机质水平，更重要的是提升耕地生产能力。陈印军等（2011）将耕地看作一种用于种植农作物、生产农产品的特定土地类型，将耕地质量的内涵概括为耕地的土壤质量、耕地的环境质量、耕地的管理质量和耕地的经济质量，即耕地质量是耕地土壤质量、耕地环境质量、耕地管理质量和耕地经济质量的总和。耕地质量是由地表要素、气候要素、工程要素和生态要素等影响耕地产出能力的一系列因素共同决定的（朱道林，2012）。邸延顺（2015）认为耕地质量是在一定时间、一定区域和一定社会经济条件下，耕地的自然肥力与田间设施保障情况下形成的耕地生产能力。孔祥斌（2017）在研究耕地质量时，侧重研究耕地质量的垂直方向、水平方向，耕地质量阶段差异性和影响耕地质量的因素，其强调功能和价值，将耕地质量内涵归结为其遗传性和改造性、动态变化性、抵抗力与恢复力、耕地健康、地租能力等。杨邦杰等（2010）认为耕地质量是一个综合性概念，是由气候因素、地学因素、科技装备因素、人文因素等共同决定的，其核心是耕地生产能力。

目前，我国的耕地形势依旧十分严峻，耕地数量减少、质量下降、生态问题增加，而且随着经济社会的快速发展、城市化进程的不断加快，许多优质的耕地资源被用于经济建设。现有耕地的不合理使用、土地退化、荒漠化、盐碱化等一系列土地问题也日益严重，耕地质量的保护、提高和建设受到社会各界的广泛关注。《中国耕地质量等级调查与评定》成果显示，全国耕地质量平均等别为 9.8 等，其中低于平均质量等别的耕地占全国耕地总面积的 57%以上，而生产能力大于 15 t/hm^2 的耕地仅占 6.09%，中低等地占到耕地总面积的 2/3 以上（国土资源部，2009）。由此看出，我国目前的耕地质量不容乐观，只有不断加强耕地质量建设与管理，通过耕地质量的提高来缓解耕地数量不足的问题。

耕地质量的保护、提高和建设离不开可持续发展、农业区划、人地关系和景观生态学等理论的支持。可持续发展涉及可持续经济、可持续生态和可持续社会三方面的协调统一。农业区划既是对农业空间分布的一种科学分类方法，又是实现农业合理布局和制定农业发展规划的科学手段和依据，是科学指导农业生产，实现农业现代化的基础工作，对于耕地质量保护、提高和建设有着关键的指导意义。人地关系是解决土地与人类之间的矛盾，使经济得到可持续发展、改善自然环境与人类生产生活关系的重要理论基础（朱道林，2012）。景观生态学从景观价值、生态价值和文化价值等方面，考虑在耕地质量建设中景观生态文化的建设。耕地质量理论之间既有一定的内在关系，也各自有自己的侧重点，对我国耕地质量保护、提高和建设有着重要的指导作用。

2004 年 8 月审核通过的《中华人民共和国土地管理法》（简称《土地管理法》）第四十一条提出国家鼓励土地整理。县、乡（镇）人民政府应当组织农村集体经济组织，按照土地利用总体规划，对田、水、路、林、村综合整治，提高耕地质量，增加有效耕地面积，改善农业生产条件和生态环境。2008 年，国务院颁布实施的《全国土地利用总体规划纲要（2006—2020 年）》明确的五项主要任务之一就是"以严格保护耕地为前提，统筹安排农用地。实行耕地数量、质量、生态全面管护，严格控制非农建设占用耕地，特别是基本农田，加强基本农田建设；加大土地整理复垦开发补充耕地力度，确保补充耕地质量"。从目前国家出台的法律法规中我们可以明显看出，国家在耕地保护方面不仅仅局限于数量，更加注重质量和生态，使数量、质量、生态一体化。

2. 耕地质量建设内容

耕地质量建设是落实最严格的耕地保护制度的重要内容，是发展现代农业的基础工程，是提高农业综合生产能力、确保国家粮食安全的根本保障，是优化利用土地资源、构建国家生态安全屏障的有效途径，也是各级自然资源部门的重要职责和任务。诸多研究者就耕地质量建设的内容而言，主要讨论的是高标准农田建设、土地的整治、土壤肥力的改善、农田设施的完善等，通过现代科学技术与土地利用相结合，提高耕地的产出率，增加粮食生产。耕地质量建设包含宏观途径和微观途径，我国目前比较成规模和系统的途径主要有土地综合整治、高标准基本农田建设、耕地质量监测系统建设、测土配方施肥等，这些途径均不同程度地对耕地质量的提升起到了促进作用。

徐明岗等（2016）从土壤的角度出发，认为耕地质量建设内容包含土壤有机质含量总体提高、土壤养分资源利用效率提高、土壤障碍因子得到消减或控制、高标准农田布局和比例合理化、耕地质量监测网络化。孙承军和王礼焦（2012）认为耕地质量建设必须科学配置耕地资源，在完善田间基础设施的基础上，以地力建设为核心，依靠科技进步，应用综合措施，全面推进耕地质量建设。赵红等（2011）认为从提高土壤肥力的角度出发，应采用有机、无机结合的方式，施用有机肥，不仅能有效提高土壤团聚体的稳定性，而且能培肥地力，还能改良土壤；加强有机肥的施用应结合当前农民浅翻耕的实际，鼓励农民在深耕的基础上积极开展有机肥建设，推广秸秆还田技术，大力发展绿肥生产和畜禽粪便肥料化利用，加强农业废弃物资源化，增加有机肥施用量，做到用地与养地相结合。胡召华等（2013）认为耕地质量建设可从农业污染减排技术、土壤退化防治、中低产田改造三个方面入手，大力推广病虫鼠害综合防治技术，做到物理防治、生物防治和化学防治相结合，减少农药使用量；开展退化土壤修复，还要将农艺措施、生物措施、工程措施等技术有机组合配套，有效提高耕地质量；综合利用农艺、生物、工程等技术，通过加强农田水利建设，改善排灌条件，增强耕地抵御自然灾害能力，推广有机肥建设等，全面提高中低产田综合生产能力。还有部分学者认为提高耕地质量的途径有增加土地的肥力、克服区域耕作限制因素、促进土地流转和提高土地利用率。林华和李瑞华（2012）在对耕地质量评价研究中建议河南省应转变耕地能值投入结构，改善耕地生态环境，提高耕地生态系统的回馈产出能力。龚杰和李卫利（2009）认为耕地质量的改善能促进粮食单产提高，有助于粮食生产的发展。郧文聚和程锋（2012）认为可从建设性、保育性、替代性、再生性和管控性五个方面提升耕地质量。张蚌蚌等（2015）认为耕地质量建设可以从提升有机质含量的休耕技术、免耕技术、覆盖技术，以及提升基础立地条件的测土配方施肥技术、提升盐碱地质量技术、提升废弃地复垦质量技术和建设高标准农田技术等方面入手，加强耕地质量建设。但是目前还缺乏从低碳及高效等角度，研究田、水、路、林和村综合协调提升耕地质量的配套技术。谢晓彤和朱嘉伟（2017）认为耕地质量建设要依据不同区域的障碍因子，合理地增施肥料培肥土壤，加强土地平整工程，建设农田灌溉工程，推广秸秆还田技术，改善土壤有机质，提高土地生产能力。李武艳等（2015）从耕地质量占补平衡角度提出在耕地质量建设中要充分考虑影响耕地质量的因素，关注补充耕地来源，建立耕地质量监测体系。汪景宽等（2012）通过对我国耕地质量建设与管理方面的法律研究，提出我国耕地质量建设与管理等方面的不足，强调完善法律法规，加强制度建设。邸延顺（2015）在基本农田建设分区研究中提到，耕地质量建设可就农田基础设施提升、退耕还林还草增加生态可持续性、建立保护责任和激励机制三个方面综合研究，以提高耕地质量。杨邦杰等（2010）认为耕地质量建设与管理应该以数量管控为前提，以产能提升为核心，以促进健康为保证，兼顾效率并实施有效监管，实施农田整治、表土剥离、质量监控、数质并重、用养结合和"土水农"结合等措施。何永家（2014）提出耕地质量建设要从国家政府层面高度重视，建立耕地整治的经济激励机制，完善法律法规，扎实推进测土配方施肥工作。

就我国正在开展的耕地质量建设工作而言，加强生态理念可以先从国家层面上制定框架性和指导性的顶层设计，研究不同区域耕地质量建设的生态化和环境友好型模式，制定设计规范和竣工验收标准，以及基于地块特征，提出菜单式的生态化和环境友好型技术组合方案，逐步形成符合生态与环境理念的完整体系。

在耕地质量建设过程中，应拓宽耕地质量建设内容的多样性，采取调整作物布局等多种措施，来解决污染耕地的问题。例如，城市周边蔬菜种植基地位于污染区，不一定花费巨大成本去修复和治理，也可以改变"城郊型"蔬菜生产供应，通过调整作物布局，重新规划蔬菜产地，将蔬菜种植基地转移到无污染的地区，而将污染区改变为工业用玉米、苗圃和花卉等种植基地，通过改变农业种植结构，合理利用这部分耕地（陈印军等，2011）。

在耕地质量监测和评价中，应运用高层次综合化、多指标量化手段，建立耕地质量综合指标体系和评价系统，探讨耕地质量的国家标准方案，为最终制定耕地质量的国家标准夯实基础（罗明飞和赵翠薇，2013）。在遴选耕地质量监测和评价指标中，要重视生态与环境方面的指标，掌握耕地生态和环境方面的动态变化，推进耕地质量的动态化管理。选取的生态与环境方面的指标应该能通过定位观察、田间试验和数值模拟等方法，以及遥感和尺转换等技术手段获取量化资料，还能够表征生态和环境方面在时间和空间上的演变特征与基本趋势。

3. 耕地质量建设研究进展

通过对耕地质量的不断研究，人们发现耕地在我们的日常生活中发挥着重要的作用，尤其是在国民经济和社会发展、生态系统构建及景观文化等方面。耕地质量建设中土壤要素的提升、耕地地力的改善、基础设施建设等是目前国内外学者比较关注的话题。因此，欧洲的一些发达国家关注的不仅仅是耕地地力的提升，同时更加注重生态功能建设、景观文化价值等（European Commission，2006；Pašakarnis and Maliene，2010），希望通过对土壤条件的改善及农田的整理，耕地的生产价值和景观生态文化价值得到提升（郧文聚和宇振荣，2011）。美国土壤学家 Lal（2004）研究认为提高耕地质量的一个重要方面就是实施土壤固碳，即通过一系列科学技术方法，增加土壤中碳的含量，提高耕地地力。就耕地质量监管而言，美国国家资源清查最为典型，其采用统计学的均匀分布原则，在全美共布设了 84.4 万个调查点，覆盖了所有的地类（Nusser et al.，1998）。英国的洛桑试验站、美国的 Sanborn 试验田、德国的 Weishenstepham 试验站、荷兰的 Geertveenhuizenhoeve 站和日本的 Konosu 中央农业试验站等均有着重要的作用（Rsamussen et al.，1998）。在我国，农业部 1984 年在全国开展基础地力长期定位监测试验（吴乐知和蔡祖聪，2007），中国科学院 1988 年设立土壤肥力与肥料效益长期定位监测试验站（姜勇等，2005），国土资源部 2011 年进行耕地质量等级监测试点（李奕志等，2014），但因为监测点布置标准不一，监测指标体系存在差异，监测网点的数量和精度的不同，同时检测内容存在重复，使得数据汇总和使用产生困难。在耕地质量建设方面，部分国家进行了土壤改良方面的研究。早在 20 世纪 40～50 年代，苏联在对黑钙土进行改良时，通过深耕、加深耕层来改善养分状况（伊万诺夫，1954）；50～60 年代，美国开始研究剖面改良技术；南斯拉夫利用改土机械，通过深耕打破土壤障碍层次（江焜等，1997）。国内部分学者在耕地土壤养分状况改良技术研究方面，主要是研究用配方测土施肥、绿肥种植、轮作、机械化秸秆还田及增施有机肥等方式改善土壤条件，提升耕地质量（陈学砧，2016）。

随着国内经济的快速发展，研究的不断深入，国内学者也逐渐关注耕地质量建设功能的研究。蔡运龙（2001）将耕地质量建设功能总结为生产、生态服务和社会保障三个方面；赵华甫等（2007）将其定位为生产服务、生态服务、景观文化服务、旅游观光休闲服务及社会服务等。

1.1.4 　土地适宜性评价内涵和研究现状

土地适宜性研究的很多方法在应用过程中都会涉及网络技术，如网络 GIS、多媒体 GIS 和 GIS 可视化技术。正如很多其他领域一样，网络技术的发展也影响着土地适宜性评价方法发展的进程，多媒体 GIS 将现代技术（视频、音频与虚拟现实）与土地适宜性评价相结合，成为传统方法进行延伸的平台。网络多媒体技术在土地利用规划调整中将有很大的潜力，它将从多个角度观察数据，具备产生很多情景的能力，可以为土地利用决策更好地服务（郑磊，2011）。

19 世纪末至 20 世纪初期，美国景观设计师开始应用手工绘图并叠加图像的方法进行土地适宜性评价，这种与 GIS 技术具有相似理念的土地适宜性分析方法开始被应用。而后，随着计算机技术和 3S 技术的快速发展，基于 GIS 技术的土地适宜性分析方法逐渐成为该领域的主流。

土地适宜性评价是土地评价的核心，可评估土地针对某种用途适宜程度的过程，通过对影响土地应用的自然因素和社会经济因素的综合分析，将土地按其对指定利用方式的适宜性划分为若干等级，以表明其作为各种用途的适宜程度与限制程度。土地适宜性评价通过对土地的自然、经济属性的综合鉴定，阐明土地属性所具有的生产潜力，以及评定农、林、牧、渔等各业的适宜性、限制性及其程度差异的评定（金赟，2013）。

土地适宜性评价研究的主要目的以土地利用现状为基础，综合分析影响土地生产力的自然因素和社会经济因素，对土地做出农、林、牧各业利用适宜程度分析，评出用地适宜等级、数量和分布状况，并提出今后改造利用的方向，为合理利用土地资源、充分挖掘土地潜力、发挥区域资源优势提供有力的科学依据。

土地适宜性评价不等同于土地利用规划，其只是提供某一块土地对某种利用的适宜性和适宜程度，究竟如何利用土地，必须在综合考虑社会经济条件和生态环境效益及其他因素的前提下，由土地利用规划决策者决定。如果拟改变一个地区的土地利用方式，首先需要预测改变之后的结果，那么这种评价结果的针对性会更强，实用性也较大，会更为有用，供决策者参考评价结果时，不仅要考虑土地自然属性，还要考虑社会经济效益和生态环境效益（张世书，2005）。

土地适宜性是针对一定土地利用用途而言的：从宏观上看，如适宜于农业、牧业、旅游、城镇建设、军事等领域；从微观上看，如适宜于种植小麦、水稻、菜地等。土地适宜性评价不是简单地根据土地的综合质量对土地进行质量高低和好坏的划分，而是评定土地在一定的经营管理水平下对确定利用类型适宜状况的过程。通过评价土地单元对不同利用类型的适宜程度，可以明确土地对每一种利用类型的适宜程度及适宜程度的数量、质量和结构特征，从而揭示出影响确定利用类型的限制性因子及其限制程度，为土地利用总体规划提供依据（王沈佳，2013）。

根据评价的预定用途不同，适宜性评价可分为土地的农业适宜性评价和土地的城市适宜性评价，通过评价阐明区域土地适宜于农、果、林、水产养殖等各业生产或适宜于城市建设，以及利用不合理的土地资源的数量、质量及其分布，从而为区域土地利用结构和布局的调整、土地利用规划分区等提供科学依据。农村土地适宜性评价应作为一个重要环节被纳入村级土地利用规划的过程中，为指导农村土地利用方式和空间布局提供科学依据。科学合理、准确地进行农村土地适宜性评价，进而为村级土地利用规划编制提供科学依据和技术支持，具有重要的研究价值和现实意义（贾硕，2014）。

国外土地资源评价体系已有 2000 多年的历史，在古埃及、古希腊、古罗马等国家的历史文献资料中都有对当时的土地进行等级划分的相关记载。在近代，国外土地适宜性评价研究起步较早的是美国，1903 年美国垦务局制订出一个应用于农用地灌溉的土地评价方法。美国人微奇（Veathc）公开发表《土地的自然地理划分》《自然土地类型的概念》《根据土地的基础来进行土地分类》等文章，以综合的观点来分析研究土地相关类型与等级的划分，进而可以在自然土地类型基础上将土地划分为不同生产结构的类型（吴文斌，2005）。

20 世纪 30 年代，美国以土壤分类为基础，按土壤类型、坡度级别、侵蚀种类划分了 8 个土地利用潜力级别，并于 1945 年编绘了一系列的土壤图，这为土地评价体系的建立奠定了基础。美国农业部土壤保持局在 1961 年正式颁布了土地潜力分类系统，这是世界上第一个较为全面的土地评价系统，它以农业生产力的评析为目的，主要从区域土壤的特征出发来对土地后备潜力进行评价，采用潜力级、潜力亚级和潜力单位三级划分方法。

另外，德国、苏联的景观学也为土地适宜性评价的发展奠定了一定的基础。德国在 1934 年就颁布了《农地评价条例》，是最早为土地评价立法的国家，这在一定程度上影响着其他欧洲发达国家土地评价的发展。此外，在澳大利亚、日本、加拿大等国家都有其自身特点的土地评价研究（陈茜，2012）。

近代土地适宜性评价研究在我国起步于 20 世纪 40 年代末期，一开始对耕地进行的清查和分等，后来的土地评价主要是对林业、牧业用地的评价。而全国范围进行大规模的、全面的、综合性的评价开始于 70 年代中后期，特别是改革开放以来，我国全面开展了较大规模的土地相关的评价工作，相关理论方法的研究也取得了重要的进展。1988 年陈光伟等在陕西的安塞县等开展工作，参照《土地评价纲要》进行了当地的土地适宜性评价。另外，70 年代末，国家计划委员会自然资源综合考察委员会组织编绘了 1∶100 万土地资源图,从其评价体系来看基本也属于土地适宜性评价的范畴,其中共划分了 8 个土地适宜类,并按土地适宜程度划分为三等,全国总共划分了 26 个等别。

土地适宜性评价真正应用于土地的科学管理是在 20 世纪 80 年代末期,研究者进一步提出了土地评价和立地评价(land evaluation and site assessment,LESA)的评价系统,该评价总系统分为土地评价子系统和立地评价子系统。这一系统与以前的各种评价系统相比更为全面和实用,提供了评价土地的可行性方法指导,具有一定的灵活性。

20 世纪 90 年代以来,地理信息系统的兴起为土地适宜性评价定量化提供了现代化的技术手段,从而实现了 UNFAO《土地评价纲要》的土地评价方法的发展。地理信息系统在我国起步比较晚,但是发展迅猛。

进入 21 世纪,土地适宜性评价的研究发展到了成熟阶段。随着全国性的评价规范、评价系统、评价指标的制定,以及遥感技术、计算机技术、地理信息系统技术的发展应用,计算机处理数据和图件的技术日趋成熟完善,土地适宜性评价由单一评价逐渐演变为更为成熟的土地综合评价(史同广等,2007)。

1.1.5　废弃工矿用地与复垦研究现状

国外常用 reclamation(恢复)、rehabilitation(重建)、restoration(复原)3 个词对土地复垦的过程进行描述。国外土地复垦不仅要求恢复土地的使用价值,而且要求恢复的场所保持环境优美和生态系统稳定,还要恢复其生物多样性。我国的土地复垦工作最早源于 20 世纪 50 年代,矿山职工自发地在排土场、尾矿上覆土种植粮食和蔬菜等。国外对土地复垦的研究多集中在宏观层次的法律法规、技术标准和管理手段上,目前开展土地复垦工作较好的国家有美国、澳大利亚等(刘文锴等,2006)。

矿山是原料和能源的生产基地,采矿业作为一种人类活动已有上千年的历史,开采矿藏给人类带来了巨大财富,但是矿产资源的开发不可避免地会对环境和土地产生破坏。露天开采、采矿废弃物堆积、地面塌陷等导致了大量矿山废弃地产生,使矿区的生态环境受到了严重破坏。《2018 全国矿山矿产企业名录》中统计,我国共有 9000 多个大中型矿山,26 万个小型矿山,因采矿而侵占的土地面积已经接近 4 万 hm^2,由此废弃的土地面积达 288 万 hm^2,且每年仍在以大约 4.67 万 hm^2 的速度递增。煤矿开采对土地的破坏最为严重,截至 2003 年,全国共有矸石山 1000 多座,总堆积量达 $3×10^{10}$ t,占地 5800 hm^2,塌陷区面积为 40 万 hm^2,塌陷地以平均每年 1.5 万～2 万 hm^2 的速度增加。矿山废弃地不仅占用和破坏了大量的耕地,而且还是持久且严重的污染源。随着废弃地数量的日益增加,环境和景观不断遭到破坏。在我国这样一个人多地少、土地资源紧缺的国家，矿山废弃地治理已经不再是一个单纯的环境污染问题，而是关系到国家的经济发展和人民生存的根本性问题（卞正富，2000）。

对矿区待复垦废弃工矿用地进行适宜性评价是土地复垦的重要内容之一，土地适宜性评价必须因地制宜、因时制宜，在此基础上对煤矿区被破坏土地进行复垦，恢复土地生产力，达到可供利用的状态，从而协调煤矿区建设用地和农用地之间的矛盾，有效保护耕地，促进矿区的稳定和经济的快速发展，同时，也可以恢复矿区的生态景观，减少水土流失，避免地质灾害，改善矿区及周围的生态环境，维护社会稳定（金丹和卞正富，2009）。

中国作为世界上最大的煤炭消费国，遗留了沉重的生态包袱——废弃矿山。据国土资源部通报的 2014 年度全国矿产资源勘查年检情况，截至 2014 年，中国现有矿产资源的开采共损毁土地约 6885.92 万亩①，已复垦 708.93 万亩（占矿产资源开采损毁土地的 10.3%），还有 6176.99 万亩未复垦。2014 年全国及分省矿山地质环境遥感监测结果显示，全国矿山开发占地 177.50 万 hm^2，正在利用的矿山开发占地面积约为 50.2%、废弃矿山开发占地约为 45.0%，已恢复治理矿山面积约为 4.8%。截至 2014 年底，全国矿山复绿工程已经完成的土地面积占全国总量的 11.00%，正在完成的占全国总量的 14.08%，未复绿的占 74.92%，因此中国复绿潜力巨大。中国正在利用的矿山面积大于废弃矿山面积，而废弃矿山面积为已治理矿山面积的 9.5 倍，废弃矿山的治理力度有待加强。截至 2014 年，我国 30 个省（自治区、直辖市）（不含上海、香港、澳门及台湾）共圈定矿山开发占地面积约占全国陆域面积的 0.18%。其中，采场占地比例为 40.66%、中转场地占地比例为 20.13%、地下开采沉陷（或采空塌陷）区占地比例为 15.31%、固体废弃物占地比例为 4.75%、矿山环境恢复治理面积占比为 4.69%。针对废弃工矿用地现状，中国采取了相应的措施，但形势依然严峻。中国采矿历史悠久，国有矿山采矿形成的废弃地历史遗留较多，其中很多分布在城市周边，影响了城市发展空间，也对土地生态环境造成了污染和破坏。党的十八大以来，生态修缮和维护已经逐渐成为衡量社会经济发展的重要指标，而矿产资源开采导致的生态环境污染与破坏成为摆在全社会面前的重大课题（卞正富，2000）。近年来的实践表明，加快废弃工矿用地的复垦利用，是在新形势下全面落实科学发展观、实施资源节约优先战略的重大举措，这有利于盘活存量用地、腾出发展空间。因此，开展废弃工矿用地复垦利用意义重大。

按照矿业用地的类型划分标准，矿业用地可做不同分类。各类型矿业用地的特点将对土地复垦的技术措施、复垦退出过程中的土地产权流转与相关经济权益

---

① 1 亩≈666.67 m^2。

分配模式的选择产生重要影响，故对不同的废弃工矿用地类型及特点分述如下。废弃工矿用地的毁损形态分为挖损、压占与塌陷三种形式：①挖损矿地，是因露天开采、挖沙、取土等生产建设活动而形成的；②压占矿地，是指采掘工业的建筑物、构筑物及废弃物占用的土地；③塌陷矿地，主要是地下井工开采所致，且部分情况的矿地塌陷将在开采活动完毕后的一段时间内逐渐呈现。损毁矿地类型及特点见表 1-1。

表 1-1　损毁矿地类型及特点

分类		特点
挖损矿地	采坑用地	地形地貌改变，植被遭到破坏；可以通过剥离、回填土等方式复垦，复垦难度大，再利用可能性小
压占矿地	露天（外排土场）	占用破坏土地，致使绿色植物减少，易造成粉尘污染；通常在整形覆土、植被重建后因地制宜再利用
	尾矿库及矸石堆	尾矿库堆置物的理化性质多样、复杂且多处于山地或凹谷，取土运土较困难，常形成大面积干涸湖床，易引起尘土飞扬，污染环境；复垦初期以绿化治理为主，后期可根据最终复垦目标改为实业型复垦或半永久性复垦（此为一段时期后尾矿还需回采利用）
	工业广场	已建成房屋设施，恢复农用的成本高、难度大；可改变房屋设施的用途进行再利用，如办公楼、商业综合体等
塌陷矿地	地表下沉地块	土地不平整，常形成积水；通过充填覆土等改造方法复垦后，优先农业利用；土地贫瘠且地势高的地区，复垦后宜用于林牧业；积水区可经挖深填浅后，用于水产养殖；塌陷盆地可用于蓄水，开发水源地
	地表裂缝地块	开采形成的地裂缝往往与地面塌陷地质灾害相伴而生，地裂缝发育特征受地质条件、地下采空区特征等因素控制

　　根据矿产资源的赋存条件，尤其是不同矿种的特性，矿产资源的开采主要包括露天开采、地下开采两种方式。世界各主要产煤国均以露天矿为主，经济性和安全性较高，其中美国、印度、德国、澳大利亚、俄罗斯等露天矿产量占全国煤炭生产总量的比例为 60%～80%，中国露天矿产量的比例则不到 4%，绝大多数只能靠井工开采。不同的开采方式决定了其对土地的利用方式可分为两种。露天开采主要是对地表及浅层的土地进行利用，露天开采的采矿用地包括采矿区用地和尾矿库用地，直接占用土地较多，对生态环境影响破坏较大。地下开采则是对地表及其地下的土地进行利用，地下开采的采矿用地可包括钻井生产用地、井场用地、交通运输用地、管道用地及一些场站配套设施用地。该开采方式直接用地相对较少，但排矸及采沉区面积较大且不稳定。不同开采方式的矿区用地特点为土地的利用、破坏情况各异，以至于对土地产权配置、盘活可行性等产生重大影响，见表 1-2。

表 1-2　不同开采方式的矿区用地类型及特点

矿地类型	特点
露天开采用地	占地面积大、分布广，用地周期相对较短，采矿后土地通常可以及时复耕，土地用途一般不改变；以临时用地的方式使用土地是盘活利用的重点
井工（地下）开采用地	一般单宗面积小、总体布局分散，对地表的利用位置由地下资源矿藏条件决定，具有唯一性，对土地利用期限长；除了工业广场可盘活利用外，其他用地主要是进行复垦

　　废弃工矿用地的复垦是合理利用每一寸土地，切实保护耕地，改善生态环境的有效手段。国外的许多学者已经对废弃工矿用地复垦的法律、政策、机制等问题进行了研究。土地复垦作为保护土地的必然选择，世界各国纷纷制定与废弃工矿用地复垦相关的法律法规和政策，平整因采矿破坏的土地，力求恢复土地原貌。20 世纪 70 年代后期，美国、澳大利亚、加拿大等国相继制定了专门的工矿用地复垦法规，美国《露天采矿管理与复垦法》、加拿大《露天矿和采石场控制与复垦法》等都对工矿用地复垦规划内容、验收标准、复垦资金来源、政府各级部门的职责及复垦技术做了详细规定。严格的工矿用地复垦政策法规和完善的管理体制，使这些国家能够达到较高的废弃工矿用地复垦率。美国《露天采矿管理与复垦法》对采矿许可证、土地复垦基金和土地复垦保证金制度都有明确规定，例如在开采许可证制度中规定：凡具有毁损土地的商业行为，都有复垦的义务；单位或个人申请许可证进行露天采矿作业时，申请主要内容应包括采矿后的复垦计划。德国《联邦采矿法》规定矿区业主必须对矿区复垦提出具体措施并作为采矿许可证审批的先决条件，即采矿许可证的签发必须以一份具体矿山关闭报告为准，严格的法律规定保证了稳定的资金渠道。德国的土地复垦工作通常从生态的整体变化和满足群众对环境的需要出发，而不仅仅是简单地平整土地或绿化。英国政府实施"弃用地拨款方案"，使废弃工矿用地复垦的资金来源得到了保障，此外复垦费用还通过上级政府拨款及地方政府筹措相结合的方式获得，复垦后的土地所有权归地方政府所有。德国在 20 世纪 20 年代初就开始对露天开采的褐煤区进行绿化。美国印第安纳州（Indiana）煤炭生产协会于 1918 年就自发地在煤矸石堆上进行种植试验。美国土地复垦研究的重点是露天矿的复垦（特别是煤矿）和开采废弃地复垦，尤其关注复垦的长期效果和可持续性。美国对开采沉陷地的土地复垦有三种做法，即挖沟排水、充填及挖沟与充填相结合。充填材料包括采选矸石及客土。客土充填复垦的土地和挖沟平整充填的地区可用作种植农作物；矸石等废弃物充填复垦的土地大多用于种草、植树或娱乐。德国露天煤矿较多，主要复垦为林业和农业用地。在技术研究方面，国外一些较好的方法还有利用计算机辅助设计（computer aided design，CAD）和 GIS 技术绘制采前与采后及复垦后的地貌等。我国土地复垦技术的重点在地貌重塑、土壤重构及植被恢复上，从而形成了煤矿塌陷土地复垦利用模式和露天矿的"剥离—采矿—复垦"一体化工艺，摸索出了深层煤开采、

深层塌陷区水产养殖重复利用、浅层塌陷区复垦造地种植和煤矸石充填塌陷区造地等多种煤矿塌陷区土地复垦利用模式。

国内专家学者对土地复垦潜力、土地复垦适宜性评价、植物修复技术、矿废弃地开发再利用的空间结构和对策进行了相关研究，取得的相关技术专利主要集中在工程措施领域，缺少矿区生态系统综合管理方面的技术。我国的土地复垦工作起步较晚，开始于20世纪六七十年代。1989年《土地复垦规定》的颁布代表着我国土地复垦正式走上法制化的道路。金丹和卞正富（2009）通过中国土地复垦政策与国外土地复垦政策的比较研究得出：我国应结合自身国情，借鉴美国、德国、加拿大、英国等国土地复垦的先进经验，从完善法律体系、健全组织机构、建立标准体系、明确复垦资金渠道、建立激励机制和加强宣传教育等方面完善中国土地复垦政策法规。赵淑芹和刘倩（2014）指出我国目前的工矿用地存在土地使用权取得方式单一、利用粗放、忽视环境保护等问题，并提出建立专门的复垦管理机构和专项资金，多方承担复垦工程任务和加强执法力度等措施。蒋小丹（2016）指出了在矿区土地复垦工作中公众参与的重要性，在开采许可证的发放、土地复垦保证金的缴纳、复垦工作的监督检查、保证金的返还、罚没等各个环节均应设置公众参与环节，使公众参与到矿区土地复垦工作的全过程。张弘等（2013）界定了与土地复垦公众参与相关的利益相关者，阐述了土地复垦中形成的政府机构、矿山企业、当地农民及咨询机构之间的利益冲突，并提出：土地复垦中的公众参与增加了公众对复垦的认同感，能够对土地复垦工作的实施起到监督作用，研究其内在利益关系可促进各方寻求利益的平衡点，减少因复垦土地的巨大利益冲突而引发的社会矛盾。也有学者对土地复垦监管方面存在的问题进行了研究，如贺振伟等（2012）通过对现阶段土地复垦监管工作的总结，在分析国家投资体制改革、工程建设项目管理方式、矿业用地改革趋势及复垦工程建设特点的基础上对中国土地复垦监管现状与阶段性特征进行了研究。在土地复垦保证金方面，国内的研究处于起步阶段。程琳琳等（2007）分析了我国矿区土地复垦保证金制度的建设现状，指出了其中存在的问题，并提出了进一步完善矿区土地复垦保证金制度的建议。龚杰昌等（2012）对我国矿区土地复垦保证金收取标准测算方法选择进行了研究，发现我国没有一个统一的保证金测算标准，各个地区的标准不同，且同一矿种也各不相同，最优的土地复垦保证金数额就是土地复垦的成本，确定保证金的标准必须以复垦成本为基础。赵淑芹和刘倩（2014）对当前土地复垦政策面临的问题及解决策略进行了研究，认为建立土地方案编制主体制度、土地复垦替代方案制度、复垦保证金制度和全程公众参与制度可以有效规避复垦面临的风险。也有学者关注土地复垦的生态标准问题，对复垦后矿区的生态质量进行了评价。刘喜韬等（2007）结合了模糊数学与层次分析法，对闭矿后的矿区土地复垦生态安全进行了评价，选取了土壤、水文、地质、风、矸石山、采空区等因素，并通过数学模型对矿区的生态安全程度进行了定量化的分析。

1.2　技术框架构建

1.2.1　废弃工矿用地特征

我国废弃地的研究起步较晚，对于废弃地的界定大部分只侧重于某一方面，还没有一个统一的定义，最早就是对废弃工矿用地的界定。国内外关于废弃工矿用地的定义较多，从土地利用角度定义，是指采矿、选矿和炼矿过程中被破坏或污染的非经治理而无法使用的土地。其主要特征包括污染性、破坏性、复垦难度大和资源潜力大等。

（1）污染性。废弃工矿用地的基质中一般缺少 N、P、K 和有机质，从而使得植物不能正常生长。废弃工矿用地中的 P 常处于化合物中或被分解释放，植物难以吸收。工业活动剥离了发育良好的土壤基质，破坏了地表植被层，水土流失加剧，缺少有机物来源造成了土壤有机质严重缺乏；部分废弃工矿用地中重金属含量过高，常含有大量的 Pb、Zn、Cr 等重金属元素。这些重金属元素的存在与植物生长有很大关系，当这些元素在植物体内超量存在时，则成为阻止植物生长的有毒物质，不仅抑制植物对营养元素的吸收及根系的生长，而且也加大了周边地区吸收重金属污染的潜在风险；大多数废弃工矿用地土壤都有高度酸化的特征，存在极低 pH 现象；干旱或生理干旱严重，给周边生态环境带来了极大影响。

（2）破坏性。废弃工矿用地物理结构不良，基质过于坚实或疏松。一方面工业活动的表土通常会被清除或挖走，而留下的通常是矿渣或心土，加上汽车和大型工业设备的碾压，使得暴露在外的土地往往是坚硬、板结的基质；另一方面采矿活动所产生的废弃物颗粒直径通常为几百乃至上千毫米，短期内风化粉碎困难，空隙大、持水能力差，加上表土受到严重扰动、原始结构被破坏而往往具有松散的结构。这种过于坚实或疏松的结构均使得土壤的出水保肥能力下降，从而降低了土壤的生物肥力水平。

（3）复垦难度大。与一般土地复垦相比，废弃工矿用地土壤长期暴露在污染物中，土壤退化严重，复垦技术难度大。废弃工矿用地复垦受到不同地区地形和气候条件限制，再加上矿区土地破坏类型多样，需要使用不同的复垦技术。废弃工矿用地复垦涉及的废弃工矿用地类型众多，损毁程度差异也较大，同时，各矿区的自然禀赋、社会经济和技术条件等不同，导致我国整个废弃工矿用地复垦技术体系复杂多样，复垦成本高，复垦难度大。

（4）资源潜力大。当前有相当数量的因生产建设项目和自然灾害造成的历史遗留损毁土地未得到复垦，废弃工矿用地较多且分布零散，复垦为耕地的潜力相比而言最大。

1.2.2　废弃工矿用地复垦

土地复垦是统筹生产建设活动、提高土地利用率有效的途径之一。同时废弃工矿用地复垦作为土地复垦工作中的一部分，既可以增加耕地，缓解人地矛盾，又可以改善农业生产条件和生态环境，促进农业增产、农民增收及社会和谐发展。废弃工矿用地复垦对于改善矿区生态环境、缓解土地供给瓶颈、推动土地资源的可持续利用具有十分重要的作用。

（1）适宜性评价是废弃工矿用地复垦的关键环节。当前，我国城镇化和工业化取得较快发展的同时，土地资源利用形势越来越不乐观，废弃工矿用地损毁问题更是加剧了人地矛盾。通过对废弃工矿用地进行适宜性评价，一是可以确定复垦方向，为土地利用规划提供科学依据；二是可以最大限度地挖掘土地资源潜力，实现有效合理地节约集约利用土地；三是可以通过废弃工矿用地复垦项目，以可持续发展为指导思想，以生态系统重建为最终目标，提出有较强针对性的土地复垦工程计划及措施，从而达到切实保护生态环境、实现可持续发展的目的。

（2）废弃工矿用地复垦已成为推动土地复垦最有效的激励措施。自 2012 年我国废弃工矿用地复垦利用试点开展以来，通过统一规划设计、整合项目资金等举措，因地制宜地实施复垦工程。具体措施包括多阶段检测土壤指标、多途径评定复垦质量、复垦利用指标实现跨县区挂钩流转等，这些措施的实施为进一步推进我国废弃工矿用地复垦利用工作，促进耕地保护和节约集约用地，拓展建设用地空间打下了基础。

（3）废弃工矿用地复垦成优质耕地可用于占补平衡。根据国土资源部 2015 年出台的《历史遗留工矿废弃地复垦利用试点管理办法》，废弃工矿用地复垦应坚持因地制宜、综合治理。复垦后的土地不得改变农业用途，应达到《土地复垦质量控制标准》（TDT 1036—2013）和国家土壤环境质量有关标准。废弃工矿用地复垦为耕地的，应与区域内建设占用耕地耕作层剥离再利用相结合。对存在污染风险的复垦项目，实施前应开展土壤污染调查与评价。严禁将存在严重污染隐患且在短期内无法修复的废弃工矿用地复垦为耕地。废弃工矿用地复垦成优质耕地可用于占补平衡，从而使得占补平衡渠道不再单一，进而推动了地方开展土地整治的积极性。

1.2.3　基于耕地质量建设的废弃工矿用地复垦优化技术框架

党的十九大报告提出"必须树立和践行绿水青山就是金山银山的理念"和"统筹山水林田湖草系统治理"。废弃工矿用地作为一种特殊土地类型，其再利用的好坏是"绿水青山"的关键所在，也关系到山水林田湖草系统生态功能。我国实行最严格的耕地保护制度，建设占用耕地指标紧缺，补充耕地难度较大，导致废弃工矿用地成为补充耕地、获取耕地指标的一个重要来源。废弃工矿用地既具有复垦潜力大，又存在难度大、生态脆弱和可能污染的特征，如何将废弃工矿用地精准复垦为质量好、生态位高的耕地，是其再利用中需要优先考虑和解决的问题。

　　本研究以人与自然和谐共生为基本理念，以可持续性科学、资源科学、生态学、景观生态学等为支撑。第一，以不同类型废弃工矿用地所在区域资源与环境（包括土壤资源、水资源、植物资源、气候、地形地貌等）为本底（底线）。第二，构建不同类型废弃工矿用地复垦适宜性评价体系并评价，确定宜耕、宜林、宜草、宜水（湿地）范围。第三，对宜耕的废弃工矿用地进行耕地质量等别预评价，可以复垦为高等别耕地的废弃工矿用地直接纳入复垦耕地库。第四，对复垦为低等别耕地的废弃工矿用地进行再次评价，易提质的纳入复垦耕地库，难提质的划入宜林、宜草、宜水（湿地）范围，之后，对宜林、宜草、宜水（湿地）的废弃工矿用地进行生态修复和生态系统优化。第五，构建废弃工矿用地所在区域的山水林田湖草共同体。本研究技术框架如图 1-1 所示。

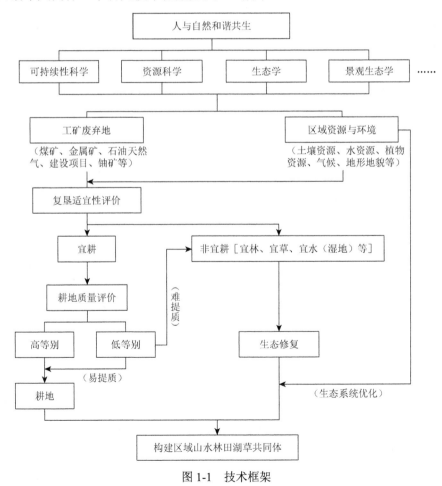

图 1-1　技术框架

第2章 耕地质量和废弃工矿用地复垦适宜性评价

2.1 耕地质量评价方法

2.1.1 标准耕作制度分区

《农用地分等规程》（TD/T 1004—2003）中根据影响耕作制度的主要环境指标，如热量、水分、地貌及社会经济条件，进行耕作制度分区，将全国分为 12 个一级区，包括东北区、黄淮海区、长江中下游区、江南区、华南区、内蒙古高原及长城沿线区、黄土高原区、四川盆地区、云贵高原区、横断山区、西北区、青藏高原区，40 个二级区。

（1）东北区：包括大小兴安岭地区、三江平原长白山地区、松嫩平原区和辽宁平原区 4 个二级区。大兴安岭的北端，地势呈西高东低，位于第一阶梯—第二阶梯及其接合部，冬寒夏暖，昼夜温差较大，年平均气温为–2.8℃，最低气温为–52.3℃，无霜期为 90～110 天，年平均降水量为 746 mm，属于寒温带大陆性季风气候。

（2）黄淮海区：包括燕山太行山山前平原区、冀鲁豫低洼平原区、山东丘陵区、黄淮海平原区 4 个二级区。

（3）长江中下游区：包括江淮平原区、鄂豫皖丘陵山地区、沿江平原区 3 个二级区。

（4）江南区：包括西部丘陵山地区、东部丘陵山地区、南部丘陵地区 3 个二级区。全国地势第二阶梯中的云贵高原东南边缘地处两广丘陵西部。整个地势自西北向东南倾斜，山岭连绵、山体庞大、岭谷相间，四周多被山地、高原环绕，呈盆地状。区内喀斯特地貌广布，集中连片，其发育类型之多为世界罕见。属于亚热带季风气候，热量资源丰富，降水充沛，干湿分明，为各地因地制宜发展多熟制植物提供了有利条件。但区内气象灾害频繁，经常受到干旱、洪涝、低温冷害、大风、冰雹、热带气旋和雷电的危害，其中以旱涝最突出。

（5）华南区：包括华南低平原区、华南沿海西双版纳低山丘陵区 2 个二级区。该区属于北回归线附近及以南的亚热带及热带湿润区，是中国西部地区的最南端，热量丰富，终年温暖，四季常青，具有"常夏无冬，一雨成秋"的特点。

（6）内蒙古高原及长城沿线区：包括辽吉西蒙东南冀北山地、内蒙古草原区、河套银川平原区和后山坝上高原区 4 个二级区。该区东部为大兴安岭山脉和松嫩西辽河平原，中部有阴山山脉及坝上高原，南部是太行山脉、燕山山脉北端，北部为辽阔的内蒙古高原。气候为典型的内陆半干旱气候。年平均气温北部为-3～0.5℃，南部为 5～9℃；最冷月均温北部为-28～18℃，南部为-15～8℃；最暖月均温北部为 18～21℃，南部为 22～24℃；无霜期北部为 80～100 天，南部为 120～180 天；年降水量由东南向西北逐渐减少，少的地区为 250～350 mm，多的地区可达 400～600 mm，其中山区可达 500～600 mm，80%～90%集中在 7～9 月。

（7）黄土高原区：包括宁南陇中青东黄土丘陵区、晋陕丘陵沟谷区、晋东山区、汾渭谷底、渭北陇东黄土旱塬区和豫西山地丘陵区 6 个二级区。黄土高原区地处暖温带地区，平均气温为 6～14℃，10℃积温为 3000～4300℃，无霜期为 110～210 天，年降水量为 400～600 mm。该区海拔多在 1000～1500 m，地形为黄土丘陵和台地等，覆盖着深厚的黄土层，黄土厚为 50～80 m，易侵蚀，坡耕地水分条件差，耕作难度非常大。气候较干旱，降水集中，且多暴雨，加以植被稀疏，在长期流水侵蚀下地面被分割得非常破碎，形成沟壑交错其间的塬、梁、峁，该区是我国乃至世界上水土流失最严重、生态环境最脆弱的地区。

（8）四川盆地区：包括盆西平原区、盆周秦巴山区和盆东丘陵低山区 3 个二级区。该区属于中亚热带湿润气候，年均温为 16～18℃，年降水量为 750～1400 mm。全区水资源丰富，平均年径流深为 300～600 mm，耕地比例虽然不少，但由于山地丘陵面积大，降水充沛。

（9）云贵高原区：包括云南高原区、贵州高原区、滇黔高原山地区和川鄂湘黔浅山区 4 个二级区。该区是我国南北走向和东北-西南走向两组山脉的交汇处，地形复杂，气候差异大，地势西北高、东南低，海拔在 1000～2000 m，部分山脉高达 3000～4000 m。该区河流主要有长江上游的金沙江、雅砻江、乌江等支流，部分为珠江支流。河流水系处于剧烈下切阶段，形成高山。地质构造运动强烈，主要基岩底层有石灰岩及风化强烈的砂页岩、玄武岩、片麻岩。该区属于亚热带东南季风气候，年均气温为 13～16℃，年均降水量为 1000～1300 mm，年际、年内分布不均匀，5～9 月占全年降水量的 80%左右，且多暴雨。植被类型属于亚热带常绿阔叶林、针阔混交林和亚热带森林。该区地势陡峻，地面组成物质以碎屑岩为主，一旦森林被砍伐、陡坡地被开垦，那么在暴雨袭击下，薄层粗骨土及碎屑风化物极易遭到侵蚀，甚至可能造成毁坏性寸草不生的裸岩地区。

（10）横断山区：包括西藏东南部、四川西部、云南西北部，不区分二级区。区内大雪山、云岭、怒山等南北向的山脉平行排列，海拔为 4000～5000 m，岭谷的高差一般在 1000 m 以上。由于横断山区地形复杂，气候垂直变化显著，因此当地人民说这里的气候是"一山有四季，十里不同天"。该区以林业为主，是中国重要的林区，区内耕地极少。

（11）西北区：包括北疆灌溉区、南疆东疆盆地绿洲区、河西走廊区、阿拉善高原区 4 个二级区。该区高山、盆地和高原相间分布，沙漠和戈壁面积大、分布广。境内为典型的大陆性气候，寒暑变化剧烈，日差较大，雨量稀少，极为干旱，年均温为 0～10℃，年温差为 26～42℃，极端日温差可达 30～40℃。无霜期为 120～190 天，年降水量为 40～250 mm，降水分布极不均匀，60%～80%集中在 3～4 月。这里风速大，年平均风速为 2～4.5 m/s，春季风速最大，白天风速瞬时常大于 5～6 级，故沙尘暴频繁，全年可达 30 天以上。

（12）青藏高原区：包括西藏大部、青海大部、四川西北部和甘肃西南部小部分地区，包含海北甘南高原区、藏北青南高原区和藏南高原谷地区 3 个二级区。青藏高原素有"世界屋脊"之称，高原平均海拔为 4000～5000 m，并有许多耸立雪线之上高 6000～8000 m 的高峰。该地区是冬长夏短的高寒气候类型，空气稀薄，光照充足，气温低，年均温为–2～10℃，最冷月均温为–20～0℃，最暖月均温为 5～16℃，无霜期为 0～180 天，降水量为 50～800 mm，干湿季明显，干季集中在 10 月至翌年 5 月，湿季月为 6～9 月。该区东南部地势较低，气候温暖湿润，植被类型为针阔混交林和寒温性针叶林；西北部地势升高，气候寒冷，植被为高寒草甸、高寒草原、高寒荒漠草原及高寒荒漠等。

根据辽宁省的全省地貌和气候等条件，全省初步划分为 3 个省级二级区，辽东山地丘陵区、中部平原区、辽西低山丘陵区，二级区界限不打破县界。

辽东山地丘陵区气候条件较好，属于温带湿润性气候区。该区内山峦重叠，林草茂盛，河流密布，水资源丰富，构成了"八山一水一分田"的自然景观，土壤以棕壤土为主，具有典型的山地农业区特点，南部沿海地区经济基础雄厚，土地利用水平高。但土地资源相对缺乏，耕地分布零散，坡耕地占耕地总面积比例较高。

中部平原区气候适宜，沈阳以南为暖温半湿润气候，以北为温和半湿润气候。该区地貌上为辽河冲积平原，土地平坦，耕地资源丰富、集中，平整耕地占全部耕地面积的 70%，有利于农业耕作；土壤种类主要是草甸和水稻土，土层较厚，一般在 1 m 以上；城市密集，工业发达，交通便利，农产品市场前景较好。该区限制农业生产的主要不利因素有：土壤肥力不断下降、农业用水紧张、局部地区农业环境污染严重、盐碱地面积较大（1000 万亩左右）、洪涝灾害时有发生。

辽西低山丘陵区属于低山丘陵区，低山、丘陵、河谷相间分布。气候类型属于半干旱半湿润气候，光照条件好，有利于作物生长。该区耕地资源丰富，人均耕地面积大。该区限制农业生产的不利因素较多：降水少，且四季分布不均，干旱严重，有"十年九旱"之说；水土流失严重，耕地有机质流失严重；靠近内蒙古地带风沙严重；经济落后，农业生产水平低。

2.1.2　指定作物和基准作物

指定作物是辽宁省内各标准耕作制度分区标准耕作制度中涉及的作物，是在各分区范围内种植广泛、在农用地分等中需要进行调查的作物。基准作物是理论标准粮的折算基准，指全国比较普遍的主要粮食作物，如小麦、玉米、水稻，按照不同区域生长季节不同，可进一步区分为春小麦、冬小麦、春玉米、夏玉米、一季稻、早稻和晚稻 7 种粮食作物。

2.1.3　生产潜力指数

农用地的基本功能是粮食生产，粮食生产水平的高低是农用地质量的直观表现。但作物的实际产量受许多因素的影响，如作物因素（品种）、农业技术条件与田间管理水平、土壤条件、气候条件等，这些因素都可以成为作物产量的限制因子。

光温生产潜力是指在农业生产条件得到充分保证，水分、CO_2 供应充足，其他环境条件适宜情况下，理想作物群体在当地光、热资源条件下，所能达到的最高产量。气候生产潜力是指在农业生产条件得到充分保证，其他环境因素均处于最适状态时，在当地实际光、热、水、气候资源条件下，农作物群体所能达到的最高产量，即在光温生产潜力基础上进一步考虑降水的限制作用后，农作物的理论产量。农用地分等指定作物的光温生产潜力及气候生产潜力均采用逐级订正法进行测算：在计算光合生产潜力的基础上，进行温度影响订正，以获得作物的光温生产潜力；在光温生产潜力的基础上，进行水分订正，获得气候生产潜力。

2.1.4　评价指标体系

根据《农用地分等规程》（TD/T 1004—2003），原农用地分等指标包括有效土层厚度、表层土壤质地、剖面构型、土壤有机质含量、土壤酸碱度（土壤 pH）、障碍层距地表深度、盐渍化程度、地形坡度、地表岩石露头度、排水条件、灌溉保证率、灌溉水源和土壤污染状况共 13 个全国指导性的指标。

2.1.5　评价单元的划分

1. 划分原则

（1）单元之间土地特征具有明显差异，不同地貌单元不能划为同一单元，分等因素指标具有明显差异不能划为同一单元。

（2）单元内部土地特征相似，土地分等单元不能跨越分等因素指标区、土地利用系数等值区和土地经济系数等值区界线。

（3）单元边界不跨越地块边界，也不跨越村界。

（4）单元边界采用控制区域格局的地貌走向线和分界线，河流、渠道、道路、堤坝等线状地物和具有明显标志的权属界线。

2. 划分方法

单元划分采用叠置法或地块法。

（1）叠置法：辽东山地丘陵区和辽西低山丘陵区地貌类型复杂，采用叠置法划分分等单元。以土地利用现状图为基础，叠加土壤类型（土种）图、行政区划图和地形图划分和确定分等单元。根据 1∶5 万制图标准，分等单元最小上图面积为 6 mm^2，小于 6 mm^2 的图斑要进行归并。

（2）地块法：适用于中部平原区，即在土地利用现状图上用明显的地物界线和权属界线，将农用地分等因素相对均一的地块划分为同一单元。

2.1.6　耕地自然质量等别评价

耕地自然质量分计算采用因素法，针对各县级区域划分的分等因素指标区的实际情况，在推荐因素和自选因素中进行选择，确定各分等因素指标区的分等因素。对各分等因素分值采用加权平均法计算，得到各分等单元的耕地自然质量分。

1. 耕地自然质量分计算

耕地自然质量分描述的是除了气候条件以外的其他耕地田间条件，包括地形、土壤、排水和灌溉等构成的耕地质量状况，即耕地满足生长需要的程度。耕地自然质量分计算方法主要有因素法、样地法和加权平均法等，西部各省（自治区、直辖市）耕地质量评价中采用了因素法和加权平均法来计算各分等单元各指定作物的耕地自然质量分。

加权平均法的计算公式为

$$C_{L_{ij}} = \frac{\sum\limits_{k=1}^{n} \omega_k f_{ijk}}{100} \qquad (2\text{-}1)$$

式中，$C_{L_{ij}}$ 为分等单元指定作物的耕地自然质量分；i 为分等单元编号；j 为指定作物编号；n 为分等单元数量；k 为分等因素编号；f_{ijk} 为第 i 个分等单元内第 j 种指定作物第 k 个分等因素的指标分值，取值为 0～100；ω_k 为第 k 个分等因素的权重。

1）耕地自然质量等指数计算

耕地自然质量等指数可解释为在最优土地利用水平和最优经济条件下，评价单元内耕地所能实现的最大单产水平。

指定作物的自然质量等指数计算公式为

$$R_{ij} = \alpha_{ij} C_{L_{ij}} \beta_j \tag{2-2}$$

式中，R_{ij} 为第 i 个分等单元第 j 种指定作物的自然质量等指数；α_{ij} 为第 i 个分等单元第 j 种作物的光温（气候）生产潜力指数；$C_{L_{ij}}$ 为第 i 个分等单元内第 j 种指定作物的耕地自然质量分；β_j 为第 j 种作物的产量比系数。

某个评价单元的耕地自然质量等指数计算公式为

$$R_i = \begin{cases} \sum R_{ij} & （一年一熟、两熟、三熟时） \\ \dfrac{\sum R_{ij}}{2} & （两年三熟时） \end{cases} \tag{2-3}$$

式中，R_i 为第 i 个分等单元的耕地自然质量等指数；R_{ij} 为第 i 个分等单元第 j 种指定作物的自然质量等指数。

2）耕地自然质量等划分

各省（自治区、直辖市）依据计算得到的省级自然质量等指数划分省级自然等别，除四川省采用高分低等的等间距法划分等别外，其他各省（自治区、直辖市）均采用高分高等的等间距法划分等别。从划分等别的等指数间距来看，各省（自治区、直辖市）划分间距 100～500，其中间距最大的是四川省，其间距为 500，间距最小的是内蒙古自治区、重庆市、甘肃省、青海省，其间距均为 100，另外间距为 200 的有 6 个省，间距为 300 的有 1 个省。从最终划定的省级自然等别数量来看，甘肃省和云南省划分的等别数量最多，共划分了 28 个等别，西藏自治区和青海省划分的等别数量最少，共划分了 5 个等别。

2. 耕地利用等别评价

土地利用系数反映了人类生产挖掘自然潜力的程度。不同的社会经济条件和生产集约化水平能使潜力相同的土地表现出不同的生产能力，从而获得不同的土地产出，产生不同的土地利用系数。一般来说，投入越多，管理水平越高，土地生产潜力发挥越充分，土地利用系数越大。土地利用系数的计算方法有两种：分指定作物计算和综合计算。

1）分指定作物计算的步骤

（1）初步划分土地利用系数等值区。

在外业调查前首先对收集的指定作物产量统计数据进行整理，以村为单位，根据指定作物的实际单产，初步划分指定作物的土地利用系数等值区。

（2）计算样点指定作物土地利用系数。

依据初步划分的等值区，在各行政村内分层设置一定数量的样点后，确定指定作物的最高单产及样点的指定作物单产，然后按式（2-4）计算。

$$K_{L_{ij}} = \frac{Y_{ij}}{Y_{j,\max}} \qquad\qquad (2\text{-}4)$$

式中，$K_{L_{ij}}$ 为第 i 个样点第 j 种指定作物的土地利用系数；Y_{ij} 为第 i 个样点第 j 种指定作物单产；$Y_{j,\max}$ 为第 j 种指定作物在各省（自治区、直辖市）内分区最高单产。

（3）计算等值区指定作物土地利用系数。

首先，根据行政村内各样点指定作物土地利用系数，采用几何平均法或加权平均法计算。其中，加权平均法的权重可根据样点代表的面积比例或经验确定，计算行政村指定作物土地利用系数。然后，根据初步划分的等值区内各村的指定作物土地利用系数，采用几何或加权平均的方法计算等值区的指定作物土地利用系数。

（4）修订指定作物土地利用系数等值区。

以指定作物土地利用系数基本一致为原则，参考其他自然、经济条件的差异，对初步划分的等值区进行边界订正。订正后的等值区应满足：等值区内各行政村指定作物土地利用系数在 $(\bar{X} \pm 2S)$（$\bar{X}$ 表示平均值；S 表示标志值）；等值区之间指定作物土地利用系数平均值有明显差异；等值区边界两边的指定作物土地利用数值有突变特性。

2）综合计算的步骤

（1）计算样点的标准粮实际产量。

依据标准耕作制度和产量比系数，计算样点的标准粮实际产量：

$$Y = \sum Y_j \beta_j \qquad\qquad (2\text{-}5)$$

式中，Y 为样点的标准粮实际产量；Y_j 为第 j 种指定作物的实际产量；β_j 为第 j 种指定作物的产量比系数。

（2）计算最大标准粮单产。

根据指定作物的最高单产，依据标准耕作制度和产量比系数，计算最大标准粮单产：

$$Y_{\max} = \sum Y_{j,\max} \beta_j \qquad\qquad (2\text{-}6)$$

式中，$Y_{\max}$ 为最大标准粮单产；$Y_{j,\max}$ 为第 j 种指定作物的最大单产；β_j 为第 j 种指定作物的产量比系数。

（3）计算样点的综合土地利用系数。

计算样点的综合土地利用系数，采用式（2-7）：

$$K_L = \frac{Y}{Y_{\max}} \tag{2-7}$$

式中，K_L 为样点的综合土地利用系数；Y 为样点的标准粮实际产量；$Y_{\max}$ 为最大标准粮单产。

（4）耕地利用等指数计算。

耕地利用等指数是按照标准耕作制度所确定的各指定作物，在耕地自然质量条件和耕地所在土地利用分区的平均利用水平条件下，所能获得的按产量比系数折算的基准作物产量指数。因此，耕地利用等指数可代表耕地的现实产量。有两种分析方法，一个是按指定作物土地利用等指数计算，另一个是按综合土地利用等指数计算。

a. 按指定作物土地利用等指数计算。

计算模型为

$$Y_{ij} = R_{ij} K_{ij} \tag{2-8}$$

式中，Y_{ij} 为第 i 个评价单元第 j 种指定作物的利用等指数；R_{ij} 为第 i 个评价单元第 j 种指定作物的自然质量等指数；K_{ij} 为第 i 个评价单元所在等值区的第 j 种指定作物的土地利用系数。

其中，

$$Y_i = \begin{cases} \sum Y_{ij} （一年一熟、两熟、三熟时） \\ \dfrac{\sum Y_{ij}}{2} （两年三熟时） \end{cases} \tag{2-9}$$

式中，Y_i 为第 i 个评价单元的土地利用等指数。

b. 按综合土地利用等指数计算。

综合土地利用等指数由式（2-10）计算：

$$Y_i = R_i K_L \tag{2-10}$$

式中，Y_i 为第 i 个评价单元的土地利用等指数；R_i 为第 i 个评价单元的土地自然质量等指数；K_L 为评价单元所在等值区的综合土地利用系数。

2.2　废弃工矿用地复垦适宜性评价

废弃工矿用地复垦适宜性评价采用土地适宜性评价的方法。土地适宜性评价是针对某种特定的用途而对区域土地资源质量进行的综合评定。

2.2.1　土地适宜性评价原则

1）符合土地利用总体规划并与其他规划相协调原则

土地利用总体规划是从全局和长远利益出发，以区域内全部土地为复垦对象，对土地利用、开发、整治、保护等方面所做的统筹安排。土地复垦适宜性评价应符合土地利用总体规划并与农业生产远景规划、城乡规划等相协调（刘文锴等，2006）。

2）因地制宜原则

土地利用受周围环境条件制约，土地利用方式必须与环境特征相适应。根据被损毁前后土地拥有的基础设施现状，因地制宜、扬长避短、发挥优势，确定合理的利用方向。复垦后的土地，根据土地利用总体规划和生态建设规划，在尊重权利人意愿的基础上，宜农则农、宜林则林、宜草则草，复垦的土地应优先用于农业（李乐等，2015）。

3）综合效益最佳原则

在确定被损毁土地的复垦利用方向时，应考虑其最佳综合效益，选择最佳的利用方向，根据被损毁的土地状况确定是否适宜复垦为某种用途的土地，或以最小的资金投入取得最佳的经济效益、社会效益和生态环境效益。同时应注意发挥整体效益，即根据区域土地利用总体规划的要求，合理确定土地复垦方向（金赟，2013）。

4）主导性限制因素与综合平衡原则

复垦土地在再利用过程中，限制因素很多，如土源、水源、土壤肥力、坡度及排灌条件等。根据研究区自然环境、土地利用和损毁状况，分析影响损毁土地复垦利用的主导性限制因素，同时也应兼顾其他限制因素。具体进行土地复垦适宜性评价时应在综合分析各构成要素对土地质量影响的基础上，根据影响因素的种类及作用的差异，重点分析对土地质量及土地生产力水平具有重要作用的主导因素的影响，突出主导因素对土地评价结果的作用。

5）复垦后土地可持续利用原则

复垦后土地应既能满足保护生物多样性和生态环境的需要，又能满足人类对土地的需求，还应保证生态安全和人类社会可持续发展。复垦土地破坏是一个动态过程，复垦土地的适宜性也随破坏等级与破坏过程而变化，具有动态性，在进行复垦土地的适宜性评价时，应考虑研究区工农业发展的前景、科技进步及生产和生活水平所带来的社会需求方面的变化，从而确定复垦土地的开发利用方向（常毅，2014）。从土地利用历史进程来看，土地复垦必须着眼于可持续发展原则，应保证所选土地利用方向具有持续生产能力，防止掠夺式利用农业资源或二次污染等问题（金赟，2013）。

6）经济可行、技术合理性原则

土地复垦应在保证复垦目标完整、复垦效果达到复垦标准的前提下，兼顾土地复垦成本，尽可能减轻企业负担。复垦技术应能满足复垦工作顺利开展、复垦效果达到复垦标准的要求。对被破坏土地进行适宜性评价时，要根据已有资料作综合的理论分析，确定复垦土地的利用方向，但结论是否正确还需要通过实践检验，着眼于发展原则。

7）社会因素和经济因素相结合原则

在进行复垦责任范围内被损毁土地复垦适宜性评价时，既要考虑其自然属性（如土壤、气候、地貌、水资源等），也要考虑其社会经济属性（如种植习惯、业主意愿、社会需求、生产力水平、生产布局等）。确定损毁土地复垦方向要综合考虑研究区自然、社会经济因素及公众参与意见等。复垦方向的确定也应该类比周边同类项目的复垦经验（常毅，2014）。

2.2.2　土地适宜性评价方法

一是补充评价法。例如，某地已全面开展了土壤等级的评价，如果要进行宜耕、宜林地的评价，只需在土壤等级的基础上，增加对地形坡度、水源条件、交通条件等限制因子的评定，就可以综合确定宜耕、宜林的适宜等级。

二是调查汇总法。其就是规划人员深入基层，通过实地调查访问了解土地适宜性，然后逐级汇总。以宜耕荒地评价为例，调查人员深入乡或村里，请当地有经验的农民和熟悉情况的农业技术推广站、土肥站的业务人员，在土地利用现状图上指明哪些荒地宜农，哪些是一等宜农荒地，哪些是二等宜农荒地，然后将宜农荒地的数量、质量及图件汇总。

在有些地区，还可以采用更简便的方法，即统一规定评价的重要技术指标。例如，规定地形坡度、土层厚度、水源条件等主要评价指标及其评价等级，统一印制表格，由各乡各村组织填写，然后进行汇总即可。

三是应用 GIS 的评价方法。GIS 作为管理属性数据库和空间数据库的平台，为土地评价提供了良好完备的软件支持，通过多种软件的综合应用，以计算机对大数据的综合处理为基础，能比较高效准确地进行土地评价。其中，国内外比较著名的地理信息系统软件有 ArcGIS、MapGIS、KQland（北京苍穹）等，这些软件是大型基础地理信息系统软件平台，是基于 Windows 平台的具有高效率的大型智能软件系统，其中 MapGIS、KQland 是全中文的软件。这些软件是集当代最先进的地形测绘、图形采集、图像处理、地理分析、遥感检测、数据库建立与维护、计算机等软硬件于一体的大型智能软件系统，具备完善的数据采集、处理、分析、输出、建库、检索、维护、数据分析、决策依据等功能。

基于 GIS 的土地适宜性评价方法的发展经历了从简单的叠加分析、多指标分析到人工智能、多种方法综合等过程。而评价指标的选取和标准化、权重的确定，一直是土地评价方法研究的关键点。

2.2.3　土地适宜性评价系统

较有代表性的土地适宜性评价系统有美国农业部的土地潜力分级评价系统（Land Capability Classes，LCC）、UNFAO《土地评价纲要》评价系统及《中国 1：100 万土地资源图》的土地资源评价系统。

1）概要性评价系统——美国农业部的土地潜力分级评价系统（LCC）

该评价系统主要从土壤的特征出发来进行土地潜力分级，分为潜力级、潜力亚级和潜力单元三个等级。土地潜力是指土地用于某种用途的潜在能力，限制性则是对潜力施加的不利影响的土地特征，分为暂时限制性和永久限制性，前者是指通过一定措施可以消除的限制性，后者是指不易改变的限制性。

潜力级：是限制性或者危害程度相同的若干土地潜力亚级的归并。评价体系根据土地在利用上所受到的限制性的强弱将全部土地划分为 8 个等级，从 I 到 VIII 级，限制性逐渐增强，土地适宜的用途数量逐渐减少。

潜力亚级：在土地潜力级之下，是按照土地利用的限制性因素的种类或者危害对土地潜力级的续分，包括（e）亚级、（w）亚级、（S）亚级、（c）亚级。（e）亚级：土地利用中的主要问题是侵蚀危害；（w）亚级：土地利用中的主要限制因素或危害是水分过多；（S）亚级：根系层浅薄、干旱、石质、持水量低、肥力低、盐化、碱化的土地；（c）亚级：气候（温度与湿度问题）是唯一重要限制因素或危害的土地。潜力级中的 I 级因为没有限制因素所以不划分潜力亚级。

潜力单元：①在相同经营管理措施下，可生产相同的农作物、牧草或者林木；②在种类相同的植被条件下，采取相同的水土保持措施和经营管理方法；③相近的生产潜力（在相似的经营管理制度下，同一潜力单元内各土地的平均产量的产率不超过 25%）。

2）针对性评价系统——UNFAO《土地评价纲要》评价系统

《土地评价纲要》中规定的土地评价分类系统由适宜性纲、适宜性级、适宜性亚级和适宜性单元共四级组成。

土地适宜性纲：土地适宜性的种类，表示土地对所考虑的特定利用方式是适宜的还是不适宜的。其中，适宜纲（S）：可以持续利用于所考虑的用途，能达到预期的效益，在经济上是合算的，而且对土地不会产生不可接受的破坏后果。不适宜纲（N）：是指土地不能满足所考虑的用途需求，即土地质量显示该土地不能按照所考虑的用途进行持久利用。

土地适宜性级：是按照纲内限制性因素的强弱而划分的，用阿拉伯数字按照纲内适宜性程度递减的顺序表示，级的数目不作规定，一般在适宜性纲内分三级。S_1 级：高度适宜。土地可持久应用于某种用途而不受到严重限制或者受限制较小。

S_2 级：中等适宜。土地对持久利用与规定的用途有中等程度的限制性，如不采取必要的措施，长期使用会出现中等程度的不利，降低土地的生产力或者效益并增加费用，虽然仍能获得利益，但是明显低于 S_1 的效益。S_3 级：勉强（临界）适宜。土地对持久利用于规定的用途有强烈的限制性，将降低土地的生产能力或者效益，或者需要增加投入，而这种投入从经济上说只能算勉强合理。不适宜纲一般分为两级：N_1 暂时不适宜和 N_2 永久不适宜。N_1 暂时不适宜：土地有强烈的限制性，但终究可加以克服，只是在目前的技术和现行成本下不宜加以利用，或者不能确保对土地进行有效而持久的利用，但将来一旦条件具备，通过较大的改造措施，能使土地获得新的质量特征，最终满足某些利用类型对土地的要求。N_2 永久不适宜：土地的限制性十分严格，以致在一般条件下根本不可能持续有效利用，即使将来在改造技术上也难以实现，或投入过大，经济上不合算，最终也不能实现有效利用。

土地适宜性亚级：是根据级内限制性因素的种类划分的，由英文小写字母作为下标来表示，如 S_{2w}、S_{3we}，其中，w 表示水分的限制性，e 表示侵蚀的危害性。高度适宜级 S_1 无明显的限制性因素，不设亚级；不适宜纲内的土地，一般可以不对其限制性划分为亚级。

土地适宜性单元：是亚级的续分，反映亚级以内土地经营管理方面的次要差别，亚级内各单元均有相同的适宜性和亚级水平的相同限制性种类，不同适宜单元之间在生产特点或者经营管理要求的细节方面是不同的，适宜性单元用阿拉伯数字表示，置于适宜性亚级之后。

3）综合性评价系统——《中国1∶100万土地资源图》的土地资源评价系统

《中国1∶100万土地资源图》的土地资源评价系统由土地潜力区、土地适宜类、土地质量等、土地限制型和土地资源单位5级组成。

土地潜力区：是土地资源评价的"零"级单位。同一区内，具有大致相同的土地生产潜力，包括适宜的牧草、农作物、林木的种类、组成、熟制和产量，以及土地利用的主要方向和措施。我国共划分为9个潜力区，即华南区、四川-长江中下游区、云贵高原区、华北-辽南区、黄土高原区、东北区、内蒙古半干旱区、西北干旱区、青藏高原区。

土地适宜类：是在土地潜力区范围内，依据土地对于农、林、牧业生产的适宜性划分的，划分时尽可能按照主要适宜方面划分，但对那些主要利用方向尚难明确的多宜性土地，则做多宜性评价。

土地质量等：是在土地适宜类范围内，对土地的适宜程度和生产力的高低进行划分的结果，它是土地评价的核心。土地质量等级的划分按照农、林、牧三个方面，每个方面分三等。

土地限制型：是在土地质量等的范围内，按照限制因素种类及强度划分，同一土地限制型内的土地具有相同的主要限制因素和要求相同的主要改造措施。土地限制型的划分：无限制（o）、水文与排水限制（w）、土壤盐碱化限制（s）、有效土层厚度限制（1）、土壤质地限制（m）、基岩裸露限制（b）、地形坡度限制（p）、土壤侵蚀限制（e）、水分限制（r）、温度限制（t）。

土地资源单位：是土地资源图的制图单位和评价对象。土地资源单位也称土地资源类型，由地貌、土壤、植被与土地利用类型组成，实际上也就是土地类型。

2.2.4 土地复垦适宜性评价方法

当前，对土地复垦适宜性评价国内外多采用极限条件法、指数和法、模糊综合评价法、可拓法、人工神经网络评价法等，尚没有一个统一、全面的理论体系。

1）极限条件法

极限条件法是基于系统工程中"木桶原理"，强调主导因子的作用，评价单元的最终结果取决于条件最差的因子的质量。其计算公式为

$$Y_i = \min Y_{ij} \qquad (2\text{-}11)$$

式中，Y_i 为第 i 个评价单元的最终分值；Y_{ij} 为第 i 个评价单元中第 j 个评价因子的分值。

这种方法在进行土地复垦适宜性评价时具有一定的优势，凡是在有某项土地复垦影响因子指标出现不适宜的情况下，均可以采用这种方法，这是常用的土地复垦适宜性评价方法。

2）指数和法

首先由专家根据经验去判断或采用一定的方法，确定评价因子的权重，将各评价因子按其对土地复垦适宜性贡献或限制的大小进行分级，并赋予级别指数值，然后按土地复垦的评价单元对各因素的指数加权求和，即

$$R_j = \sum_{i=1}^{n} F_i W_i \qquad (2\text{-}12)$$

式中，R_j 为第 j 个评价单元的综合得分；F_i 为第 i 个评价因子的等级指数；W_i 为第 i 个评价因子的权重系数。

对照事先确定的复垦土地的等级指数范围，评定土地复垦评价单元的适宜性等级。该方法较极限条件法有较大的进步，充分考虑了各影响因子的重要性，并将各评价因子的影响程度予以量化，思路清晰，逻辑性强。

3）模糊综合评价法

复垦土地的适宜性评价中涉及的许多因素和因子具有很大的模糊性，用传统

理论和方法进行评价，难以得到正确的评价结果，不少学者利用模糊技术进行解决。模糊综合评价法是指应用模糊数学的方法对带有精确值、区间值和语言值的评价因素统一进行处理，来进行土地复垦适宜性评价。模糊综合评价法充分考虑各种评价因子指标的模糊性及其对土地质量影响的模糊性，而且土地质量本身的"好"与"较好"也无明确界限。

4）可拓法

可拓法是用形式化的工具，从定性和定量两个角度去研究解决矛盾问题，它通过建立多指标参数的质量评定模型，来完整地反映评价对象的综合质量水平。将可拓法应用于土地复垦适宜性评价，是把各评价因子量化，尽量减少人为因素的影响，从而克服了多因素识别评价中的主观片面性，大大提高了评价结果的真实性。与模糊综合评价法相比，该方法计算简便，计算结果比较客观，能正确反映土地复垦的适宜性程度。

5）人工神经网络评价法

人工神经网络是在现代神经科学研究成果的基础上，依据人脑基本功能特征，试图模仿生物神经系统的功能或结构而发展起来的一种新型信息处理或计算体系，具有自组织、自适应的能力。人工神经网络是建立以权重描述变量与目标之间特殊线性关系的网络，实际上是一种描述变量与目标之间特殊的非线性回归分析。它的基本结构单元为神经元。神经元是一些相互连接可计算的元素，按层次结构的形式进行组织，每层上的神经元以加权方式与其他层上的神经元连接，构成神经网络。其特点是输入层与隐层、隐层与输出层的每个节点的作用是相互的，这与常规的模式识别技术有本质的不同。人工神经网络评价法是一种有监督的学习算法，无论怎样赋予网络初始权值和阈值，它都能通过比较样本经网络学习后的实际输出与期望输出的误差，反复调整权值，逐步减少误差，达到指定的精度。

2.2.5　土地复垦适宜性评价步骤

1. 评价单元划分

土地评价单元的划分是废弃工矿用地复垦适宜性评价的基础。评价单元的内部性质具有均一或者相近的特点，在一个单元内土地特征、复垦方向和改良途径基本是一致的；评价单元之间既有差异性同时又有可比性，可以客观地反映在定时和空间上土地的一些差异。通常划分土地适宜性评价单元的方法有 5 种：①依据土地类型单元或土地资源类型单元划分评价单元；②依据土类、土属、土种等土壤分类单位划分评价单元；③依据土地利用现状图划分评价单元；④依据行政区划划分评价单元；⑤依据生产地段或者地块划分评价单元。一般说来，土地适宜性评价单元划分应综合考虑土地类型、土壤性质、土地利用现状、行政区划等因素，并与评价区的实际情况相联系。

　　2. 初步复垦方向的确定

　　根据《中国 1∶100 万土地资源图》中所确立的土地潜力区—土地适宜类—土地质量等—土地限制型—土地资源单位 5 级分类系统，再结合研究区特点进行适当调整，并根据土地利用总体规划，与生态环境保护相衔接，从矿区实际出发，通过对矿区自然和社会经济因素、政策因素和公众参与分析及土地利用规划分析，初步确定研究区土地复垦方向。

　　1）自然和社会经济因素分析

　　根据复垦区的气候条件、地形地貌条件、土壤条件、土地利用方式等，进行综合分析，得出评价区的土地利用特点的结论。

　　2）政策因素分析

　　根据相关规划，复垦区的土地复垦工作应本着因地制宜、合理利用的原则，坚持矿区开发与保护、开采与复垦相结合，实现土地资源的永续利用，并与社会、经济、环境协调发展。

　　3）公众参与分析

　　当地的国土资源主管部门应核实当地的土地利用现状及权属性质，提出复垦区的复垦方向。在技术人员的陪同下，自然资源主管部门的编制人员应走访土地复垦影响区域的土地权利人，积极听取意见。

　　4）土地利用规划分析

　　复垦方向的确定，遵循与土地利用规划相符合的原则。

　　综合以上因素分析，初步确定土地复垦主要方向。

　　3. 土地复垦适宜性等级评定

　　1）评价方法的选择

　　可采用极限条件法对复垦区进行宜耕、宜林、宜草适宜性评价。计算方法见式（2-11）。

　　2）评价体系

　　采用二级评价体系，分为适宜类和适宜等，适宜类分适宜和不适宜，适宜等再续分为一等、二等和三等。

　　3）评价指标的选择

　　单元评价指标选择地表物质组成、土源保证率（%）、土源土壤有机质含量（g/kg）、土源土壤质地、地面坡度（°）。

4）评价因素等级标准的确定

根据《耕地后备资源调查与评价技术规程》（TD/T 1007—2003）、《农用地定级规程》（TD/T 1005—2003）及地方相关标准，结合研究区自然、社会经济状况，建立土地复垦适宜性评价标准。

4. 土地复垦适宜性等级评定结果与分析

在复垦区土地质量调查的基础上，将评价单元的土地质量与复垦土地主要限制因素的农林牧评价等级标准对比，若限制最大，适宜性等级最低的土地质量评价项目将决定该单元的土地适宜等级。

5. 待复垦土地适宜性评价结果及复垦方向确定

通过定性分析，最终复垦方向的确定需要综合考虑多方面的因素，即综合考虑生态因素、政策因素和当地农民的建议，确定该工矿用地各评价单元最终复垦方向。

第二部分　实　践　分　析

第3章　辽宁省废弃工矿用地利用现状调查

对辽宁省废弃工矿用地现状进行调查，为其下一步再利用，复垦为耕地、林地或草地提供数据参考，从而达到合理利用土地、改善生态环境、增加耕地面积、保障土地可持续利用的目的。

3.1　废弃工矿用地调查及分析体系

近年来，随着辽宁省发展的日益加快，废弃工矿用地的数量也在迅速增加，但是对于其具体的面积、数量、分布和空间的一些分布特征不是很清楚，治理措施缺乏针对性，使复垦再利用的工作具有一定的盲目性。因此，对废弃工矿用地现状进行调查，掌握第一手数据资料，是废弃工矿用地复垦再利用工作开展的先决条件。

3.1.1　调查及分析目的

对废弃工矿用地进行普查，了解辽宁省废弃工矿用地的类型、数量、分布、面积及空间分布特征情况等，为废弃工矿用地复垦再利用和空间优化配置提供基础数据。

3.1.2　调查及分析原则

废弃工矿用地调查要从废弃工矿用地复垦再利用的实际问题出发。因此，废弃工矿用地调查和分析应遵循以下两个原则。

1）科学性原则

要科学、合理地确定废弃工矿用地的面积和位置，所采用的调查和分析方法须经得起推敲，理论上走得通，实践中便于实施。

2）实用性原则

废弃工矿用地的调查和分析方法应力求满足不同的废弃工矿用地调查的需要，尽量减少过于冗杂、烦琐的现象，同时要与土地利用现状调查和空间分析的工作相结合。

3.1.3　调查及分析内容

1）基本信息调查

废弃工矿用地的位置、类型、数量、面积等。

2）周边土地利用现状调查和分析

在实地调查和踏勘的基础上，利用辽宁省第二次土地调查（简称"二调"）数据库和土地利用变更数据库，对废弃工矿用地周边土地利用现状进行分析和调查。

3）空间分布特征分析

从废弃工矿用地再利用的角度考虑，对废弃工矿用地的空间分布特征的分析可为其复垦再利用提供依据，所以对采矿用地的坡度分析、土源保证率的分析，以及典型矿区的调查和分析也是必然的。

3.1.4　调查及分析方法

本研究借鉴国内外相关调查和研究的经验，结合辽宁省废弃工矿用地多而且较为分散的特点，充分利用"二调"数据库的结果，运用以 3S 技术应用为支持的"天上看-地上查-地下测"三位一体的废弃工矿用地调查和分析方法。

3.2　数据来源与处理

3.2.1　辽宁省"二调"数据库

辽宁省"二调"数据库是第二次全国土地调查背景下的数据库成果。第二次全国土地调查是在已有土地调查的成果上，运用 3S 技术，采用统一的平面坐标系统（1980 西安坐标系）、统一高程系统（1985 国家高程基准）和统一的投影方式（高斯-克吕格投影），对典型地区的典型地块进行调查。

3.2.2　辽宁省 DEM 的获取

在 ArcGIS 中，用辽宁省"二调"数据库中面状矢量图层将辽宁省及其周边省市的数字高程模型（digital elevation model，DEM）图像进行裁剪，得到辽宁省 DEM 影像图。本书用数据库中 DLTB.shp 融合后的图层作为数据对辽宁省及其周边的 DEM 进行剪切，具体步骤如下。

（1）在中国科学院计算机信息计算中心国际科学数据服务平台可免费下载得到辽宁省及其周边的 DEM（30 m 分辨率）影像。

（2）打开 ArcMap，添加"二调"数据库 DLTB.shp 文件，在 ArcToolbox 工具箱中的 Index 选项中输入 Dissolve（management），打开 Dissolve 操作窗口，在 Input Features 选项中选择 DLTB 图层，Output Feature Class 为 DLTB_Dissolve.shp，点击确定将 DLTB 图层进行融合处理，融合后的 DLTB Dissolve 图层即为面状矢量数据。

（3）在 Spatial Analyst Tools 工具的 Index 索引目录下输入并打开 Extract By Mask 操作窗口，在 Input Raster 中选择辽宁省 DEM 影像输入，在 Input Raster or Feature mask data 中输入 DLTB_Dissolve.shp 图层，在 Output Raster 中对得到的辽宁省 DEM 进行命名并输出。

3.2.3　辽宁省地形坡度的生成

在 ArcGIS 中，利用辽宁省 DEM 图像，采用 Slope 坡度分析工具，得到辽宁省坡度图。具体步骤如下。

（1）打开 ArcMap，加载辽宁省 DEM 影像图。

（2）在 ArcToolbox 工具箱中，打开 3D Analyst Tools 中 Raster Surface 工具箱，并点击 Slope，打开 Slope 坡度分析操作面板。

（3）在 Slope 操作面板中的 Input Raster 中选择辽宁省 DEM 影像图，在 Output Raster 中输入要保存的文件名及位置，Output Measurement 选项选择 Degree。

3.3　辽宁省矿产资源分布及类型

辽宁省的矿产资源主要包括煤炭、石油、天然气、铁矿、锰矿、铜矿、铝矿、金矿、金刚石、菱镁矿、滑石矿、玉石矿和硼矿 13 种矿产资源。全省煤矿资源主要分布于沈阳、铁岭、抚顺、阜新、锦州、朝阳等地；石油主要分布在盘锦；铁矿主要集中分布在鞍山、辽阳及本溪地区；锰矿主要分布于辽西朝阳瓦房子及凌源太平沟；铜矿主要分布在抚顺、朝阳等地；铝矿主要分布在本溪、大连一带；金矿分布遍及全省，相对集中于大连、辽阳、铁岭及朝阳等地区；金刚石集中分布在瓦房店一带；菱镁矿主要分布在大石桥至海城一带；滑石矿主要分布在本溪、营口、鞍山一带；玉石主要分布在岫岩一带；硼矿集中分布在凤城、宽甸、大石桥一带（表 3-1）。

表 3-1　辽宁省各市主要矿产资源统计表

行政区	主要矿产资源
沈阳	煤矿
大连	煤矿、金矿、铁矿、盐田
鞍山	铁矿、滑石矿
抚顺	煤矿、铁矿
本溪	煤矿、铁矿
丹东	铁矿、硼矿
锦州	煤矿、盐田
营口	菱镁矿、滑石矿、硼矿
阜新	煤矿、铁矿
辽阳	煤矿、铁矿、金矿、硅石
盘锦	盐田、油田
铁岭	煤矿、金矿
朝阳	煤矿、铁矿、金矿
葫芦岛	煤矿、钼矿

3.4　辽宁省废弃工矿用地数量与结构分析

通过对第二次全国土地调查数据库的处理，我们得到辽宁省采矿用地总面积为 167 053.79 hm²，其中，大连采矿用地面积最多，总面积为 39 521.23 hm²，占总体的 23.66%；其次是营口，采矿用地总面积为 21 204.72 hm²，占总体的 12.69%；再次是朝阳，采矿用地总面积为 16 443.89 hm²，占总体的 9.84%；在辽宁省的 14 个市中，铁岭、沈阳和丹东的采矿用地面积最少，分别为 4643.92 hm²、5064.37 hm² 和 5632.21 hm²，占辽宁省采矿用地的比例均为 3% 左右（图 3-1、表 3-2）。

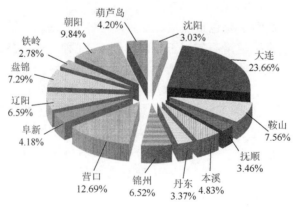

图 3-1　辽宁省各市采矿用地比例图

表 3-2　辽宁省采矿用地统计表

行政区	采矿用地面积/hm²	所占比例/%
沈阳	5 064.37	3.03
大连	39 521.23	23.66
鞍山	12 629.54	7.56
抚顺	5 774.31	3.46
本溪	8 060.78	4.83
丹东	5 632.21	3.37
锦州	10 888.67	6.52
营口	21 204.72	12.69
阜新	6 984.47	4.18
辽阳	11 012.62	6.59
盘锦	12 184.43	7.29
铁岭	4 643.92	2.78
朝阳	16 443.89	9.84
葫芦岛	7 008.63	4.20
总计	167 053.79	100.00

在得到了辽宁省各市采矿用地数量的基础上，我们对辽宁省各市进行了实地调研，通过座谈、下放调查表和现场踏勘等方式了解了各个地方采矿用地的废弃比例，进而得到了全省的废弃工矿用地的面积，见表 3-3。

表 3-3　辽宁省废弃工矿用地统计表

行政区	采矿用地面积/hm²	废弃比例/%	废弃工矿用地面积/hm²
沈阳	5 064.37	1.9	96.22
大连	39 521.23	2.2	869.47
鞍山	12 629.54	2.3	290.48
抚顺	5 774.31	2.3	132.81
本溪	8 060.78	1.9	153.15
丹东	5 632.21	1.8	101.38
锦州	10 888.67	1.9	206.88
营口	21 204.72	2.4	508.91
阜新	6 984.47	2.2	153.66
辽阳	11 012.62	1.9	209.24
盘锦	12 184.43	2.1	255.87
铁岭	4 643.92	2.5	116.09
朝阳	16 443.89	1.8	295.99
葫芦岛	7 008.63	2.5	175.22
总计	167 053.79	2.1	3 565.37

根据调查和统计，辽宁省共有废弃工矿用地 3565.37 hm²，占全省采矿用地的 2.13%。全省各市的废弃工矿用地比例都集中在 1.8%～2.5%，其中废弃工矿用地面积较多的市有大连市和营口市，分别为 869.47 hm² 和 508.91 hm²。

3.5　辽宁省废弃工矿用地空间分布特征分析

3.5.1　坡度

辽宁省地形大致是由东、西部的山地丘陵区和中部的平原区三部分组成的。

（1）东部的山地丘陵区。此为长白山脉向西南的延伸部分。这一地区以沈丹铁路为界划分为东北部低山区和辽东半岛丘陵区，面积约为 7.28 万 km²，占全省面积的 46%。东北部低山区，为长白山支脉吉林哈达岭和龙岗山的延续部分，由南北两列平行的山地组成，海拔在 500～800 m，最高山峰钢山位于抚顺市东部与吉林省交界处，海拔为 1347 m，为该省最高点。辽东半岛丘陵区，以千山山脉为骨干，北起本溪连山关，南至旅顺老铁山，长约为 340 km，构成辽东半岛的脊梁，山峰大都在海拔 500 m 以下，区内地形破碎，山丘直通海滨，海岸曲折，港湾很多，岛屿棋布，平原狭小，河流短促。

（2）西部的山地丘陵区。由东北向西南走向的努鲁儿虎山、松岭、黑山、医巫闾山组成。山间形成河谷地带，大、小凌河发源地流经于此，山势从北向南由海拔 1000 m 向 300 m 丘陵过渡，北部与内蒙古高原相接，南部形成海拔为 50 m 的狭长平原，与渤海相连，其间为辽西走廊。西部山地丘陵面积约为 4.2 万 km²，占全省面积的 29%。

（3）中部的平原区。由辽河及其 30 余条支流冲积而成，面积约为 3.7 万 km²，占全省面积的 25%。地势从东北向西南由海拔 250 m 向辽东湾逐渐倾斜。辽北低丘区与内蒙古接壤处有沙丘分布，辽南平原至辽东湾沿岸地势平坦，土壤肥沃，另有大面积沼泽洼地、漫滩和许多牛轭湖。地形的起伏对农业生产的限制较大，平整的土地对于农业机械操作、保持土壤肥力等工作都起到有利的影响。研究区内平地或是丘陵更适合复垦为耕地，主要是通过坡改梯的工程；对于不适宜耕地的地类可以对其进行退耕还林，但要保证耕地优先的原则。复垦的地形坡度限制主要划分为 1 级别（0°～2°）、2 级别（2°～5°）、3 级别（5°～8°）、4 级别（8°～15°）、5 级别（15°～25°）、6 级别（>25°）。

由表 3-4 可以看出辽宁省采矿用地坡度为 1 级别的面积为 74 756.57 hm²，其坡度为 0°～2°，占总体的 44.75%，采矿用地复垦后可以作为农用地、草地、林地；坡度为 4 级别的采矿用地面积为 26 594.96 hm²，其坡度为 8°～15°，占总体的 15.92%，复垦后可作为林地，宜农性相对较弱；坡度为 2 和 5 级别的面积分别为

22 669.20 hm^2、21 149.01 hm^2，占总体的 13.57% 和 12.66%，前者由于坡度较小复垦后宜农、宜林、宜牧，而后者由于坡度为 15°～25°，因此建议作为林地，慎为农用地；坡度较大的采矿用地最少，其面积为 6565.21 hm^2，复垦的难度较大，建议复垦为草地或不复垦。

表 3-4　辽宁省坡度分析表

坡度级别	采矿用地面积/hm^2	所占比例/%
0°～2°	74 756.57	44.75
2°～5°	22 669.20	13.57
5°～8°	15 318.83	9.17
8°～15°	26 594.96	15.92
15°～25°	21 149.01	12.66
>25°	6 565.21	3.93
总计	167 053.78	100.00

在辽宁省全省采矿用地坡度分析的基础上，进一步对各市进行了采矿用地的坡度分析，了解各市采矿用地的坡度状况，并绘制《辽宁省采矿用地坡度分析图》。

3.5.2　周边土地利用情况

地理区位是同地理位置既有联系又有差别的一个概念，具体来说，是指某特定地理位置在宏观区域内的土地利用效益的高低。在土地复垦适宜性评价的背景下，本研究选用采矿用地周边地类作为该研究区域内采矿用地复垦的参照，并对辽宁省采矿用地复垦后土地利用的总体情况进行了分析。

首先运用 ArcGIS 空间分析功能对辽宁省采矿用地进行 50 m 缓冲，筛选出在其缓冲带内的各种土地利用类型面积，并进行统计。由表 3-5 可以看出辽宁省采矿用地周边地类面积最大的为林地，面积为 872 844.12 hm^2，占总体的 45.47%；其次为耕地，面积为 291 331.52 hm^2，占总体的 15.18%；然后为城镇村及工矿用地，面积为 252 159.34 hm^2，占总体的 13.14%；而园地、交通运输用地、其他用地面积都比较小，合计占总体的 8.08%；具体地类面积及其比例见表 3-5。

表 3-5　采矿用地周边地类面积统计表

土地利用类型	地类面积/hm^2	所占比例/%
耕地	291 331.52	15.18
园地	32 037.35	1.67
林地	872 844.12	45.47

续表

土地利用类型	地类面积/hm²	所占比例/%
草地	141 844.61	7.39
交通运输用地	48 092.39	2.51
水域及水利设施用地	206 180.95	10.74
其他用地	74 915.99	3.90
城镇村及工矿用地	252 159.34	13.14
总计	1 919 406.27	100.00

3.6　辽宁省废弃工矿用地典型类型分析

3.6.1　大连庄河市仙人洞镇镁矿

大连庄河市仙人洞镇镁矿位于大连庄河市仙人洞镇冰峪村，为个人所有。开采矿种为镁矿，露天开采，目前已废弃，废弃面积为 14.79 hm²。通过现场调查，该矿已损毁土地主要包括工业场地、矿石堆放区、挖损坑、挖损区、运输道路和居民点（图 3-2～图 3-4）。矿区周边的土地利用呈现多样化，北部有部分住宅和旱地、南部为耕地和林地、西部有部分旱地和大面积的荒草地、东部多为旱地。

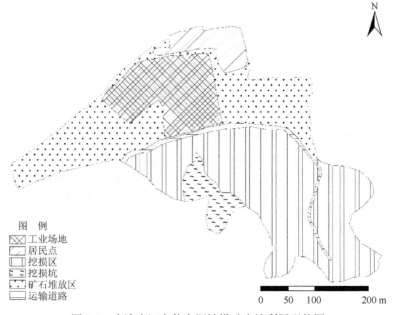

图 3-2　大连庄河市仙人洞镇镁矿土地利用现状图

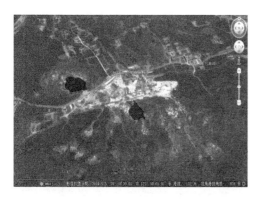

图 3-3　大连庄河市仙人洞镇镁矿遥感影像图

(a) 建筑场地　　　　　　　　　(b) 矿石堆放场　　　　　　　　　(c) 挖损坑

图 3-4　大连庄河市仙人洞镇镁矿实地景观图

3.6.2　朝阳北票市宝国老铁矿

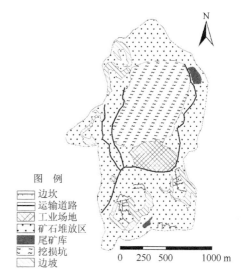

图 例

- ▤ 边坎
- ▤ 运输道路
- ▨ 工业场地
- ▧ 矿石堆放区
- ▦ 尾矿库
- ■ 挖损坑
- ▤ 边坡

0　250　500　　　1000 m

图 3-5　朝阳北票市宝国老铁矿
土地利用现状图

朝阳北票市宝国老铁矿位于朝阳北票市宝国老镇韩古屯村，为国家所有。开采矿种为铁矿，露天开采，矿区总面积为 233.91 hm²。通过现场调查，该矿开采已损毁土地主要包括工业场地、矿石堆放区、边坡、尾矿库、挖损坑、运输道路（图 3-5～图 3-7）。其中，工业场地占地面积为 12.89 hm²、矿石堆放区占地面积为 99.86 hm²、边坡占地面积为 19.04 hm²、尾矿库占地面积为 42.07 hm²、挖损坑占地面积为 56.09 hm²、运输道路占地面积为 3.96 hm²。矿区周边多为耕地，还有一些新栽种的树苗，表明其矿区周边适宜耕种。

图 3-6　朝阳北票市宝国老铁矿遥感影像图

(a) 建筑用地　　　　　　　　　　　　　　(b) 矿石堆放场

(c) 挖损坑　　　　　　　　　　　　　　　(d) 运输道路

图 3-7　朝阳北票市宝国老铁矿实地景观图

3.6.3　阜新海州区五龙煤矿

　　阜新海州区五龙煤矿位于阜新市海州区，开采矿种为煤矿，露天开采，目前已废弃，废弃面积为 220.98 hm²。现场调查发现，该矿开采已损毁土地包括洗煤池、矸石场、边坡、运输道路（图 3-8～图 3-10）。其中，洗煤池占地面积为 22.98 hm²、矸石场占地面积为 84.03 hm²、边坡占地面积为 113.32 hm²、运输道路占地面积为 0.65 hm²。周边土地利用状况较为复杂，南部多为旱地、北部为草地、东部为矿区、西部则是大面积的村庄。

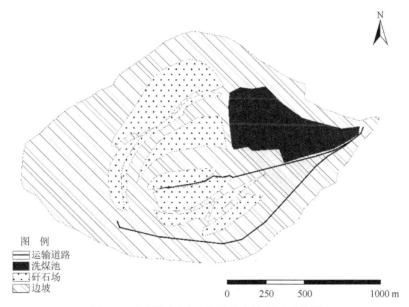

图 3-8　阜新海州区五龙煤矿土地利用现状图

图 3-9　阜新海州区五龙煤矿遥感影像图

图 3-10　阜新海州区五龙煤矿实地景观图

3.6.4　阜新彰武县石岭子村采石场

　　阜新彰武县石岭子村采石场地处五峰镇人民政府北侧，烈士陵园附近，为国家所有。矿区以采石为主，露天开采，目前已全部废弃并且已经得到复垦再利用，形成了稳产田，且有效改善了当地农业生态环境。损毁土地总面积约为 6.00 hm²，可复垦面积为 4.80 hm²，复垦率为 80%，其中耕地复垦比例为 69%，坑塘水面所占比例为 20%。其土地利用现状图、遥感影像图和实地景观图如图 3-11～图 3-13所示。

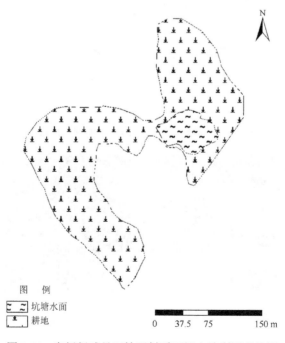

图 3-11　阜新彰武县石岭子村采石场土地利用现状图

图 3-12 阜新彰武县石岭子村采石场遥感影像图

图 3-13 阜新彰武县石岭子村采石场实地景观图

3.6.5 丹东东港市马家店砖厂

丹东东港市马家店砖厂位于东港市马家店镇油坊村,为集体所有,采用露天方式制砖,目前已经全部废弃,并且已经得到复垦再利用,形成了稳产田,且有效改善了当地农业生态环境。整个废弃地约为 19.28 hm^2,除有小面积的水塘以外,大部分的矿区均已复垦为水田和旱地,与周边的耕地连成一片,效果显著。且东港地区农业发达,气候宜人,适宜居住和耕作,复垦后再利用形成的耕地可以产生较高的经济效益。其土地利用现状图、遥感影像图和实地景观图如图 3-14~图 3-16 所示。

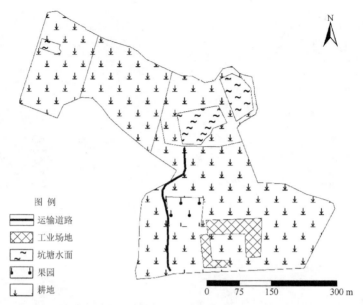

图例
运输道路
工业场地
坑塘水面
果园
耕地

0　75　150　　　　300 m

图 3-14　丹东东港市马家店砖厂土地利用现状图

图 3-15　丹东东港市马家店砖厂遥感影像图

图 3-16　丹东东港市马家店砖厂实地景观图

3.6.6　本溪桓仁满族自治县古城子砖厂

本溪桓仁满族自治县（简称桓仁县）古城子砖厂位于桓仁县古城镇，为集体所有，采用露天方式制砖，目前已经全部废弃，并且已经得到复垦再利用，形成了稳产田，且有效改善了当地农业生态环境。整个废弃地大约 4.20 hm²，矿区已经全部复垦，复垦率为 100%，其中复垦后耕地占 70%，林地占 30%。矿区周边多为旱地，西部有大面积的林地，地理位置较好。其土地利用现状图、遥感影像图和实地景观图如图 3-17～图 3-19 所示。

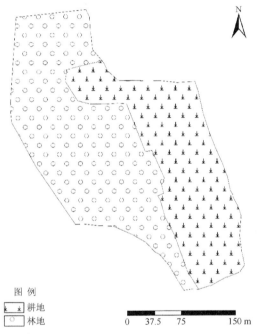

图 3-17　本溪桓仁县古城子砖厂土地利用现状图

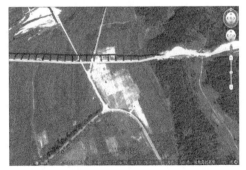

图 3-18　本溪桓仁县古城子砖厂遥感影像图

图 3-19　本溪桓仁县古城子砖厂实地景观图

3.6.7　朝阳市朝阳县小平房村砖厂

　　朝阳市朝阳县小平房村砖厂位于朝阳县小平房村，为集体所有，采用露天方式制砖，目前已经全部废弃，并且已经得到复垦再利用，形成了稳产田，不仅有效改善了当地农业生态环境，而且通过将废弃的土地复垦再利用成为可以耕种的旱地，体现了对国家"节约每一寸土地"政策的积极响应。矿区周边多为旱地和村庄，地理位置较好，道路较为畅通。其土地利用现状图、遥感影像图和实地景观图如图 3-20～图 3-22 所示。

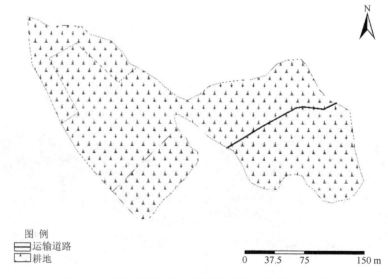

图 3-20　朝阳市朝阳县小平房村砖厂土地利用现状图

图 3-21　朝阳市朝阳县小平房村砖厂遥感影像图

图 3-22　朝阳市朝阳县小平房村砖厂实地景观图

3.6.8　朝阳凌源市二十里堡砖厂

朝阳凌源市二十里堡砖厂位于凌源市二十里堡村，为集体所有，采用露天方式制砖，目前已经全部废弃，并且已经得到复垦再利用，形成了稳产田，且有效改善了当地农业生态环境。矿区总面积为 $9.06~hm^2$，全部复垦为耕地。矿区周边土地利用情况为：东部和南部为耕地与少量大棚，西部和北部为荒山与少量居民点，且矿区地带交通便利。其土地利用现状图、遥感影像图和实地景观图如图 3-23～图 3-25 所示。

3.6.9　沈阳苏家屯区史沟砖厂

沈阳苏家屯区史沟砖厂位于苏家屯区佟沟街道史沟村，为集体所有，采用露天方式制砖，目前已经全部废弃，并且已经得到复垦再利用，形成了稳产田，并根据需要修缮水渠，有效改善了当地农业生态环境。矿区总面积为 $12.35~hm^2$，复垦再利用后主要作为耕地和排水沟使用。矿区周边的土地多为耕地，南部为村庄。其土地利用现状图、遥感影像图和实地景观图如图 3-26～图 3-28 所示。

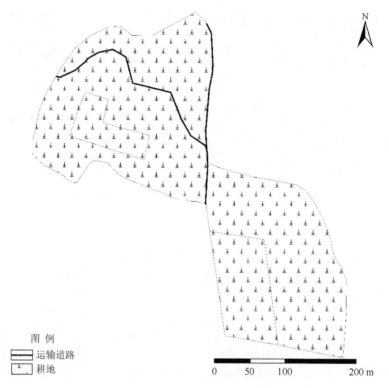

图 例
运输道路
耕地

0　　50　　100　　　　　200 m

图 3-23　朝阳凌源市二十里堡砖厂土地利用现状图

图 3-24　朝阳凌源市二十里堡砖厂遥感影像图

图 3-25 朝阳凌源市二十里堡砖厂实地景观图

图 例

---- 排水沟

耕地

0   50   100   200 m

图 3-26 沈阳苏家屯区史沟砖厂土地利用现状图

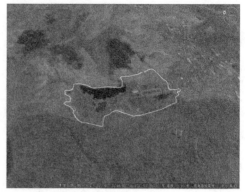

图 3-27　沈阳苏家屯区史沟砖厂遥感影像图

图 3-28　沈阳苏家屯区史沟砖厂实地景观图

3.6.10　葫芦岛建昌县谷杖子乡锰矿

葫芦岛建昌县谷杖子乡锰矿位于葫芦岛建昌县谷杖子乡雹神庙村，开采矿种为锰矿，地下开采，是一处开采历史较长的老矿山。矿区总面积为 10.80 hm²，为建昌县谷杖子乡雹神庙村集体所有。该矿区已有部分废弃，废弃面积为 2.09 hm²。现场调查发现，该矿开采已损毁土地主要包括运输道路、工业场地、挖损区、矿石堆放区、表土堆放厂、边坡（图 3-29～图 3-31）。其中，工业场地占地面积为 0.99 hm²、矿石堆放区占地面积为 0.30 hm²、运输道路占地面积为 0.47 hm²。

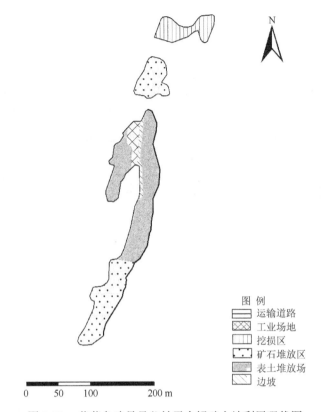

图 例

◯ 运输道路
◯ 工业场地
◯ 挖损区
◯ 矿石堆放区
◯ 表土堆放场
◯ 边坡

图 3-29 葫芦岛建昌县谷杖子乡锰矿土地利用现状图

图 3-30 葫芦岛建昌县谷杖子乡锰矿遥感影像图

图 3-31　葫芦岛建昌县谷杖子乡锰矿实地景观图

3.6.11　葫芦岛南票区三家子煤矿

葫芦岛南票区三家子煤矿位于葫芦岛南票区九龙街道三家子村，开采矿种为煤矿，地下开采。矿区总面积为 8.18 hm^2，为南票区九龙街道三家子村集体所有。矿区有部分废弃，废弃面积为 2.66 hm^2。经现场调查，该矿开采已损毁土地主要包括井口区运输道路、工业场地、挖损区、矿石堆放区、表土堆放场和边坡（图 3-32～图 3-34）。其中，井口区占地面积为 0.24 hm^2、工业场地占地面积为 1.23 hm^2、矸石山占地面积为 0.29 hm^2、表土堆放场占地面积为 0.76 hm^2、运输道路占地面积为 0.14 hm^2。

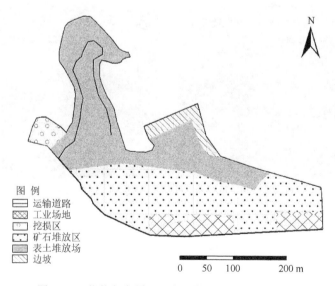

图 3-32　葫芦岛南票区三家子煤矿土地利用现状图

图 3-33 葫芦岛南票区三家子煤矿遥感影像图

图 3-34 葫芦岛南票区三家子煤矿实地景观图

3.6.12 辽阳灯塔市烟台煤矿公安大黄煤矿

辽阳灯塔市烟台煤矿公安大黄煤矿位于灯塔市铧子镇黄堡村南部,开采矿种为煤矿,地下开采,矿区总面积为 26.65 hm²,为集体和国家共同所有。矿区有部分废弃,废弃面积为 3.03 hm²。经现场调查,该矿开采已损毁土地主要包括运输道路、尾矿库、工业场地、矸石场、耕地和表土堆场地(图 3-35~图 3-37)。其中,办公生活区占地面积为 0.27 hm²、井口区占地面积为 0.10 hm²、矸石堆放场占地面积为 0.54 hm²、运输道路占地面积为 0.10 hm²、地面沉陷区占地面积为 2.02 hm²。

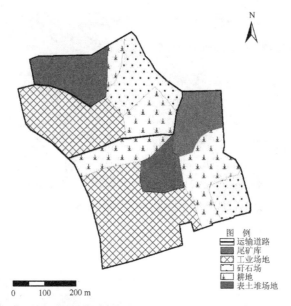

图 3-35　辽阳灯塔市烟台煤矿公安大黄煤矿土地利用现状图

图 3-36　辽阳灯塔市烟台煤矿公安大黄煤矿遥感影像图

图 3-37　辽阳灯塔市烟台煤矿公安大黄煤矿实地景观图

3.6.13 盘锦兴隆台区曙光分厂油田

盘锦兴隆台区曙光分厂油田主要涉及的是六分厂和七分厂的废弃油田、配套厂房与设施，其位于盘锦市兴隆台区曙光街道境内。曙光街道位于盘锦市西部，东与新兴镇隔双台子河相望，西与东郭镇紧邻，北与新生街道接壤，南由双台子河为界。境内交通十分便利，308 省道从该街道中心穿过，东侧有 102 省道，地理位置优越。该区土地总面积为 22.66 hm²，已全部进行土地复垦。其土地利用现状图、遥感影像图和实地景观图如图 3-38～图 3-40 所示。

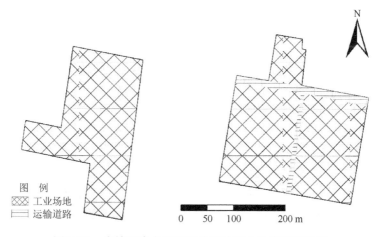

图 3-38 盘锦兴隆台区曙光分厂油田土地利用现状图

图 3-39 盘锦兴隆台区曙光分厂油田遥感影像图

图 3-40　盘锦兴隆台区曙光分厂油田实地景观图

3.7　辽宁省废弃工矿用地复垦再利用问题分析

根据本项目组调研情况，发现各个市区均在不同程度上存在对废弃工矿用地再利用的难点与问题。

3.7.1　土地权属问题

此问题主要体现在阜新市的海州区和沈阳市的苏家屯区。苏家屯区所面临的废弃工矿用地土地权属问题已经初步解决，解决方法主要是依法行政的手段，通过国家的法律对集体和个人打出一套依法行政的"组合拳"，以此来维护国家的公共财产。

3.7.2　土源问题

废弃工矿用地的复垦方式主要是客土回填，那么土源就成为复垦的重中之重了。辽东地区的土源较为紧缺，土源保证率较低。而辽中和辽西的土源较为充足，可以满足大部分废弃工矿用地复垦的需求，然而辽西和辽东山区的矿区地理位置偏僻，复垦难度较大。

3.7.3　资金问题

各个地方均反映资金不够使用，导致拆旧和复垦的工作不能顺利开展。根据实地调查的情况来看，主要是拆旧的补偿费用较高导致废弃工矿用地内的相关设施不能及时拆除，从而导致复垦利用工作停滞。

3.8　本章小结

本章明确了废弃工矿用地调查与分析的目的、原则、内容和方法，建立了以 3S 技术应用为支持的"天上看-地上查-地下测"三位一体的废弃工矿用地的调查与分析方法，将遥感、地理信息系统、野外测量技术及实地踏勘和实验室分析等各项技术很好地融合在一起，并通过该方法对辽宁省的废弃工矿用地进行了调查分析和统计。调查结果为：截至 2014 年，辽宁省共有采矿用地 167 053.79 hm²，其中废弃工矿用地的面积为 3565.37 hm²，占全省采矿用地的 2.13%。

坡度分析的结果为：坡度为 0°~2°的采矿用地的比例为 44.75%；坡度为 2°~5°的采矿用地的比例为 13.57%；坡度为 5°~8°的采矿用地的比例为 9.17%；坡度为 8°~15°的采矿用地的比例为 15.92%；坡度为 15°~25°的采矿用地的比例为 12.66%；坡度大于 25°的采矿用地的比例为 3.93%。

对于周边地类调查和分析结果为：辽宁省采矿用地周边的土地利用类型中所占比例最大的是林地，占总体的 45.47%；其次为耕地，比例为 15.18%；然后是城镇村及工矿用地，比例为 13.14%；而园地、交通运输用地和其他用地的比例较小，所占比例为 8.08%。

在掌握总体情况的基础上，对典型的废弃工矿用地进行了实地踏勘，调查矿区包括大连庄河市仙人洞镇镁矿、朝阳北票市宝国老铁矿、阜新海州区五龙煤矿、阜新彰武县石岭子村采石场、丹东东港市马家店砖厂、本溪桓仁县古城子砖厂、朝阳市朝阳县小平房村砖厂、朝阳凌源市二十里堡砖厂、沈阳苏家屯区史沟砖厂、葫芦岛建昌县谷杖子乡锰矿、葫芦岛南票区三家子煤矿、辽阳灯塔市烟台煤矿公安大黄煤矿、盘锦兴隆台区曙光分厂油田。典型矿区的调查和踏勘为随后的适宜性评价提供了大量的数据资料。

通过实地调查和座谈会等方式，我们了解到了各地关于废弃工矿用地复垦再利用工作的难点与核心问题所在。

第4章 基于耕地质量的辽宁省废弃工矿用地复垦适宜性评价

4.1 辽宁省典型废弃工矿用地再利用适宜性评价

4.1.1 典型地块的选取

在整个辽宁省范围内选取典型地块进行适宜性评价，最终选择了废弃工矿用地复垦再利用试点的5个市9个县（区）作为研究区域，即大连市庄河市、朝阳市凌源市、朝阳市北票市、辽阳市灯塔市、丹东市东港市、抚顺市新宾满族自治县（简称新宾县）、葫芦岛市建昌县、本溪市本溪满族自治县（简称本溪县）、阜新市彰武县、沈阳市苏家屯区、朝阳市朝阳县、盘锦市兴隆台区、阜新市海州区、葫芦岛市南票区。

为了得到辽宁省废弃工矿用地再利用的适宜性，根据其不同矿种类型（金属矿、煤矿、非金属矿）选取实地调查点，选取情况如下：金属矿选取大连庄河市仙人洞镇镁矿、朝阳北票市宝国老铁矿、抚顺新宾县沃谷铜锌矿、葫芦岛建昌县谷杖子乡锰矿；煤矿选取本溪市本溪县大阆煤矿、阜新海州区五龙煤矿、辽阳灯塔市烟台煤矿公安大黄煤矿、葫芦岛南票区三家子煤矿；非金属矿选取沈阳苏家屯区史沟砖厂、丹东东港市马家店砖厂、阜新彰武县石岭子村采石场、朝阳市朝阳县小平房村砖厂、朝阳凌源市二十里堡砖厂、盘锦兴隆台区曙光分厂油田，具体见表4-1。

表 4-1 辽宁省废弃工矿用地适宜性评价典型地块选取情况表

矿种类型	市	县（市、区）
金属矿	大连市	庄河市
	朝阳市	北票市
	抚顺市	新宾县
	葫芦岛市	建昌县
煤矿	本溪市	本溪县
	辽阳市	灯塔市
	阜新市	海州区
	葫芦岛市	南票区

矿种类型	市	县（市、区）
非金属矿	阜新市	彰武县
	丹东市	东港市
	沈阳市	苏家屯区
	朝阳市	朝阳县
	朝阳市	凌源市
	盘锦市	兴隆台区

4.1.2　评价指标体系的建立

评价因子是在特定土地利用方式中，影响土地适宜性的最重要的因素。影响适宜性的评价因子多不胜数，归纳起来有以下几种。

（1）气候条件：与植物生长发育和土地开发利用关系最密切的因子主要是水、光、热条件，常用的衡量指标主要有光照强度和光照长度、≥10℃有效积温、无霜期、降水量、蒸发量、灾害气候等。

（2）地形条件：包括地形类型和分布、地势、地面起伏、海拔和相对高度。地形作为五大成土因素之一，对区域水热条件和能量交换具有重要影响。

（3）土壤条件：土壤是土地生产力最重要的组成部分，是提供植物生长发育所需的水、肥、气、热的基础。土壤因素主要包括土壤类型、土壤质地、有效土层厚度、土体构型、土壤侵蚀程度、有机质含量、土壤养分状况、土壤 pH、土壤污染状况、土壤中砾石含量等。

（4）水文条件：水是生命存在和延续的重要因素，人类生存和植物生长均离不开水，故水文因素对土地适宜性具有重要的影响。水文要素中的水系分布、地下水位埋深和水利灌溉设施对农业生产都有着至关重要的作用，是区域土地农业适宜性评价的重要因素，而水系分布、地下水位埋深、水污染状况和温泉分布等是区域土地城市适宜性评价的重要因素。

虽然影响土地适宜性的评价因子多种多样，但进行适宜性评价时不能将所有的评价因子一一分析考虑，因为这样不但大大增加了工作量而且不利于评价工作的正常进行。所以，评价因子选择的科学和正确与否，直接影响到评价结果的科学性、准确性和评价工作量的大小。评价因子的选取要遵循如下原则：主导因素原则、差异性原则、稳定性原则、针对性原则、定量性原则、现实性原则。

根据如上原则及土地复垦方案编制规程的相关要求分别对金属矿、煤矿、非金属矿选取评价因子并建立相应的评价指标体系。除地表塌陷区外，各评价单元的各利用方向都选择了地面坡度作为评价因子，因为无论是露天开采还是井田开采，也不管是挖损、塌陷破坏还是压占破坏，该因子都是影响土地复垦的主要因素；地表的物质组成，如地表石块的大小对土地的复垦工作有着极其显著的影响，故应作为评价指标；各评价单元无论是宜农、宜林，还是宜草方向，有效土层厚度都是必选的评价因子，因为有效土层厚度对土地农林牧利用方向具有直接影响，并且《土地复垦技术标准》中对于覆土厚度都有明确的规定；植物生长离不开水，所以灌溉条件、排水条件是土地复垦适宜性评价的重要评价因子。综上所述，本书选取地面坡度、地表物质组成、有效土层厚度、灌溉条件、排水条件作为金属矿、煤矿、非金属矿公共评价指标。金属矿选取土壤 pH 作为评价因子，是因为矿石长期堆积以及尾矿库的影响可能会导致土壤 pH 变化。另外，金属矿山的尾矿库普遍存在重金属土地污染问题，故将潜在污染物列入评价因子范围中。考虑到煤矿开采以及堆积会造成岩土污染，因此将其作为煤矿适宜性评价的评价因子。土壤有机质是植物养分的主要来源，可改善土壤的物理和化学性质，其含量虽小，但对土壤性状的影响极大，具有提高土壤的保肥能力和缓冲性能的作用，故将其作为煤矿适宜性评价的评价因子。对于非金属矿，由于考虑到其复垦后作为农业生产用地的稳定情况，因此将稳定性作为非金属矿适宜性评价的评价因子；另外考虑到农民劳作的便利性，本书选取生产便利性作为评价因子。各矿种评价指标体系及评价因子等级标准见表 4-2～表 4-4。

表 4-2　金属矿待复垦土地评价因子等级标准

评价因子及分级指标		耕地评价	林地评价	草地评价
地面坡度/(°)	<5	1	1	1
	5～15	2	2	1
	15～25	3 或不	3	2 或 3
	25～45	不	3 或不	3
	>45	不	不	不
地表物质组成	壤土	1	1	1
	砂壤土、黏土	2	1	1
	岩土混合物	3	2	2
	砾石、石质	不	3 或不	3 或不
有效土层厚度/cm	>50	1	1	—
	30～50	2	1	—
	<30	3	2	—
土壤 pH	适中	1	1	1
	弱酸	2	1 或 2	1
	偏酸	不	2 或 3	2 或 3

续表

评价因子及分级指标		耕地评价	林地评价	草地评价
潜在污染物	无	1	1	1
	轻度	3	2	2
	中度	不	3	3
	重度	不	不	不
灌溉条件	有保证	1	1	1
	一般保证	2	1	2
	无保证	3	2	3
排水条件	不淹没或偶然淹没，排水好	1	1	1
	季节性短期淹没，排水较好	2	2	2
	季节性长期淹没，排水较差	3	3	3 或不
	长期淹没，排水很差	不	不	不

注："1"代表高度适宜；"2"代表中度适宜；"3"代表勉强适宜；"不"代表不适宜。

表4-3　煤矿待复垦土地评价因子等级标准

评价因子及分级指标		耕地评价	林地评价	草地评价
地面坡度/(°)	<5	1	1	1
	5～15	2	2	1
	15～25	3 或不	3	2 或 3
	25～45	不	3 或不	3
	>45	不	不	不
地表物质组成	壤土	1	1	1
	砂壤土、黏土	2	1	1
	岩土混合物	3	2	2
	砾石、石质	不	3 或不	3 或不
有效土层厚度/cm	>50	1	1	—
	30～50	2	1	—
	<30	3	2	—
有机质含量/(g/kg)	>10	1	1	1
	6～10	1	1	1
	<6	3	2 或 3	2 或 3
岩土污染程度	无	1	1	1
	轻度	3	2	2
	中度	不	3	3
	重度	不	不	不

评价因子及分级指标		耕地评价	林地评价	草地评价
灌溉条件	有保证	1	1	1
	一般保证	2	1	2
	无保证	3	2	3
排水条件	不淹没或偶然淹没，排水好	1	1	1
	季节性短期淹没，排水较好	2	2	2
	季节性长期淹没，排水较差	3	3	3 或不
	长期淹没，排水很差	不	不	不

注："1"代表高度适宜；"2"代表中度适宜；"3"代表勉强适宜；"不"代表不适宜。

表 4-4 非金属矿待复垦土地评价因子等级标准

评价因子及分级指标		耕地评价	林地评价	草地评价
地面坡度/(°)	<5	1	1	1
	5~15	2	2	1
	15~25	3 或不	3	2 或 3
	>25	不	3 或不	3
地表物质组成	壤土	1	1	1
	砂壤土、黏土	2	1	1
	岩土混合物	3	2	2
	砾石、石质	不	3 或不	3 或不
有效土层厚度/cm	>50	1	1	—
	30~50	2	1	—
	<30	3	2	—
稳定性	稳定	1	1	1
	基本稳定	2	1	1
	未稳定	不	不	不
生产便利性	便利	1	1	—
	一般	2	1 或 2	—
	不便利	不	2 或 3	—
灌溉条件	有保证	1	1	—
	一般保证	1 或 2	1	—
	无保证	2 或 3	2 或 3	—
排水条件	不淹没或偶然淹没，排水好	1	1	1
	季节性短期淹没，排水较好	2	2	2
	季节性长期淹没，排水较差	3 或不	3 或不	3 或不
	长期淹没，排水很差	不	不	不

注："1"代表高度适宜；"2"代表中度适宜；"3"代表勉强适宜；"不"代表不适宜。

4.1.3　评价单元的划分

评价单元是土地适宜性评价的基本单元,是评价的具体对象。土地对农、林、牧业利用类型的适宜性和适宜程度及其地域分布状况,都是通过评价单元及其组合状况来反映的。评价单元的划分与确定应在遵循评价原则的前提下,根据评价区的具体情况来决定。同一评价单元类型内的土地特征及复垦利用方向和改良途径应基本一致。依据各项目建设方案和破坏情况,按破坏土地的特征和破坏程度,以及不同矿种的特点划分土地复垦适宜性评价单元。在本书中根据各典型地块的实地情况划分评价单元。

4.2　金属矿典型地块适宜性评价

4.2.1　大连庄河市仙人洞镇镁矿

大连庄河市仙人洞镇镁矿矿区内工业场地占地面积为 2.24 hm^2、矿石堆放区占地面积为 4.33 hm^2、挖损区占地面积为 7.08 hm^2、运输道路占地面积为 0.36 hm^2、居民点占地面积为 0.78 hm^2。该矿各评价单元土地性质见表 4-5。

表 4-5　大连庄河市仙人洞镇镁矿各评价单元土地性质

评价单元	影响因子						
	地面坡度/(°)	地表物质组成	有效土层厚度/cm	土壤 pH	潜在污染物	灌溉条件	排水条件
工业场地	0~5	砾石	0	适中	无	无	较好
矿石堆放区	>25	砾石	0	弱酸	轻度	无	较好
挖损区	>80	砾石、积水	0	适中	无	无	差
运输道路	10~15	压实壤土	>10	适中	无	无	较好
居民点	0~5	岩土混合物	45	适中	无	有保证	好

根据各评价单元的实际情况,复垦建议如下:周围空心居民点和矿石堆放区各项指标条件较好,适合复垦为耕地;工业场地适宜复垦成林地;保留运输道路将其复垦为农村道路;由于挖损区面积较大,且坑内积水较深,复垦成农用地的难度较大,即使可以复垦成农用地,所需要的资金量巨大且时间较长,恢复后的效益也不理想,因此目前不适宜复垦。矿区损毁土地总面积为 14.79 hm^2,可复垦

面积为 7.71 hm^2，复垦率为 52.13%。其中，耕地复垦比例为 34.55%，林地复垦比例为 15.15%，田间道路复垦比例为 2.43%，不适宜复垦比例为 47.87%。大连庄河市仙人洞镇镁矿土地复垦单元适宜性评定具体见表 4-6、表 4-7。

表 4-6　大连庄河市仙人洞镇镁矿土地复垦单元适宜性评定表

评价单元	评价因子	复垦措施	地类适宜性
工业场地	地表物质组成，有效土层厚度，灌溉条件	通过拆除地表建筑，平整场地，全面客土可复垦成林地	耕地适宜等级为不适宜、林地适宜等级为 2、草地适宜等级为 3
矿石堆放区	地面坡度、地表物质组成，有效土层厚度，潜在污染物，灌溉条件	削放坡、平整场地，可复垦成耕地	耕地适宜等级为 3、林地适宜等级为 3、草地适宜等级为 3
挖损区	地面坡度、地表物质组成，有效土层厚度，灌溉条件，排水条件	由于挖损区面积较大，且坑内积水较深，复垦难度及费用较高，不适宜复垦	耕地适宜等级为不适宜、林地适宜等级为不适宜、草地适宜等级为不适宜
运输道路	地面坡度、有效土层厚度，灌溉条件	修缮道路，平整压实；由于道路为公用道路，因此保留道路	耕地适宜等级为不适宜、林地适宜等级为 2、草地适宜等级为 2
居民点	地表物质组成，有效土层厚度	拆除地表建筑物，平整场地，全面覆土、培肥可复垦成耕地	耕地适宜等级为 3、林地适宜等级为 2、草地适宜等级为 2

表 4-7　大连庄河市仙人洞镇镁矿土地复垦适宜性评价结果表

损毁单元	损毁面积/hm^2	复垦利用方向	复垦面积/hm^2	复垦比例/%
工业场地	2.24	林地	2.24	15.15
矿石堆放区	4.33	耕地	4.33	29.28
挖损区	7.08	无	0	0
运输道路	0.36	农村道路	0.36	2.43
居民点	0.78	耕地	0.78	5.27
总计	14.79	—	7.71	52.13

4.2.2　朝阳北票市宝国老铁矿

朝阳北票市宝国老铁矿矿区内各评价单元土地性质见表 4-8。区内工业场地和矿石堆放区可复垦为耕地；运输道路复垦为农村道路；边坡和挖损坑限制条件很难改良，目前不适宜复垦。矿区损毁土地总面积为 233.91 hm^2，可复垦面积为 158.78 hm^2，复垦率为 67.88%。其中，耕地复垦比例为 48.20%，林地复垦比例为 17.99%，田间道路复垦比例为 1.69%，不适宜复垦比例为 32.12%，见表 4-9、表 4-10。

表 4-8 朝阳北票市宝国老铁矿各评价单元土地性质

评价单元	影响因子						
	地面坡度/(°)	地表物质组成	有效土层厚度/cm	土壤 pH	潜在污染物	灌溉条件	排水条件
工业场地	0~5	岩土混合物	0~0.5	适中	无	一般保证	较好
矿石堆放区	5~15	壤土	30~50	适中	无	一般保证	较好
边坡	>60	砾石	0	适中	无	无保证	较好
尾矿库	0~5	岩土混合物	0	弱酸	中度	一般保证	较好
挖损坑	>70	砾石	0	适中	无	无保证	较差
运输道路	5~8	压实壤土	>10	适中	无	一般保证	较好

表 4-9 朝阳北票市宝国老铁矿土地复垦单元适宜性评定表

评价单元	限制因子	复垦措施	地类适宜性
工业场地	地表物质组成，有效土层厚度	通过拆除地表建筑、翻耕、平整，全面客土可恢复成耕地	耕地适宜等级为 3、林地适宜等级为 2、草地适宜等级为 2
矿石堆放区	地面坡度	表土用于覆土工程后，平整场地，全面覆土、施肥可复垦成耕地	耕地适宜等级为 2、林地适宜等级为 1、草地适宜等级为 1
边坡	地面坡度、地表物质组成，有效土层厚度，灌溉条件	由于地面坡度过大，加之地表物质组成为砾质，因此复垦难度很大，需要的投入也很大，不适宜复垦	耕地适宜等级为不适宜、林地适宜等级为不适宜、草地适宜等级为不适宜
尾矿库	地表物质组成，有效土层厚度，土壤 pH，潜在污染物	排水疏干，全面覆土并施加肥料可用于种植小灌木、乔木等，也可复垦为工业场地	耕地适宜等级为不适宜、林地适宜等级为 3、草地适宜等级为不适宜
挖损坑	地面坡度、地表物质组成，有效土层厚度，灌溉条件，排水条件	由于挖损坑采用废石进行充填的费用过大，另外采坑较深，面积较大，因此不适宜复垦	耕地适宜等级为不适宜、林地适宜等级为不适宜、草地适宜等级为不适宜
运输道路	地面坡度，有效土层厚度	修缮道路，平整压实；由于道路为公用道路，因此保留道路	耕地适宜等级为 3、林地适宜等级为 2、草地适宜等级为 2

表 4-10 朝阳北票市宝国老铁矿土地复垦适宜性评价结果表

损毁单元	损毁面积/hm²	复垦利用方向	复垦面积/hm²	复垦比例/%
工业场地	12.89	耕地	12.89	5.51
矿石堆放区	99.86	耕地	99.86	42.69
边坡	19.04	无	0	0
尾矿库	42.07	林地	42.07	17.99
挖损坑	56.09	无	0	0
运输道路	3.96	田间道路	3.96	1.69
总计	233.91	—	158.78	67.88

4.2.3　抚顺新宾县沃谷铜锌矿

抚顺新宾县沃谷铜锌矿位于抚顺市新宾县苇子峪镇小哪吒村，开采矿种为铜锌矿、钼矿，地下开采，目前已废弃，废弃面积为 17.08 hm²。经现场调查，该矿开采已损毁土地包括井口区、工业场地、矿石堆放区、表土堆放场、尾矿库、运输道路。其中，井口区占地面积为 0.04 hm²、工业场地占地面积为 1.54 hm²、矿石堆放区占地面积为 0.40 hm²、表土堆放场占地面积为 0.93 hm²、尾矿库占地面积为 13.64 hm²、运输道路占地面积为 0.53 hm²。其实地情况如图 4-1 所示，各评价单元土地性质见表 4-11。

(a) 建筑场地

(b) 表土堆放场

(c) 尾矿库

(d) 运输道路

图 4-1　抚顺新宾县沃谷铜锌矿实地景观图

表 4-11　抚顺新宾县沃谷铜锌矿各评价单元土地性质

评价单元	影响因子						
	地面坡度 /(°)	地表物质组成	有效土层厚度/cm	土壤 pH	潜在污染物	灌溉条件	排水条件
井口区	5~8	岩土混合物	0	适中	无	无	较好
工业场地	<5	岩土混合物	0	适中	无	无	较好

续表

评价单元	影响因子						
	地面坡度/(°)	地表物质组成	有效土层厚度/cm	土壤 pH	潜在污染物	灌溉条件	排水条件
矿石堆放区	5~25	砾石	<30	弱酸	轻度	无	较好
表土堆放场	5~15	壤土	>30	适中	无	无	较好
尾矿库	<5	压实壤土	0	弱酸	轻度	无	较好
运输道路	5~8	压实壤土	<30	适中	无	无	好

井口区、工业场地、矿石堆放区、表土堆放场适宜复垦成耕地，尾矿库和运输道路适宜复垦成林地。矿区损毁土地总面积为 17.08 hm²，可复垦面积为 17.08 hm²，复垦率为 100%。其中，耕地复垦比例为 17.04%，林地复垦比例为 82.96%，见表 4-12、表 4-13。

表 4-12　抚顺新宾县沃谷铜锌矿土地复垦单元适宜性评定表

评价单元	限制因子	复垦措施	地类适宜性
井口区	地表物质组成，有效土层厚度，灌溉条件	井口封闭，平整后覆土、施肥，复垦成耕地	耕地适宜等级为3、林地适宜等级为1、草地适宜等级为1
工业场地	地表物质组成，有效土层厚度，灌溉条件	建筑物拆除，平整后覆土、培肥，复垦成耕地	耕地适宜等级为3、林地适宜等级为1、草地适宜等级为2
矿石堆放区	地面坡度，地表物质组成，有效土层厚度，潜在污染物，灌溉条件	削坡法，平整场地，采用穴状客土法可将其复垦成林地	耕地适宜等级为3、林地适宜等级为2、草地适宜等级为2
表土堆放场	无	覆土工程结束后，将剩余表土平整、施肥，复垦成耕地	耕地适宜等级为3、林地适宜等级为2、草地适宜等级为2
尾矿库	地面坡度，有效土层厚度，潜在污染物，灌溉条件	平整后覆土、培肥、种植树木，复垦成林地	耕地适宜等级为不适宜、林地适宜等级为2、草地适宜等级为2
运输道路	地表物质组成，灌溉条件	清除硬化物，平整场地，施肥，植树，可复垦成林地	耕地适宜等级为3、林地适宜等级为2、草地适宜等级为2

表 4-13　抚顺新宾县沃谷铜锌矿土地复垦适宜性评价结果表

损毁单元	损毁面积/hm²	复垦利用方向	复垦面积/hm²	复垦比例/%
井口区	0.04	耕地	0.04	0.23
工业场地	1.54	耕地	1.54	9.02
矿石堆放区	0.40	耕地	0.40	2.34
表土堆放场	0.93	耕地	0.93	5.45
尾矿库	13.64	林地	13.64	79.86
运输道路	0.53	林地	0.53	3.10
总计	17.08	—	17.08	100.00

4.2.4　葫芦岛建昌县谷杖子乡锰矿

葫芦岛建昌县谷杖子乡锰矿各评价单元土地性质见表 4-14。该区内工业场地适宜复垦成耕地，废石堆放场、运输道路、开拓系统、客土场适宜复垦成林地，见表 4-15。矿区损毁土地总面积为 2.09 hm²，可复垦面积为 2.09 hm²，复垦率为 100%。其中，耕地复垦比例为 47.37%，林地复垦比例为 52.63%，见表 4-16。

表 4-14　葫芦岛建昌县谷杖子乡锰矿各评价单元土地性质

评价单元	影响因子						
	地面坡度/(°)	地表物质组成	有效土层厚度/cm	土壤 pH	潜在污染物	灌溉条件	排水条件
工业场地	<5	岩土混合物	0	适中	无	有保证	较好
废石堆放场	15～25	砾石	0	适中	轻度	无	较好
运输道路	5～15	压实壤土	0	适中	无	一般保证	较好
开拓系统	25～45	砾石	0	适中	无	无	较好
客土场	25～45	黏土	0.5	适中	无	一般保证	较好

表 4-15　葫芦岛建昌县谷杖子乡锰矿土地复垦单元适宜性评定表

评价单元	限制因子	复垦措施	地类适宜性
工业场地	地表物质组成，有效土层厚度	被破坏地域原来是旱地，经覆土培肥可复垦成耕地	耕地适宜等级为 3、林地适宜等级为 3、草地适宜等级为 2
废石堆放场	地面坡度、地表物质组成，有效土层厚度，潜在污染物	限制因子较多，目前不适宜复垦成耕地，放ީ后可采用穴状客土法将其复垦成林地	耕地适宜等级为不适宜、林地适宜等级为 3、草地适宜等级为 3
运输道路	地表物质组成、有效土层厚度	平整后，覆土、培肥可复垦成林地	耕地适宜等级为不适宜、林地适宜等级为 3、草地适宜等级为 2
开拓系统	地面坡度、地表物质组成，有效土层厚度	削放坡，全面覆土可复垦成林地	耕地适宜等级为不适宜、林地适宜等级为 2、草地适宜等级为 2
客土场	地面坡度、有效土层厚度	取土后的客土场坡度较大，且有效土层厚度较小，不适宜复垦成耕地，可复垦成林地	耕地适宜等级为不适宜、林地适宜等级为 2、草地适宜等级为 2

表 4-16　葫芦岛建昌县谷杖子乡锰矿土地复垦适宜性评价结果表

损毁单元	损毁面积/hm²	复垦利用方向	复垦面积/hm²	复垦比例/%
工业场地	0.99	耕地	0.99	47.37
废石堆放场	0.30	林地	0.30	14.35
运输道路	0.47	林地	0.47	22.49
开拓系统	0.01	林地	0.01	0.48
客土场	0.32	林地	0.32	15.31
总计	2.09	—	2.09	100.00

4.2.5　金属矿适宜性评价结果

通过以上四个典型金属矿废弃地的适宜性评价可知，采用露天开采方式进行开采的金属矿由于形成的挖损坑很难进行复垦利用，因此复垦比例一般不能达到100%，采用地下开采方式进行开采的金属矿复垦比例一般可达到100%。以上地区的平均可复垦比例约为80%，其中可复垦成耕地的比例为36.79%，可复垦成林地的比例为42.18%，可复垦成田间道路的比例为1.03%。评价单元的限制因子主要有地面坡度、地表物质组成和有效土层厚度，有些还存在一些潜在污染物，各评价单元中，工业场地、表土堆放场及一些条件较好的矿石堆放区采取相应的复垦措施改善限制条件后，一般适宜复垦成耕地，尾矿库和一些运输道路较适合复垦成林地；由于挖损坑和边坡的地形和土壤条件较差，目前不宜复垦。由此可知，辽宁省金属矿废弃地的复垦适宜性具有多宜性，应该加大对金属矿废弃地的复垦力度，这可以变废为宝，避免土地闲置浪费，有利于提升土地利用效率，通过废弃工矿用地的适应性评价确定复垦方向，可以促进低效土地的二次开发和利用。在土地资源有限的情况下，充分挖掘现有土地潜力，节约集约利用土地，不仅可以有效缓解当前建设用地供需矛盾，也可以为以后挖掘建设用地的后备资源探索有效途径。另外，金属矿开采后的废弃矿山对生态环境造成了严重破坏，但通过对金属矿废弃地的适宜性评价和复垦利用，可对废弃金属矿山本身及周边环境起到改善作用，从而使环境问题及地质灾害隐患得到有效治理。

4.3　煤矿典型地块适宜性评价

4.3.1　阜新海州区五龙煤矿

阜新海州区五龙煤矿各评价单元土地性质见表4-17。该区内矸石场适宜性评价结果存在多宜性，适宜复垦为耕地、林地和草地，考虑到周边土地利用以耕地为主，同时结合当地群众意愿，最终确定复垦为耕地。运输道路虽具有多宜性，但由于面积较小，因此更适宜种植一些树木。而该区的边坡坡度过大，放坡较困难，并且地表多为砾石覆盖，且岩土存在轻度污染，因此需要全面的覆土、清污，另外灌排条件也较差，基于以上限制因素，复垦难度较大，见表4-18。矿区损毁土地总面积为220.98 hm^2，可复垦面积为107.66 hm^2，复垦率为48.72%。其中，耕地复垦比例为38.03%，林地复垦比例为10.69%，不适宜复垦比例为51.28%，见表4-19。

表4-17　阜新海州区五龙煤矿各评价单元土地性质

评价单元	影响因子						
	地面坡度/(°)	地表物质组成	有效土层厚度/cm	土壤有机质含量/(g/kg)	岩土污染程度	灌溉条件	排水条件
洗煤池	0～5	废弃煤渣	0	2	中度	有保证	较好
矸石场	5～15	煤矸石	0	1	轻度	一般保证	较好
边坡	>70	砾石	0	0	轻度	无保证	较差
运输道路	3～5	岩土混合物	0	0	无	一般保证	较好

表4-18　阜新海州区五龙煤矿土地复垦单元适宜性评定表

评价单元	限制因子	复垦措施	地类适宜性
洗煤池	地表物质组成，有效土层厚度，岩土污染程度	平整场地、清除污染岩土，采用穴状客土法将其复垦成林地	耕地适宜等级为不适宜、林地适宜等级为3、草地适宜等级为3
矸石场	地面坡度、地表物质组成，有效土层厚度，岩土污染程度	平整场地、清除污染岩土，全面覆土后适宜复垦成耕地	耕地适宜等级为3、林地适宜等级为2、草地适宜等级为3
边坡	地面坡度、地表物质组成，有效土层厚度，岩土污染程度，灌溉条件，排水条件	地面坡度过大，放坡较困难，地表多为砾石，岩土轻度污染需要全面的覆土、清污，基于以上限制因素，复垦难度较大	耕地适宜等级为不适宜、林地适宜等级为不适宜、草地适宜等级为不适宜
运输道路	有效土层厚度，灌溉条件	虽然基本条件满足复垦耕地，但由于道路面积较小，且不集中连片，因此更适宜种植一些树木	耕地适宜等级为3、林地适宜等级为3、草地适宜等级为1

表4-19　阜新海州区五龙煤矿土地复垦适宜性评价结果表

损毁单元	损毁面积/hm²	复垦利用方向	复垦面积/hm²	复垦比例/%
洗煤池	22.98	林地	22.98	10.40
矸石场	84.03	耕地	84.03	38.03
边坡	113.32	无	0	0
运输道路	0.65	林地	0.65	0.29
总计	220.98	—	107.66	48.72

4.3.2　辽阳灯塔市烟台煤矿公安大黄煤矿

　　辽阳灯塔市烟台煤矿公安大黄煤矿各评价单元土地性质见表4-20。该区内办公生活区大部分厂房位于井口附近，且面积较小不适宜复垦成耕地，通过拆除地表建筑，平整场地，全面客土适宜复垦成林地；井口区、矸石堆放场、运输道路通过翻耕表土，适宜复垦成林地；地面沉陷区地表坡度小于5°，边坡坡度较大，不能满足耕地需要,但满足林地需求,适宜复垦成林地,见表4-21。矿区损毁土地总面积为 3.03 hm²,可复垦面积为 3.03 hm²,复垦率为 100%,且全部适宜复垦成林地,见表4-22。

表4-20 辽阳灯塔市烟台煤矿公安大黄煤矿各评价单元土地性质

评价单元	影响因子						
	地面坡度/(°)	地表物质组成	有效土层厚度/cm	土壤有机质含量/(g/kg)	岩土污染程度	灌溉条件	排水条件
办公生活区	0~3	岩土混合物	0.8~1.2	—	无	有保证	较好
井口区	4~7	砾质、砂质	0	—	轻度	有保证	较好
矸石堆放场	>15	废石	0.8~1.2	—	轻度	有保证	较好
运输道路	0~3	岩土混合物	0.8~1.2	—	无	有保证	较好
地面沉陷区	0~5	土壤	0.8~1.5	—	无	有保证	较好

表4-21 辽阳灯塔市烟台煤矿公安大黄煤矿土地复垦单元适宜性评定表

评价单元	限制因子	复垦措施	地类适宜性
办公生活区	地表物质组成,有效土层厚度	大部分厂房位于井口附近,且面积较小不适宜复垦成耕地,通过拆除地表建筑,平整场地,全面客土可复垦成林地	耕地适宜等级为不适宜、林地适宜等级为2、草地适宜等级为3
井口区	地表物质组成,有效土层厚度,岩土污染程度	封堵井口后,在井口区地表覆土,植树,适宜复垦为林地	耕地适宜等级为不适宜、林地适宜等级为3、草地适宜等级为3
矸石堆放场	地面坡度、地表物质组成,有效土层厚度,岩土污染程度	清除矸石,在地表翻耕表土,植树,适宜复垦为林地	耕地适宜等级为不适宜、林地适宜等级为3、草地适宜等级为不适宜
运输道路	地表物质组成,有效土层厚度	在地表翻耕表土,植树,适宜复垦为林地	耕地适宜等级为不适宜、林地适宜等级为2、草地适宜等级为2
地面沉陷区	有效土层厚度	地面坡度小于5°,边坡坡度较大,不能满足耕地需要,但满足林地需求,适宜复垦成林地	耕地适宜等级为不适宜、林地适宜等级为2、草地适宜等级为不适宜

表4-22 辽阳灯塔市烟台煤矿公安大黄煤矿土地复垦适宜性评价结果表

损毁单元	损毁面积/hm²	复垦利用方向	复垦面积/hm²	复垦比例/%
办公生活区	0.27	林地	0.27	8.91
井口区	0.10	林地	0.10	3.30
矸石堆放场	0.54	林地	0.54	17.82
运输道路	0.10	林地	0.10	3.30
地面沉陷区	2.02	林地	2.02	66.67
总计	3.03	—	3.03	100.00

4.3.3　本溪市大阆煤矿

本溪市大阆煤矿位于本溪市小市镇东部，开采矿种为煤矿，地下开采，目前已废弃，废弃面积为 3.53 hm²。经现场调查，发现该矿开采已损毁土地主要包括工业场地、矸石堆放场、表土堆放场、运输道路。其中，工业场地占地面积为 2.15 hm²、矸石堆放场占地面积为 0.57 hm²、表土堆放场占地面积为 0.32 hm²、运输道路占地面积为 0.49 hm²。其实地情况如图 4-2 所示，各评价单元土地性质见表 4-23。

(a) 工业场地

(b) 矸石堆放场

(c) 运输道路

图 4-2　本溪市大阆煤矿实地景观图

表4-23 本溪市大阆煤矿各评价单元土地性质

评价单元	影响因子						
	地面坡度/(°)	地表物质组成	有效土层厚度/cm	土壤有机质含量/(g/kg)	岩土污染程度	灌溉条件	排水条件
工业场地	7~10	岩土混合物	0	—	无	有保证	较好
矸石堆放场	5~10	废石	0	—	中度	有保证	较好
表土堆放场	5~10	壤土	40~50	—	无	有保证	较好
运输道路	10~20	碎石	0	—	轻度	有保证	较好

根据矿区内各评价单元的情况，以及与周围地类相适应的原则确定复垦利用方向，各评价单元均适宜复垦成林地。其中，表土堆放场各项指标条件较好，具备复垦成耕地的要求，但由于面积较小且周围地类为林地，综合考虑更适宜复垦成林地，见表4-24。矿区损毁土地总面积为3.53 hm^2，可复垦面积为3.53 hm^2，复垦率为100%，且全部适宜复垦成林地，见表4-25。

表4-24 本溪市大阆煤矿土地复垦单元适宜性评定表

评价单元	限制因子	复垦措施	地类适宜性
工业场地	地表物质组成，有效土层厚度	地面坡度较小，在矿山闭矿后对其附属设施进行拆除、场地平整、翻耕、覆土，由于周边为林地，为与当地地类相适宜，复垦方向为林地	耕地适宜等级为不适宜、林地适宜等级为2、草地适宜等级为3
矸石堆放场	地表物质组成，有效土层厚度，岩土污染程度	地表物质组成使保墒保肥能力差，不满足农作物的生长需求，存在土壤污染，且考虑地势因素适宜复垦为林地	耕地适宜等级为不适宜、林地适宜等级为3、草地适宜等级为3
表土堆放场	无	待表土全部运走用于其他单元的复垦后，将临时表土场进行全面翻耕、平整，可达到复垦为耕地的要求，但由于面积较小复垦为林地	耕地适宜等级为2、林地适宜等级为2、草地适宜等级为2
运输道路	地面坡度、地表物质组成，有效土层厚度，岩土污染程度	地面坡度较大，地面被严重压实，矿山开采结束后，对其进行深翻耕，适宜复垦为林地	耕地适宜等级为不适宜、林地适宜等级为2、草地适宜等级为不适宜

表4-25 本溪市大阆煤矿土地复垦适宜性评价结果表

损毁单元	损毁面积/hm^2	复垦利用方向	复垦面积/hm^2	复垦比例/%
工业场地	2.15	林地	2.15	60.90
矸石堆放场	0.57	林地	0.57	16.15
表土堆放场	0.32	林地	0.32	9.07
运输道路	0.49	林地	0.49	13.88
总计	3.53	—	3.53	100.00

4.3.4　葫芦岛南票区三家子煤矿

葫芦岛南票区三家子煤矿各评价单元土地性质见表 4-26。矿区内损毁土地周边环境为林地，评价单元区域内除建筑物、覆盖物压占外大部分为空地。采矿活动导致土地养分流失。通过先恢复后提高，循序渐进增加"地利"，用较少的投入扩大植被面积。所以，各评价单元目前较适宜复垦成林地，见表 4-27。矿区损毁土地总面积为 2.66 hm^2，可复垦面积为 2.66 hm^2，复垦率为 100%，且全部适宜复垦成林地，见表 4-28。

表 4-26　葫芦岛南票区三家子煤矿各评价单元土地性质

评价单元	影响因子						
	地面坡度/(°)	地表物质组成	有效土层厚度/cm	土壤有机质含量/(g/kg)	岩土污染程度	灌溉条件	排水条件
井口区	5～10	岩土混合物	0	—	轻度	有保证	较好
工业场地	0～5	砂、壤土	0～20	—	无	有保证	较好
矸石山	>15	砾质	0	—	轻度	有保证	较好
运输道路	0～3	岩土混合物	0～10	—	轻度	有保证	较好
表土堆放场	10～15	壤土	0～30	—	无	有保证	较好

表 4-27　葫芦岛南票区三家子煤矿土地复垦单元适宜性评定表

评价单元	限制因子	复垦措施	地类适宜性
井口区	地面坡度、地表物质组成，有效土层厚度，岩土污染程度	闭矿后，拆除地面设施，覆土，植树，适宜复垦为林地	耕地适宜等级为不适宜、林地适宜等级为2、草地适宜等级为3
工业场地	地表物质组成，有效土层厚度	清除地面设施，翻耕被压实底土，覆土，植树，适宜复垦为林地	耕地适宜等级为不适宜、林地适宜等级为3、草地适宜等级为3
矸石山	地面坡度、地表物质组成，有效土层厚度，岩土污染程度	利用矸石回填井口后，翻耕被压实底土，覆土，植树，适宜复垦为林地	耕地适宜等级为不适宜、林地适宜等级为3、草地适宜等级为不适宜
运输道路	地表物质组成，有效土层厚度、岩土污染程度	翻耕被压实底土，覆土，植树，适宜复垦为林地	耕地适宜等级为不适宜、林地适宜等级为2、草地适宜等级为2
表土堆放场	地面坡度	待其他复垦单元覆土完毕后，翻耕被压实底土，植树，适宜复垦为林地	耕地适宜等级为不适宜、林地适宜等级为2、草地适宜等级为不适宜

表 4-28　葫芦岛南票区三家子煤矿土地复垦适宜性评价结果表

损毁单元	损毁面积/hm²	复垦利用方向	复垦面积/hm²	复垦比例/%
井口区	0.24	林地	0.24	9.03
工业场地	1.23	林地	1.23	46.24
矸石山	0.29	林地	0.29	10.90
运输道路	0.14	林地	0.14	5.26
表土堆放场	0.76	林地	0.76	28.57
总计	2.66	—	2.66	100.00

4.3.5　煤矿适宜性评价结果

上述煤矿总的复垦比例为 87.18%，其中可复垦成耕地的比例为 9.51%，可复垦成林地的比例为 77.67%。评价单元的主要限制因子包括地面坡度、地表物质组成、有效土层厚度、有机质含量，另外，有些评价单元还存在一些岩土污染。阜新海州区的矸石场面积较大且土地条件较好，将矸石回填后清理场地全面清污、覆土适宜复垦成耕地，其余适宜复垦的各地区及各评价单元均适宜复垦为林地。通过以上 4 个典型地区的煤矿复垦适宜性评价可知，辽宁省废弃煤矿可复垦比例较高且大部分较适宜复垦成林地，通过采取相应的措施改良目前存在的地面坡度、地表物质组成、有效土层厚度、土壤有机质含量和岩土污染等限制因子以恢复地力，并对废弃煤矿进行复垦，增加植被种植面积，这对经济、生态、社会等方面都有一定的效益。通过对矿区的复垦可以增加土地再利用带来的农业产值，减少生态补偿费。随着复垦工作的实施，水土保持和环境配套设施的完善，能够有效防止水土流失、滑坡等灾害的发生，这在辽宁省东部山区实施效果十分明显。所以东部山区的废弃煤矿复垦成林地的生态效益是非常显著的。另外，废弃煤矿的复垦对辽宁省的经济、社会可持续发展具有重要意义，可改善矿区当地居民的生存环境和生产、生活条件。辽西地区，气候类型为半干旱，通过煤矿废弃地的复垦可增加植被种植面积，对于土地的保水性有很大的作用。通过对辽宁省典型地区煤矿废弃地的复垦适宜性评价可知，辽宁省今后煤矿废弃地的复垦方向主要是林地，个别土地条件较好的地区及单元可复垦成耕地，从而增加耕地种植面积保障粮食安全。

4.4　非金属矿典型地块适宜性评价

4.4.1　阜新彰武县石岭子村采石场

阜新彰武县石岭子村采石场位于阜新市彰武县五峰镇镇政府北，开采矿种为采石场，露天开采，目前已废弃，废弃面积为 6.00 hm²。现场调查发现，该矿开采已损毁土地主要包括工业场地、坑塘水面、挖损区、运输道路。其中，工业场地占地面积为 0.18 hm²、坑塘水面占地面积为 1.21 hm²、挖损区占地面积为 3.96 hm²、运输道路占地面积为 0.65 hm²。各评价单元土地性质见表 4-29。

表 4-29　阜新彰武县石岭子村采石场各评价单元土地性质

评价单元	影响因子						
	地面坡度/(°)	地表物质组成	有效土层厚度/cm	稳定性	生产便利性	灌溉条件	排水条件
工业场地	0～5	岩土混合物	0.5	稳定	便利	无	较好
坑塘水面	0～5	积水	0	稳定	便利	无保证	差
挖损区	0～5	壤土	>50	稳定	便利	无保证	较好
运输道路	0～5	岩土混合物	>10	稳定	便利	无保证	较好

由于工业场地和挖损区各项指标条件较好，经过复垦，平整土地，制作耕层，可尽快恢复地力，形成稳产田，且可有效改善当地农业生态环境。目前当地相关部门已经对挖损区进行了复垦，从目前复垦情况来看实施效果较好。运输道路为公用道路，出于各方面考虑应继续保留道路，但目前道路条件并不是太好，应对道路进行修缮处理，见表 4-30。矿区损毁土地总面积为 6.00 hm²，可复垦面积为 4.79hm²，复垦率为 79.83%。其中，耕地复垦比例为 69.00%，养殖水面复垦比例为 0，农村道路复垦比例为 10.83%，见表 4-31。

表 4-30　阜新彰武县石岭子村采石场土地复垦单元适宜性评定表

评价单元	限制因子	复垦措施	地类适宜性
工业场地	地表物质组成，有效土层厚度，岩土污染程度	拆除建筑物，平整、翻耕、施肥可复垦成耕地	耕地适宜等级为 3、林地适宜等级为 2、草地适宜等级为 3
坑塘水面	地表物质组成，有效土层厚度，土壤有机质含量，灌溉条件，排水条件	坑内积水较深，不适宜复垦成农用地和工业场地，可将其留作养鱼池	耕地适宜等级为不适宜、林地适宜等级为不适宜、草地适宜等级为不适宜
挖损区	无限制因子	政府相关部门已经根据挖损区的实际情况将其复垦成耕地，而且复垦后效益较好	耕地适宜等级为 2、林地适宜等级为 2、草地适宜等级为 2
运输道路	地表物质组成，有效土层厚度	修缮道路，平整压实，由于道路为公用道路，因此保留道路	耕地适宜等级为 3、林地适宜等级为 2、草地适宜等级为 2

表 4-31　阜新彰武县石岭子村采石场土地复垦适宜性评价结果表

损毁单元	损毁面积/hm²	复垦利用方向	复垦面积/hm²	复垦率/%
工业场地	0.18	耕地	0.18	3.00
坑塘水面	1.21	养殖水面	0	0
挖损区	3.96	耕地	3.96	66.00
运输道路	0.65	农村道路	0.65	10.83
总计	6.00	—	4.79	79.83

4.4.2　丹东东港市马家店砖厂

丹东东港市马家店砖厂位于丹东东港市马家店镇油坊村，开采矿种为砖厂，露天开采，目前已废弃，废弃面积为 19.28 hm²。现场调查发现，该矿开采已损毁土地主要包括工业场地、砖窑、取土场、晾晒场、坑塘水面、运输道路。其中，工业场地占地面积为 2.14 hm²、砖窑占地面积为 2.48 hm²、取土场占地面积为 7.98 hm²、晾晒场占地面积为 5.20 hm²、坑塘水面占地面积为 1.34 hm²、运输道路占地面积为 0.14 hm²。其遥感影像如图 3-15 所示，各评价单元土地性质见表 4-32。

表 4-32　丹东东港市马家店砖厂各评价单元土地性质

评价单元	影响因子						
	地面坡度/(°)	地表物质组成	有效土层厚度/cm	稳定性	生产便利性	灌溉条件	排水条件
工业场地	0~5	岩土混合物	0	稳定	便利	有保证	较好
砖窑	0~5	岩土混合物	<10	稳定	便利	有保证	较好
取土场	5~15	黏土	>50	稳定	便利	有保证	较好
晾晒场	0~5	岩土混合物	<10	稳定	便利	有保证	较好
坑塘水面	0~5	无	0	不稳定	不便利	有保证	差
运输道路	0~5	压实土壤	0	稳定	便利	有保证	较好

丹东东港市马家店砖厂工业场地、砖窑、取土场、晾晒场、运输道路各项条件较好适宜复垦成耕地，坑塘水面各项指标条件达不到复垦的要求，如果盲目复垦需要投入巨大资金且复垦效果不明显，即伤财伤力，因此目前不适宜复垦，见表 4-33。矿区损毁土地总面积为 19.28 hm²，可复垦面积为 17.94 hm²，复垦率为 93.05%，且全部适宜复垦成耕地，见表 4-34。

表 4-33　丹东东港市马家店砖厂土地复垦单元适宜性评定表

评价单元	限制因子	复垦措施	地类适宜性
工业场地	地表物质组成, 有效土层厚度	拆除建筑物, 平整、翻耕、施肥可复垦成耕地	耕地适宜等级为 3、林地适宜等级为 2、草地适宜等级为 3
砖窑	地面坡度、地表物质组成, 有效土层厚度	拆除建筑物, 清理场地, 覆土后可复垦成耕地	耕地适宜等级为 2、林地适宜等级为 2、草地适宜等级为 2
取土场	地面坡度	平整场地, 多余表土可用作其他单元的覆土, 翻耕施肥可复垦成耕地	耕地适宜等级为 1、林地适宜等级为 1、草地适宜等级为 1
晾晒场	地表物质组成, 有效土层厚度	清除场地中废弃砖块, 全面覆土、施肥可复垦成耕地	耕地适宜等级为 2、林地适宜等级为 2、草地适宜等级为 2
坑塘水面	地表物质组成, 有效土层厚度, 稳定性, 生产便利性, 排水条件	目前不适宜复垦成耕地或林地	耕地适宜等级为不适宜、林地适宜等级为不适宜、草地适宜等级为不适宜
运输道路	地表物质组成, 有效土层厚度	由于道路在各场地中间, 覆土, 翻耕后可复垦成耕地	耕地适宜等级为 2、林地适宜等级为 2、草地适宜等级为 2

表 4-34　丹东东港市马家店砖厂土地复垦适宜性评价结果表

损毁单元	损毁面积/hm²	复垦利用方向	复垦面积/hm²	复垦比例/%
工业场地	2.14	耕地	2.14	11.10
砖窑	2.48	耕地	2.48	12.86
取土场	7.98	耕地	7.98	41.39
晾晒场	5.20	耕地	5.20	26.97
坑塘水面	1.34	无	0	0
运输道路	0.14	耕地	0.14	0.73
总计	19.28	—	17.94	93.05

4.4.3　沈阳苏家屯区史沟砖厂

沈阳苏家屯区史沟砖厂位于沈阳市苏家屯区史沟村, 开采矿种为砖厂, 露天开采, 目前已废弃, 废弃面积为 12.35 hm²。该矿已损毁土地情况主要包括工业场地、砖窑、取土场、晾晒场、坑塘水面、排水沟。其中, 工业场地占地面积为 1.19 hm²、砖窑占地面积为 1.14 hm²、取土场占地面积为 5.54 hm²、晾晒场占地面积为 2.21 hm²、坑塘水面占地面积为 2.00 hm²、排水沟占地面积为 0.27 hm²。其遥感影像如图 3-27 所示, 各评价单元土地性质见表 4-35。

表 4-35　沈阳苏家屯区史沟砖厂各评价单元土地性质

评价单元	影响因子						
	地面坡度/(°)	地表物质组成	有效土层厚度/cm	稳定性	生产便利性	灌溉条件	排水条件
工业场地	0~5	岩土混合物	0	稳定	便利	有保证	较好
砖窑	0~5	岩土混合物	<10	稳定	便利	有保证	较好
取土场	0~5	黏土	>40	稳定	便利	有保证	较好
晾晒场	0~5	岩土混合物	<10	稳定	便利	有保证	较好
坑塘水面	0~5	积水	0	不稳定	便利	有保证	差
排水沟	0~5	流水	0	不稳定	便利	有保证	较好

史家沟砖厂的各评价单元中工业场地、砖窑、取土场、晾晒场经过相应的复垦措施适宜复垦成耕地，坑塘水面面积较大，且坑内积水不易被排出，目前不适宜复垦，排水沟也不适宜复垦，见表 4-36。矿区损毁土地总面积为 12.35 hm^2，可复垦面积为 10.08 hm^2，复垦率为 81.62%，且全部适宜复垦成耕地，见表 4-37。

表 4-36　沈阳苏家屯区史沟砖厂土地复垦单元适宜性评定表

评价单元	限制因子	复垦措施	地类适宜性
工业场地	地表物质组成，有效土层厚度	拆除建筑物，平整、翻耕、施肥可复垦成耕地	耕地适宜等级为3、林地适宜等级为2、草地适宜等级为3
砖窑	地面坡度、地表物质组成，有效土层厚度	拆除建筑物，清理场地、覆土后可复垦成耕地	耕地适宜等级为2、林地适宜等级为2、草地适宜等级为2
取土场	无	平整场地，翻耕、施肥可复垦成耕地	耕地适宜等级为2、林地适宜等级为1、草地适宜等级为1
晾晒场	地表物质组成，有效土层厚度	清除场地中废弃砖块，全面覆土、施肥可复垦成耕地	耕地适宜等级为2、林地适宜等级为2、草地适宜等级为2
坑塘水面	地表物质组成，有效土层厚度，稳定性，排水条件	不适宜复垦	耕地适宜等级为不适宜、林地适宜等级为不适宜、草地适宜等级为不适宜
排水沟	地表物质组成，有效土层厚度，稳定性	不适宜复垦	耕地适宜等级为不适宜、林地适宜等级为不适宜、草地适宜等级为不适宜

表 4-37　沈阳苏家屯区史沟砖厂土地复垦适宜性评价结果表

损毁单元	损毁面积/hm^2	复垦利用方向	复垦面积/hm^2	复垦比例/%
工业场地	1.19	耕地	1.19	9.64
砖窑	1.14	耕地	1.14	9.23
取土场	5.54	耕地	5.54	44.86

续表

损毁单元	损毁面积/hm²	复垦利用方向	复垦面积/hm²	复垦比例/%
晾晒场	2.21	耕地	2.21	17.89
坑塘水面	2.00	无	0	0
排水沟	0.27	无	0	0
总计	12.35	—	10.08	81.62

4.4.4　朝阳市朝阳县小平房村砖厂

朝阳市朝阳县小平房村砖厂位于朝阳市朝阳县小平房村，开采矿种为砖厂，露天开采，目前已废弃，废弃面积为 5.32 hm²。现场调查发现，该矿开采已损毁土地主要包括工业场地、砖窑、取土场、晾晒场、运输道路。其中，工业场地占地面积为 0.45 hm²、砖窑占地面积为 0.62 hm²、取土场占地面积为 1.66 hm²、晾晒场占地面积为 2.54 hm²、运输道路占地面积为 0.05 hm²。其遥感影像如图 3-21 所示，各评价单元土地性质见表 4-38。

表 4-38　朝阳市朝阳县小平房村砖厂各评价单元土地性质

评价单元	影响因子						
	地面坡度/(°)	地表物质组成	有效土层厚度/cm	稳定性	生产便利性	灌溉条件	排水条件
工业场地	0～5	岩土混合物	0	稳定	便利	有保证	较好
砖窑	0～5	岩土混合物	<10	稳定	便利	有保证	较好
取土场	5～15	黏土	>50	稳定	便利	有保证	较好
晾晒场	0～5	岩土混合物	<10	稳定	便利	有保证	较好
运输道路	0～5	压实土壤	<10	稳定	便利	有保证	较好

朝阳市朝阳县小平房村砖厂的各评价单元中，除运输道路为公用道路，应保留原道路作为农村道路，不能复垦成耕地外，其他各项指标条件都能达到复垦成耕地的要求，适宜复垦成耕地。矿区损毁土地总面积为 5.32 hm²，可复垦面积为 5.27 hm²，复垦率为 99.06%，且全部适宜复垦成耕地，见表 4-39、表 4-40。

表 4-39　朝阳市朝阳县小平房村砖厂土地复垦单元适宜性评定表

评价单元	限制因子	复垦措施	地类适宜性
工业场地	地表物质组成，有效土层厚度	拆除建筑物，平整、翻耕、施肥可复垦成耕地	耕地适宜等级为 3、林地适宜等级为 2、草地适宜等级为 3
砖窑	地面坡度、地表物质组成，有效土层厚度	拆除建筑物，清理场地、覆土后可复垦成耕地	耕地适宜等级为 2、林地适宜等级为 2、草地适宜等级为 2
取土场	地面坡度	平整场地，多余表土可用作其他单元的覆土，翻耕施肥可复垦成耕地	耕地适宜等级为 1、林地适宜等级为 1、草地适宜等级为 1
晾晒场	地表物质组成，有效土层厚度	清除场地中废弃砖块，全面覆土、施肥可复垦成耕地	耕地适宜等级为 2、林地适宜等级为 2、草地适宜等级为 2
运输道路	地表物质组成，有效土层厚度	道路为公用道路，应保留原道路作为农村道路	耕地适宜等级为不适宜、林地适宜等级为 2、草地适宜等级为不适宜

表 4-40　朝阳市朝阳县小平房村砖厂土地复垦适宜性评价结果表

损毁单元	损毁面积/hm^2	复垦利用方向	复垦面积/hm^2	复垦比例/%
工业场地	0.45	耕地	0.45	8.46
砖窑	0.62	耕地	0.62	11.65
取土场	1.66	耕地	1.66	31.20
晾晒场	2.54	耕地	2.54	47.75
运输道路	0.05	无	0	0
总计	5.32	—	5.27	99.06

4.4.5　朝阳凌源市二十里堡砖厂

朝阳凌源市二十里堡砖厂位于朝阳市凌源市宋杖子镇二十里堡村，开采矿种为砖厂，露天开采，目前已废弃，废弃面积为 9.06 hm^2。现场调查发现，该矿开采已损毁土地主要包括工业场地、砖窑、取土场、晾晒场、运输道路。其中，工业场地占地面积为 0.90 hm^2、砖窑占地面积为 0.95 hm^2、取土场占地面积为 1.75 hm^2、晾晒场占地面积为 5.27 hm^2、运输道路占地面积为 0.19 hm^2。遥感影像如图 3-24 所示，各评价单元土地性质见表 4-41。

表 4-41　朝阳凌源市二十里堡砖厂各评价单元土地性质

评价单元	影响因子						
	地面坡度/(°)	地表物质组成	有效土层厚度/cm	稳定性	生产便利性	灌溉条件	排水条件
工业场地	0~5	岩土混合物	0	稳定	便利	有保证	较好
砖窑	0~5	岩土混合物	<10	稳定	便利	有保证	较好

续表

评价单元	影响因子						
	地面坡度 /(°)	地表物质 组成	有效土层 厚度/cm	稳定性	生产 便利性	灌溉条件	排水条件
取土场	5~15	壤土	>50	稳定	便利	有保证	较好
晾晒场	0~5	岩土混合物	<10	稳定	便利	有保证	较好
运输道路	0~5	压实土壤	<10	稳定	便利	有保证	较好

朝阳凌源市二十里堡砖厂的各评价单元中，除运输道路为公用道路，应保留原道路作为农村道路，不能复垦成耕地外，其他各项都能达到复垦成耕地的要求，适宜复垦成耕地。矿区损毁土地总面积为 9.06 hm^2，可复垦面积为 8.87hm^2，复垦率为 97.91%，且全部适宜复垦成耕地，见表 4-42、表 4-43。

表 4-42　朝阳凌源市二十里堡砖厂土地复垦单元适宜性评定表

评价单元	限制因子	复垦措施	地类适宜性
工业场地	地表物质组成，有效土层厚度	拆除建筑物，平整、翻耕、施肥可复垦成耕地	耕地适宜等级为 3、林地适宜等级为 2、草地适宜等级为 3
砖窑	地面坡度、地表物质组成，有效土层厚度	拆除建筑物，清理场地、覆土后可复垦成耕地	耕地适宜等级为 2、林地适宜等级为 2、草地适宜等级为 2
取土场	地面坡度	平整场地，多余表土可用作其他单元的覆土，翻耕施肥可复垦成耕地	耕地适宜等级为 1、林地适宜等级为 1、草地适宜等级为 1
晾晒场	地表物质组成，有效土层厚度	清除场地中废弃砖块，全面覆土、施肥可复垦成耕地	耕地适宜等级为 2、林地适宜等级为 2、草地适宜等级为 2
运输道路	地表物质组成，有效土层厚度	道路为公用道路，应保留原道路作为农村道路	耕地适宜等级为不适宜、林地适宜等级为不适宜、草地适宜等级为不适宜

表 4-43　朝阳凌源市二十里堡砖厂土地复垦适宜性评价结果表

损毁单元	损毁面积/hm^2	复垦利用方向	复垦面积/hm^2	复垦比例/%
工业场地	0.90	耕地	0.90	9.93
砖窑	0.95	耕地	0.95	10.49
取土场	1.75	耕地	1.75	19.32
晾晒场	5.27	耕地	5.27	58.17
运输道路	0.19	无	0	0
总计	9.06	—	8.87	97.91

4.4.6　盘锦兴隆台区曙光分厂油田

盘锦兴隆台区曙光分厂油田的土地复垦主要涉及的是六分厂和七分厂的废弃油田及配套厂房、设施。该区各评价单元土地性质见表4-44。该油田的各评价单元中，除运输道路为公用道路，应保留原道路作为农村道路，不能复垦成耕地外，其他各项指标条件都能达到复垦成耕地的要求，适宜复垦成耕地，见表4-45。矿区损毁土地总面积为22.66 hm²，可复垦面积为21.42 hm²，复垦率为94.53%，且全部适宜复垦成耕地，见表4-46。

表 4-44　盘锦兴隆台区曙光分厂油田各评价单元土地性质

评价单元	影响因子						
	地面坡度/(°)	地表物质组成	有效土层厚度/cm	稳定性	生产便利性	灌溉条件	排水条件
油井	0~5	岩土混合物	0	稳定	便利	有保证	较好
废弃厂房	0~5	岩土混合物	<10	稳定	便利	有保证	较好
废弃场地	0~5	岩土混合物	<10	稳定	便利	有保证	较好
运输道路	0~5	压实土壤	<10	稳定	便利	有保证	较好

表 4-45　盘锦兴隆台区曙光分厂油田土地复垦单元适宜性评定表

评价单元	限制因子	复垦措施	地类适宜性
废弃场地	地表物质组成，有效土层厚度	拆除建筑物，平整、翻耕、施肥可复垦成耕地	耕地适宜等级为3、林地适宜等级为2、草地适宜等级为3
油井	地表物质组成，有效土层厚度	拆除建筑物，将工作平台上的岩土地面深挖去除后覆土即可复垦为耕地	耕地适宜等级为3、林地适宜等级为2、草地适宜等级为3
废弃厂房	地表物质组成，有效土层厚度	拆除建筑物，全面覆土、施肥可复垦成耕地	耕地适宜等级为3、林地适宜等级为2、草地适宜等级为3
运输道路	地表物质组成，有效土层厚度	道路为公用道路，应保留原道路作为农村道路	耕地适宜等级为不适宜、林地适宜等级为不适宜、草地适宜等级为不适宜

表 4-46　盘锦兴隆台区曙光分厂油田土地复垦适宜性评价结果表

损毁单元	废弃面积/hm²	复垦利用方向	复垦面积/hm²	复垦比例/%
油井	1.07	耕地	1.07	4.72
废弃场地	14.01	耕地	14.01	61.83
废弃厂房	6.34	耕地	6.34	27.98
运输道路	1.24	无	0	0
总计	22.66	—	21.42	94.53

4.4.7　非金属矿适宜性评价结果

上述非金属矿平均复垦比例为 91.00%，其中可复垦成耕地的比例为 89.19%，可复垦成农村道路的比例为 1.21%。评价单元的主要限制因子包括坡度、地表物质组成、有效土层厚度。但是这些限制因子可以采取相应的复垦措施对其改良，通过改良可改善限制因子的条件，达到复垦要求。通过对以上 6 个典型地点非金属矿复垦适宜性评价可知，废弃非金属矿的各项指标条件较好，其复垦比例和复垦成耕地的比例较高，因此废弃非金属矿可作为复垦成耕地的重点对象进行复垦，这对增加耕地面积、调节人地矛盾都有十分重要的作用。

4.5　本 章 小 结

由表 4-47、表 4-48 可知，通过对辽宁省内不同矿种典型地块的适宜性评价可知，辽宁省内金属矿废弃地可复垦为耕地的比例为 36.79%，煤矿废弃地可复垦为耕地的比例为 9.51%，非金属矿可复垦为耕地的比例为 90.61%。在辽宁省的各市中沈阳市废弃工矿用地面积为 96.22 hm^2，以煤矿为主，至少可复垦为耕地的面积为 9.15 hm^2。大连市废弃工矿用地面积为 869.47 hm^2，以金属矿（金、铁）、煤矿和盐田为主，至少可复垦为耕地的面积为 82.69 hm^2。鞍山市废弃工矿用地面积为 290.48 hm^2，以金属矿（铁）和非金属矿（滑石）为主，铁矿和滑石资源尤其丰富，至少可复垦为耕地的面积为 106.87 hm^2。抚顺市废弃工矿用地面积为 132.81 hm^2，以金属矿（铁）和煤矿为主，煤矿几乎开采殆尽，至少可复垦为耕地的面积为 12.63 hm^2。本溪市废弃工矿用地面积为 153.15 hm^2，以煤矿和金属矿（铁）为主，至少可复垦为耕地的面积为 14.56 hm^2。丹东市废弃工矿用地面积为 101.38 hm^2，以金属矿（铁）和非金属矿（硼）为主，硼矿资源丰富，至少可复垦为耕地的面积为 37.30 hm^2。锦州市废弃工矿用地面积为 206.88 hm^2，以煤矿和盐田为主，至少可复垦为耕地的面积为 19.67 hm^2。营口市废弃工矿用地面积为 508.91 hm^2，以金属矿（菱镁矿）和非金属矿（滑石、硼）为主，至少可复垦为耕地的面积为 187.23 hm^2。阜新市废弃工矿用地面积为 153.66 hm^2，以煤矿和非金属矿为主，煤矿产业巨大，但已接近枯竭，至少可复垦为耕地的面积为 14.61 hm^2。辽阳市废弃工矿用地面积为 209.24 hm^2，辽阳市煤矿、金属矿（铁、金）和非金属矿（硅石）资源丰富，至少可复垦为耕地的面积为 19.90 hm^2。盘锦市废弃工矿用地面积为 255.87 hm^2，以石油和盐田为主，石油资源丰富，至少可复垦为耕地的面积为 255.87 hm^2。铁岭市废弃工矿用地面积为 116.09 hm^2，以煤矿和金属矿（金）为主，至少可复垦为耕地的面积为 11.04 hm^2。朝阳市废弃工矿用地面积为 295.99 hm²，以煤矿和金属矿（金、铁）为主，至少可复垦为耕地的面积为 28.16 hm²。葫芦岛市废弃工矿用地面积为 175.22 hm²，以煤矿和金属矿（钼）为主，大多都已接近枯竭，至少可复垦为耕地的面积为 16.66 hm²。辽宁省内金属矿废弃地可复垦为林地的比例为 42.18%，煤矿废弃地可复垦为林地的比例为 77.67%，非金属矿可复垦为林地的比例为 0%。

表 4-47　辽宁省各市耕地复垦结果表

城市	废弃工矿用地总面积/hm²	主要矿种类型	至少可复垦为耕地面积/hm²	最多可复垦为耕地面积/hm²
沈阳市	96.22	煤矿	9.15	9.15
大连市	869.47	金属矿、煤矿、盐田	82.69	319.88
鞍山市	290.48	金属矿、非金属矿	106.87	257.74
抚顺市	132.81	金属矿、煤矿	12.63	48.86
本溪市	153.15	煤矿、金属矿	14.56	56.34
丹东市	101.38	金属矿、非金属矿	37.3	89.95
锦州市	206.88	煤矿、盐田	19.67	19.67
营口市	508.91	金属矿、非金属矿	187.23	166.13
阜新市	153.66	煤矿、非金属矿	14.61	136.34
辽阳市	209.24	煤矿、金属矿、非金属矿	19.9	185.66
盘锦市	255.87	石油、盐田	255.87	255.87
铁岭市	116.09	煤矿、金属矿	11.04	42.71
朝阳市	295.99	煤矿、金属矿	28.16	108.89
葫芦岛市	175.22	煤矿、金属矿	16.66	64.46
总计	3565.37	—	816.34	1761.65

表 4-48　辽宁省各市林地复垦结果表

城市	废弃工矿用地总面积/hm²	主要矿种类型	至少可复垦为林地面积/hm²	最多可复垦为林地面积/hm²
沈阳市	96.22	煤矿	74.73	74.73
大连市	869.47	金属矿、煤矿、盐田	366.74	675.32
鞍山市	290.48	金属矿、非金属矿	122.52	122.52
抚顺市	132.81	金属矿、煤矿	56.02	103.15
本溪市	153.15	煤矿、金属矿	64.60	118.95
丹东市	101.38	金属矿、非金属矿	42.76	42.76
锦州市	206.88	煤矿、盐田	160.68	160.68
营口市	508.91	金属矿、非金属矿	395.27	395.27

续表

市名	废弃工矿用地总面积/hm²	主要矿种类型	至少可复垦为林地面积/hm²	最多可复垦为林地面积/hm²
阜新市	153.66	煤矿、非金属矿	119.35	119.35
辽阳市	209.24	煤矿、金属矿、非金属矿	88.26	162.52
盘锦市	255.87	石油、盐田	255.87	255.87
铁岭市	116.09	煤矿、金属矿	48.97	90.17
朝阳市	295.99	煤矿、金属矿	124.85	229.90
葫芦岛市	175.22	煤矿、金属矿	73.91	136.09
总计	3565.37	—	1994.53	2687.28

第5章　辽宁省宜耕废弃工矿用地耕地质量评价

本章是对未来进行复垦的废弃工矿用地进行耕地质量等别的预估，得到耕地质量评价结果，通过结果讨论废弃工矿用地复垦后的耕地质量水平，评估辽宁省各个地级市及县区中宜耕废弃工矿用地复垦后耕地的具体质量等别。

5.1　辽宁省废弃工矿用地再利用宜耕资源耕地质量评价体系

5.1.1　研究内容

通过对辽宁省不同地级市及县区选取的废弃工矿用地试点进行耕地质量评价，依次计算各废弃工矿用地复垦后耕地的自然质量分、自然等指数、利用等指数等，并根据耕地自然等指数和利用等指数确定耕地自然等与利用等，从而分析复垦后的土地质量，得到不同地级市中废弃工矿用地复垦后耕地的具体质量等别。

5.1.2　评价依据

耕地质量评价的评价依据具体如下。

（1）《国土资源部办公厅关于部署开展 2011 年全国耕地质量等级成果补充完善与年度变更试点工作的通知》（国土资厅函〔2011〕1115 号）。

（2）《国土资源部办公厅关于印发〈耕地质量等别调查评价与监测工作方案〉的通知》（国土资厅发〔2012〕60 号）。

（3）《国土资源部办公厅关于部署开展 2014 年全国耕地质量等别调查评价与监测工作的通知》（国土资厅发〔2014〕8 号）。

（4）《国土资源部关于强化管控落实最严格耕地保护制度的通知》（国土资发〔2014〕18 号）。

（5）《关于做好耕地质量等别年度更新评价工作的通知》（辽国土资发〔2013〕300 号）。

（6）《关于开展 2014 年耕地质量等别调查评价与监测工作的通知》（辽国土资发〔2014〕87 号）。

（7）《辽宁省 2014 年度耕地质量等别更新评价工作方案》（辽宁省国土资源厅，2014 年 11 月）。

（8）《农用地质量分等规程》（GB/T 28407—2012）。

（9）《农用地质量分等数据库标准》（TD/T 1053—2017）。

（10）《耕地质量等别年度更新评价技术手册》（2017 年版）。

5.1.3　评价原则

1）综合分析原则

耕地质量评价是各种自然因素、经济因素综合作用的结果，因此耕地质量评价应以对造成等级差异的各种因素进行综合分析为基础。

2）分层控制原则

耕地质量评价以建立不同行政区内的统一等级序列为目的，县（市、区）级农用地分等将为省级农用地分等提供基础，因此其分等评价成果必须兼顾区域内总体可比性和局部差异性两方面的要求。

3）主导因素原则

耕地质量评价应根据影响因素的种类及作用的差异，重点分析对土地质量及土地生产力有重要作用的主导因素的影响，突出主导因素对土地分等结果的作用。

4）土地收益差异原则

耕地质量评价既要反映土地自然质量条件、土地利用水平和社会经济水平的差异及其对不同地区土地生产力水平的影响，也要反映出不同投入水平对不同地区土地生产力水平和收益水平的影响。

5）定量分析与定性分析相结合原则

耕地质量评价中尽量把定性的分析经验进行量化，以定量计算为主，对现阶段难以定量的自然因素、社会经济因素采用必要的定性分析，将定性分析的结果运用到农用地分等成果的调整和确定阶段的工作中，以提高农用地分等成果的精度。

5.1.4　技术路线

本章所采取技术路线如图 5-1 所示。

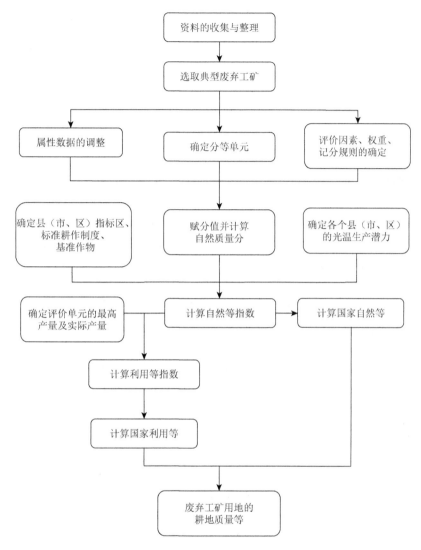

图 5-1　辽宁省废弃工矿用地再利用宜耕资源耕地质量评价技术路线图

5.2　耕地质量评价具体实施办法

5.2.1　前期准备工作

首先收集相关数据，并对收集到的数据进行整理。在辽宁省拥有废弃工矿的各个县区中，对每个县区均匀地选择 20 个废弃工矿用地作为代表，进行耕地质量评价预估。

　　由于废弃工矿用地复垦之前的数据，例如有效土层厚度、灌溉保证率等并不完整，因此需完善相关数据再进行耕地质量评价。本研究将废弃工矿周边耕地的相关数据经过调整之后添加到废弃工矿用地的属性表中，需要调整的数据主要有：有效土层厚度、灌溉保证率等。

　　废弃工矿复垦多采用客土法，土地的土层厚度将受到限制，多为 30～50 cm。复垦后耕地的灌排水条件都比较好。

5.2.2　确定评价单元

　　本研究的目的是确定废弃工矿用地复垦后耕地的质量等级及废弃工矿用地生产潜力。本研究在辽宁省内存在废弃工矿用地的各个县（市、区）分别均匀地选取 20 宗采矿用地，将选中的每一宗废弃工矿用地设为一个评价单元。

5.2.3　确定县（市、区）的指标区标准耕作制度、基准作物及光温生产潜力

　　查阅相关资料，了解辽宁省的标准耕作制度、基准作物，并确定各个县（市、区）的光温生产潜力等参数的数值。

　　在国家标准耕作制度分区的基础上，考虑地貌分异对作物生育的影响，将辽宁省细分为 3 个标准耕作制度区，即辽东山地丘陵区、中部平原区和辽西低山丘陵区，标准耕作制度均为一年一熟制（表 5-1）。

表 5-1　辽宁省耕作制度分区表

分区	所含县（市、区）	基准作物	指定作物
辽东山地丘陵区	甘井子、旅顺口、金州、瓦房店、普兰店、庄河、长海、铁东、千山、海城、岫岩、新抚、东洲、望花、顺城、抚顺、新宾、清原、平山、溪湖、明山、南芬、本溪、桓仁、元宝、振兴、振安、东港、凤城、宽甸、鲅鱼圈、大石桥、盖州、辽阳、弓长岭、开原、西丰、清河、铁岭共计 39 个县（市、区）	玉米	玉米、水稻
中部平原区	北镇、黑山、和平、苏家屯、浑南、沈北新区、于洪、新民、辽中、康平、法库、立山、台安、老边、白塔、文圣、宏伟、灯塔、太子河、银州、调兵山、昌图、双台子、兴隆台、盘山、大洼共计 26 个县（市、区）	玉米	水稻、玉米
辽西低山丘陵区	双塔、龙城、兴城、凌源、朝阳、建平、喀左、连山、南票、龙港、兴城、绥中、建昌、阜新、海州、太平、新邱、细河、清河门、古塔、凌河、太和、凌海、义县、彰武共计 25 个县（市、区）	玉米	玉米、谷子

　　注：岫岩满族自治县简称岫岩县；清原满族自治县简称清原县；宽甸满族自治县简称宽甸县；阜新蒙古族自治县简称阜新县；喀喇沁左翼蒙古族自治县简称喀左县。

5.2.4　评价因素选取、权重的确定

在标准耕作制度分区的基础上，确定分等因素指标区。因素指标区分为坡耕地指标区和平耕地指标区。不同分等因素指标区的指标权重各不相同。

耕地质量评价指标相互之间普遍存在关联性，指标选取既要避免重复，还要重视指标之间的相关性，因此在建立耕地质量评价指标体系时需遵循的主要原则包括以下几条。

1）稳定性原则

选择评价指标时应尽量考虑在时间序列上具有相对稳定性，且是能够长期影响耕地生产力的稳定指标，如土壤质地、土壤有机质含量等，评价结果能够具备较长的有效期，方便应用。

2）显著性原则

选取的指标对耕地地力有较大影响，对耕地质量起主要影响作用，甚至是主导作用，其他土地性质因其变化而变化，如地形因素、土壤因素等。

3）空间变异性原则

选取的指标对耕地地力有较大影响，对耕地质量起主要影响作用，甚至是主导作用，其他土地性质因该指标的变化而变化，如地形因素、土壤因素等指标。

4）因地制宜原则

评价指标选择要因地制宜。要从具体情况出发，深入分析评价区域的地理条件和社会经济特点，选出适合评价区域的因素指标。

5）现实性原则

评价指标应尽量选择从现有的土壤普查、土地利用现状、农业区划、水土流失调查及耕地地力监测等资料中可获取数据因素。尽可能利用已有土地资源调查成果。

6）实用性原则

指标的选择要具有实用性，即易于捕捉信息并对其定量化处理。尽量把定性的、经验性的分析进行量化，以定量为主。体系不宜过于庞大，应简单明了，便于理解和计算。

本章评价采用 2012 年完成的农用地分等工作中的分等因素数据，确定分等因素因子分级及权重（表 5-2～表 5-4），建立分等指标体系。

表 5-2　辽西低山丘陵区分等因素及权重表

因素指标区	分等因素及其权重						
坡耕地	有效土层厚度	表层土壤质地	土壤有机质含量	土壤 pH	地形坡度	灌溉保证率	地表岩石露头度
	0.27	0.08	0.08	0.04	0.23	0.20	0.10

因素指标区	分等因素及其权重								
平耕地	表层土壤质地	土壤有机质含量	盐渍化程度	障碍层距地表深度	灌溉保证率	排水条件	土壤pH	灌溉水源	剖面构型
	0.07	0.06	0.13	0.04	0.28	0.20	0.09	0.06	0.07

表 5-3　中部平原区分等因素及权重表

因素指标区	分等因素及其权重						
坡耕地	有效土层厚度	表层土壤质地	土壤有机质含量	土壤pH	地形坡度	灌溉保证率	地表岩石露头度
	0.3	0.1	0.08	0.05	0.23	0.12	0.12
平耕地	表层土壤质地	土壤有机质含量	盐渍化程度	障碍层距地表深度	灌溉保证率	排水条件	土壤pH	灌溉水源	剖面构型
	0.11	0.06	0.13	0.04	0.23	0.27	0.06	0.04	0.06

表 5-4　辽东山地丘陵区分等因素及权重表

因素指标区	分等因素及其权重						
坡耕地	有效土层厚度	表层土壤质地	土壤有机质含量	土壤pH	地形坡度	灌溉保证率	地表岩石露头度
	0.30	0.10	0.08	0.05	0.23	0.12	0.12
平耕地	表层土壤质地	土壤有机质含量	盐渍化程度	障碍层距地表深度	灌溉保证率	排水条件	土壤pH	灌溉水源	剖面构型
	0.11	0.08	0.15	0.04	0.2	0.25	0.07	0.04	0.06

5.2.5　确定记分规则

本研究使用的评价因素体系和相应的"指定作物–分等因素–自然质量分"记分规则，采用 2005 年完成的农用地分等工作中确定的农用地分等指标体系及相关参数。分等因素指标分为 2 个指标区，即坡耕地指标区和平耕地指标区，各指标区记分规则不一致，坡耕地记分规则见表 5-5，平耕地记分规则见表 5-6。

表 5-5　坡耕地"指定作物–分等因素–自然质量分"记分规则表

分值	有效土层厚度/cm	表层土壤质地	土壤有机质含量/(g/kg)	地形坡度/(°)	土壤pH	灌溉保证率	地表岩石露头/%
100	≥150	壤土	≥40	<2	6.0~7.9	充分满足	<2
90	100~150	—	30~40	2~5	5.5~6.0, 7.9~8.5	基本满足	2~10

分值	有效土层厚度/cm	表层土壤质地	土壤有机质含量/(g/kg)	地形坡度/(°)	土壤 pH	灌溉保证率	地表岩石露头/%
80	—	黏土	20~30	—	—	—	—
75	—	—	—	—	5.0~5.5,8.5~9.0	—	—
70	60~100	—	10~20	—	—	一般满足	10~25
65	—	—	—	5~8	—	—	—
60	—	砂土	6~10	—	4.5~5.0	—	—
50	—	—	—	8~15	—	无灌溉条件	—
45	—	—	<6	8~15	—	—	—
40	30~60	—	—	—	—	—	≥25
35	—	砾质土	—	—	—	—	—
30	—	—	—	—	<4.5,9.0~9.5	—	—
10	<30	—	—	≥15	≥9.5	—	—

表 5-6　平耕地"指定作物–分等因素–自然质量分"记分规则表

分值	障碍层距地表深度/cm	剖面构型	表层土壤质地	土壤有机质含量/(g/kg)	土壤 pH	盐渍化程度	灌溉保证率	灌溉水源	排水条件
100	60~90	通体壤、壤/砂/壤	壤土	≥40	6.0~7.9	无	充分满足	用地表水灌溉	排水体系健全
90	—	壤/黏/壤	—	30~40	5.5~6.0,7.9~8.5	轻度	基本满足	用浅层地下水	排水体系基本健全
80	30~60	—	黏土	20~30	5.0~5.5,8.5~9.0	—	—	用深层地下水	—
70	—	砂/黏/砂、壤/黏/黏、壤/砂/砂	—	10~20	—	中度	一般满足	—	排水体系一般
60	<30	砂/黏/黏	砂土	6~10	4.5~5.0	—	—	—	—
50	—	黏/砂/黏、通体黏、黏/砂/砂	—	—	—	—	—	—	—
45	—	—	—	<6	—	—	—	—	—
40	—	—	砾质土	—	—	重度	无灌溉条件	—	—
35	—	通体砂、通体砾	—	—	—	—	—	—	—
30	—	—	—	—	<4.5,9.0~9.5	—	—	—	无排水体系
10	—	—	—	—	≥9.5	—	—	—	—

5.2.6　计算自然质量等指数

1）耕地自然质量分计算

采用加权平均法计算，详见式（5-1）：

$$C_{L_{ij}} = \frac{\sum_{k=1}^{m} w_k f_{ijk}}{100} \tag{5-1}$$

式中，$C_{L_{ij}}$ 为第 i 个分等单元内第 j 种指定作物的耕地自然质量分；w_k 为第 k 个分等因素权重；i 为分等单元编号；j 为指定作物编号；k 为分等因素编号；m 为分等因素的数目；f_{ijk} 为第 i 个分等单元内第 j 种指定作物第 k 个分等因素的指标分值，取值为（0，100]。

2）耕地自然等指数计算

第 j 种指定作物的自然等指数和耕地自然等指数计算见式（5-2）和式（5-3）：

$$R_{ij} = \alpha_{tj} \cdot C_{L_{ij}} \cdot \beta_j \tag{5-2}$$

$$R_i = \sum R_{ij} \tag{5-3}$$

式中，R_{ij} 为第 i 个分等单元第 j 种指定作物的自然等指数；α_{tj} 为第 j 种作物的光温（气候）生产潜力指数；$C_{L_{ij}}$ 为第 i 个分等单元内第 j 种指定作物的耕地自然质量分；β_j 为第 j 种作物的产量比；R_i 为第 i 个分等单元的耕地自然等指数（辽宁省标准耕作制度为一年一熟制，故 $R_i = R_{ij}$）。

3）利用等指数计算

第 j 种指定作物的利用等指数和耕地利用等指数计算见式（5-4）和式（5-5）：

$$Y_{ij} = R_{ij} \cdot K_{L_j} \tag{5-4}$$

$$Y_i = \sum Y_{ij} \tag{5-5}$$

式中，Y_{ij} 为第 i 个分等单元第 j 种指定作物的利用等指数；R_{ij} 为第 i 个分等单元第 j 种指定作物的自然等指数；K_{L_j} 为分等单元所在等值区的第 j 种指定作物的土地利用系数，土地利用系数在县级耕地质量等别补充完善数据库中的 XJLYXS 图层中提取；Y_i 为第 i 个分等单元的耕地利用等指数（辽宁省标准耕作制度为一年一熟制，故 $Y_i = Y_{ij}$）。

5.2.7　国家等指数的转化

根据省级耕地自然等指数、利用等指数，转换为国家级自然等指数、利用等指数，转换规则为

国家级自然等指数 = 省级自然等指数 × 1.12 + 152.48

国家级利用等指数 = 省级利用等指数 × 0.54 + 372.60

根据转换后的国家级自然等指数、利用等指数，划分耕地质量等别。其中，自然等指数每 400 分划分一个等别，利用等指数每 200 分划分一个等别，见表 5-7。

表 5-7　耕地指数与等别对应表

等别	自然等指数范围	利用等指数范围
1 等	≥5600	≥2800
2 等	5200～5600	2600～2800
3 等	4800～5200	2400～2600
4 等	4400～4800	2200～2400
5 等	4000～4400	2000～2200
6 等	3600～4000	1800～2000
7 等	3200～3600	1600～1800
8 等	2800～3200	1400～1600
9 等	2400～2800	1200～1400
10 等	2000～2400	1000～1200
11 等	1600～2000	800～1000
12 等	1200～1600	600～800
13 等	800～1200	400～600
14 等	400～800	200～400
15 等	<400	<200

5.3　耕地质量评价过程

本章共对辽宁省的 73 个县（市、区）运用上述评价方法进行了耕地质量评价。每个县（市、区）选取 20 宗废弃工矿用地作为样点（除立山区选取 13 宗、太子河区 6 宗、新抚区 15 宗），共 1434 个样地。

辽宁省分为三个标准耕作制度区，分别为辽东山地丘陵区、中部平原区和辽西低山丘陵区。辽东山地丘陵区包含 34 个县（市、区），共选取了 675 宗样地进行耕地质量评价；中部平原区包含 22 个县（市、区），共选取了 419 宗样地进行耕地质量评价；辽西低山丘陵区包含 17 个县（市、区），共选取了 340 宗样地进行耕地质量评价。在辽宁省 3 个不同的标准耕作制度区中各选择一个县（市、区）对评价过程进行具体分析。在辽东山地丘陵区、中部平原区、辽西低山丘陵区分别选取丹东东港市、辽阳灯塔市与朝阳北票市为例。

5.3.1　确定参数及指标值

各研究样区指标值选取参考《辽宁省农用地分等定级与估价》。其中，丹东东港市坡耕地各样点表层土壤质地均为壤土，土壤 pH 范围在 5.5～8.5，坡度分为两个级别：小于 2°和 8°～15°，有效土层厚度、土壤有机质含量、灌溉保证率及地表岩石露头状况均相同，详见表 5-8；平耕地各样点表层土壤质地包括壤土与砂土两类，剖面构型有通体壤与壤/砂/壤两类，盐渍化程度无、轻、中度均有所体现，土壤有机质含量在 6～30 g/kg，土壤 pH 在 5.5～8.5，障碍层距地表深度均为 75 cm，灌溉水源为地表水灌溉，详见表 5-9。

表 5-8　东港市坡耕地指标值表（辽东山地丘陵区）

样点编号	有效土层厚度/cm	表层土壤质地	土壤有机质含量/(g/kg)	土壤 pH	坡度/(°)	灌溉保证率	地表岩石露头/%
1	30	壤土	10～20	5.5～6.0，7.9～8.5	8～15	充分满足	<2
2	30	壤土	10～20	5.5～6.0，7.9～8.5	8～15	充分满足	<2
3	30	壤土	10～20	6.0～7.9	8～15	充分满足	<2
4	30	壤土	10～20	5.5～6.0，7.9～8.5	8～15	充分满足	<2
5	30	壤土	10～20	5.5～6.0，7.9～8.5	8～15	充分满足	<2
6	30	壤土	10～20	6.0～7.9	<2	充分满足	<2
7	30	壤土	10～20	6.0～7.9	<2	充分满足	<2
8	30	壤土	10～20	6.0～7.9	<2	充分满足	<2
9	30	壤土	10～20	6.0～7.9	<2	充分满足	<2

表 5-9　东港市平耕地指标值表（辽东山地丘陵区）

样点编号	表层土壤质地	剖面构型	盐渍化程度	土壤有机质含量/(g/kg)	土壤 pH	障碍层距地表深度/cm	排水条件	灌溉保证率	灌溉水源
10	壤土	通体壤、壤/砂/壤	无	20～30	5.5～6.0，7.9～8.5	75	排水体系基本健全	基本满足	用地表水灌溉
11	壤土	通体壤、壤/砂/壤	无	20～30	5.5～6.0，7.9～8.5	75	排水体系基本健全	基本满足	用地表水灌溉
12	砂土	通体壤、壤/砂/壤	中度	6～10	5.5～6.0，7.9～8.5	75	无排水体系	充分满足	用地表水灌溉
13	壤土	通体壤、壤/砂/壤	轻度	10～20	5.5～6.0，7.9～8.5	75	排水体系一般	充分满足	用地表水灌溉

续表

样点编号	表层土壤质地	剖面构型	盐渍化程度	土壤有机质含量/(g/kg)	土壤 pH	障碍层距地表深度/cm	排水条件	灌溉保证率	灌溉水源
14	壤土	通体壤、壤/砂/壤	无	20～30	6.0～7.9	75	排水体系健全	充分满足	用地表水灌溉
15	壤土	通体壤、壤/砂/壤	无	20～30	6.0～7.9	75	排水体系健全	充分满足	用地表水灌溉
16	壤土	通体壤、壤/砂/壤	无	10～20	6.0～7.9	75	排水体系一般	充分满足	用地表水灌溉
17	壤土	通体壤、壤/砂/壤	无	10～20	5.5～6.0,7.9～8.5	75	排水体系基本健全	充分满足	用地表水灌溉
18	壤土	通体壤、壤/砂/壤	无	20～30	6.0～7.9	75	排水体系健全	充分满足	用地表水灌溉
19	壤土	通体壤、壤/砂/壤	轻度	10～20	6.0～7.9	75	排水体系一般	充分满足	用地表水灌溉
20	壤土	通体壤、壤/砂/壤	无	10～20	5.5～6.0,7.9～8.5	75	排水体系基本健全	基本满足	用地表水灌溉

辽阳灯塔市坡耕地各样点表层土壤质地包括壤土和黏土两类，土壤 pH 均为 6.0～7.9，地形坡度范围包含 4 个级别，灌溉保证率充分满足，有效土层厚度均为 30 cm，土壤有机质含量及地表岩石露头状况有所差异，详见表 5-10；平耕地各样点表层土壤质地包括壤土与黏土两类，剖面构型包含通体壤和通体黏，盐渍化程度无，土壤有机质含量在 10～30 g/kg，障碍层距地表深度、排水条件不同，详见表 5-11。

表 5-10　灯塔市坡耕地指标值表（中部平原区）

样点编号	有效土层厚度/cm	表层土壤质地	土壤有机质含量/(g/kg)	土壤 pH	坡度/(°)	灌溉保证率	地表岩石露头/%
1	30	壤土	20～30	6.0～7.9	16	充分满足	2～10
2	30	黏土	10～20	6.0～7.9	16	充分满足	<2
3	30	黏土	10～20	6.0～7.9	16	充分满足	<2
4	30	壤土	10～20	6.0～7.9	12	充分满足	<2
5	30	壤土	10～20	6.0～7.9	12	充分满足	<2
6	30	壤土	10～20	6.0～7.9	12	充分满足	<2
7	30	壤土	20～30	6.0～7.9	7	充分满足	<2
8	30	壤土	10～20	6.0～7.9	7	充分满足	<2
9	30	壤土	20～30	6.0～7.9	4	充分满足	<2
10	30	黏土	10～20	6.0～7.9	4	充分满足	<2

表 5-11 灯塔市平耕地指标值表（中部平原区）

样点编号	表层土壤质地	剖面构型	盐渍化程度	土壤有机质含量/(g/kg)	土壤 pH	障碍层距地表深度/cm	排水条件	灌溉保证率	灌溉水源
11	壤土	通体壤	无	20～30	6.0～7.9	5	无排水体系	充分满足	用地表水灌溉
12	黏土	通体黏	无	10～20	6.0～7.9	15	无排水体系	充分满足	用地表水灌溉
13	壤土	通体壤	无	20～30	6.0～7.9	45	无排水体系	充分满足	用地表水灌溉
14	黏土	通体黏	无	10～20	6.0～7.9	15	无排水体系	充分满足	用地表水灌溉
15	壤土	通体壤	无	10～20	6.0～7.9	45	无排水体系	充分满足	用地表水灌溉
16	壤土	通体壤	无	10～20	6.0～7.9	45	无排水体系	充分满足	用地表水灌溉
17	壤土	通体壤	无	10～20	6.0～7.9	75	无排水体系	充分满足	用地表水灌溉
18	黏土	通体黏	无	10～20	6.0～7.9	15	无排水体系	充分满足	用地表水灌溉
19	黏土	通体黏	无	10～20	6.0～7.9	75	排水体系健全	充分满足	用地表水灌溉
20	壤土	通体壤	无	10～20	6.0～7.9	75	无排水体系	充分满足	用地表水灌溉

朝阳北票市坡耕地各样点有效土层厚度为 30 cm，表层土壤质地为壤土和砾质土，土壤 pH 范围在 5.5～8.5，坡度分为 4 个级别，灌溉保证率充分满足，土壤有机质含量、地表岩石露头状况不同，详见表 5-12；平耕地各样点表层土壤质地包括壤土与砾质土两类，剖面构型有通体壤和通体砾两类，盐渍化程度无，土壤 pH 均为 6.0～7.9，灌溉保证率充分满足，土壤有机质含量和障碍层距地表深度不同，详见表 5-13。

表 5-12 北票市坡耕地指标值表（辽西低山丘陵区）

样点编号	有效土层厚度/cm	表层土壤质地	土壤有机质含量/(g/kg)	土壤 pH	坡度/(°)	灌溉保证率	地表岩石露头/%
1	30	砾质土	20～30	6.0～7.9	8～15	充分满足	2～10
2	30	砾质土	10～6	6.0～7.9	8～15	充分满足	10～25
3	30	砾质土	<6	6.0～7.9	8～15	充分满足	10～25
4	30	壤土	10～20	6.0～7.9	5～8	充分满足	<2
5	30	壤土	10～20	6.0～7.9	5～8	充分满足	<2

续表

样点编号	有效土层厚度/cm	表层土壤质地	土壤有机质含量/(g/kg)	土壤 pH	坡度/(°)	灌溉保证率	地表岩石露头/%
6	30	砾质土	<6	6.0~7.9	5~8	充分满足	10~25
7	30	砾质土	6~10	6.0~7.9	5~8	充分满足	10~25
8	30	壤土	10~20	6.0~7.9	2~5	充分满足	<2
9	30	壤土	6~10	5.5~6.0,7.9~8.5	2~5	充分满足	<2
10	30	壤土	6~10	6.0~7.9	2~5	充分满足	<2
11	30	壤土	10~20	6.0~7.9	<2	充分满足	<2
12	30	砾质土	6~10	6.0~7.9	<2	充分满足	2~10

表 5-13　北票市平耕地指标值表（辽西低山丘陵区）

样点编号	表层土壤质地	剖面构型	盐渍化程度	土壤有机质含量/(g/kg)	土壤 pH	障碍层距地表深度/cm	排水条件	灌溉保证率	灌溉水源
13	壤土	通体壤	无	10~20	6.0~7.9	75	无排水体系	充分满足	用深层地下水
14	壤土	通体壤	无	20~30	6.0~7.9	75	排水体系基本健全	充分满足	用浅层地下水
15	砾质土	通体砾	无	10~20	6.0~7.9	75	无排水体系	充分满足	用浅层地下水
16	砾质土	通体砾	无	6~10	6.0~7.9	45	排水体系基本健全	充分满足	用浅层地下水
17	砾质土	通体砾	无	6~10	6.0~7.9	75	排水体系健全	充分满足	用深层地下水
18	砾质土	通体砾	无	6~10	6.0~7.9	45	无排水体系	充分满足	用浅层地下水
19	砾质土	通体砾	无	<6	6.0~7.9	15	排水体系一般	充分满足	用浅层地下水
20	砾质土	通体砾	无	<6	6.0~7.9	15	排水体系基本健全	充分满足	用浅层地下水

5.3.2　确定指标的分数值

根据具体的指标值，结合坡耕地及平耕地记分规则表，得到具体分数值。灌溉水源得分较低的为辽西低山丘陵区；表层土壤质地整体得分较低的为辽西低山丘陵区；土壤有机质含量得分辽东山地丘陵区、中部平原区为 60~80，辽西低山丘陵区为 45~80，详见表 5-14~表 5-19。

表 5-14　东港市平耕地指标分数值表（辽东山地丘陵区）

样地编号	表层土壤质地	剖面构型	盐渍化程度	土壤有机质含量	土壤 pH	障碍层距地表深度	排水条件	灌溉保证率	灌溉水源
10	100	100	100	80	90	95	90	100	100
11	100	100	100	80	90	95	90	100	100
12	60	100	70	60	90	95	30	100	100
13	100	100	90	70	90	95	70	100	100
14	100	100	100	80	100	95	100	100	100
15	100	100	100	80	100	95	100	100	100
16	100	100	100	70	100	95	70	100	100
17	100	100	100	70	90	95	90	100	100
18	100	100	100	80	100	95	100	100	100
19	100	100	90	70	100	95	70	100	100
20	100	100	100	70	90	95	90	100	100

表 5-15　东港市坡耕地指标分数值表（辽东山地丘陵区）

样地编号	有效土层厚度	表层土壤质地	土壤有机质含量	土壤 pH	坡度	灌溉保证率	地表岩石露头
1	40	100	70	90	45	100	100
2	40	100	70	90	45	100	100
3	40	100	70	100	45	100	100
4	40	100	70	90	45	100	100
5	40	100	70	90	45	100	100
6	40	100	70	100	100	100	100
7	40	100	70	100	100	100	100
8	40	100	70	100	100	100	100
9	40	100	70	100	100	100	100

表 5-16　灯塔市平耕地指标分数值表（中部平原区）

样地编号	表层土壤质地	剖面构型	盐渍化程度	土壤有机质含量	土壤 pH	障碍层距地表深度	排水条件	灌溉保证率	灌溉水源
11	100	100	100	80	100	80	30	100	100
12	80	50	100	70	100	60	30	100	100
13	100	100	100	80	100	80	30	100	100
14	80	50	100	70	100	60	30	100	100
15	100	100	100	70	100	80	30	100	100
16	100	100	100	70	100	80	30	100	100
17	100	100	100	70	100	95	30	100	100
18	80	50	100	70	100	60	30	100	100
19	80	50	100	70	100	95	100	100	100
20	100	100	100	70	100	95	30	100	100

表 5-17 灯塔市坡耕地指标分数值表（中部平原区）

样地编号	有效土层厚度	表层土壤质地	土壤有机质含量	土壤 pH	坡度	灌溉保证率	地表岩石露头
1	40	100	80	100	10	100	90
2	40	80	70	100	10	100	100
3	40	80	70	100	10	100	100
4	40	100	70	100	45	100	100
5	40	100	70	100	45	100	100
6	40	100	70	100	45	100	100
7	40	100	80	100	65	100	100
8	40	100	70	100	65	100	100
9	40	100	80	100	90	100	100
10	40	80	70	100	90	100	100

表 5-18 北票市平耕地指标分数值表（辽西低山丘陵区）

样地编号	表层土壤质地	剖面构型	盐渍化程度	土壤有机质含量	土壤 pH	障碍层距地表深度	排水条件	灌溉保证率	灌溉水源
13	100	100	100	70	100	95	30	100	80
14	100	100	100	80	100	95	90	100	90
15	40	35	100	70	100	95	30	100	90
16	40	35	100	60	100	80	90	100	90
17	40	35	100	60	100	95	100	100	80
18	40	35	100	60	100	80	30	100	90
19	40	35	100	45	100	60	70	100	90
20	40	35	100	45	100	60	90	100	90

表 5-19 北票市坡耕地指标分数值表（辽西低山丘陵区）

样地编号	有效土层厚度	表层土壤质地	土壤有机质含量	土壤 pH	坡度	灌溉保证率	地表岩石露头
1	40	35	80	100	45	100	90
2	40	35	60	100	45	100	70
3	40	35	45	100	45	100	70
4	40	100	70	100	65	100	100
5	40	100	70	100	65	100	100
6	40	35	45	100	65	100	70
7	40	35	60	100	65	100	70
8	40	100	70	100	90	100	100
9	40	100	60	100	90	100	100
10	40	100	60	100	90	100	100
11	40	100	70	100	100	100	100
12	40	35	60	100	100	100	90

5.3.3　计算质量等别

根据样地各个指标的分数值，以及各指标权重，利用加权平均数的方法，计算出耕地的自然质量分，再将自然质量分与光温生产潜力及产量比相乘得到自然等指数，计算实际产量与最高产量的比值，与自然等指数相乘得到利用等指数。

将计算出来的自然等指数与利用等指数转换为国家自然等指数与国家利用等指数，与等别划分表格对照得到国家自然等与国家利用等（表 5-20～表 5-22）。

表 5-20　东港市等别计算结果表格（辽东山地丘陵区）

样地编号	自然质量分	光温生产潜力	辽宁省自然等指数	国家自然等指数	国家自然等	国家利用等指数	国家利用等
1	0.66	2179	1448	1774	11	709	12
2	0.66	2179	1448	1774	11	709	12
3	0.67	2179	1459	1786	11	711	12
4	0.66	2179	1448	1774	11	709	12
5	0.66	2179	1448	1774	11	709	12
6	0.80	2179	1734	2095	10	775	12
7	0.80	2179	1734	2095	10	775	12
8	0.80	2179	1734	2095	10	775	12
9	0.80	2179	1734	2095	10	887	11
10	0.95	2179	2070	2471	9	1110	10
11	0.95	2179	2070	2471	9	1110	10
12	0.70	2179	1514	1849	11	912	11
13	0.88	2179	1911	2293	10	940	11
14	0.98	2179	2140	2549	9	1008	10
15	0.98	2179	2140	2549	9	869	11
16	0.90	2179	1959	2346	10	827	11
17	0.94	2179	2053	2451	9	982	11
18	0.98	2179	2140	2549	9	1008	10
19	0.88	2179	1926	2310	10	1059	10
20	0.94	2179	2053	2451	9	982	11

表 5-21　灯塔市等别计算结果表格（中部平原区）

样地编号	自然质量分	光温生产潜力	辽宁省自然等指数	国家自然等指数	国家自然等	国家利用等指数	国家利用等
1	0.59	2613	1529	1865	11	872	11
2	0.57	2613	1487	1818	11	783	12
3	0.57	2613	1487	1818	11	875	11
4	0.67	2613	1749	2112	10	963	11

续表

样地编号	自然质量分	光温生产潜力	辽宁省自然等指数	国家自然等指数	国家自然等	国家利用等指数	国家利用等
5	0.67	2613	1749	2112	10	856	11
6	0.67	2613	1749	2112	10	837	11
7	0.72	2613	1891	2270	10	836	11
8	0.72	2613	1870	2246	10	833	11
9	0.78	2613	2041	2438	9	816	11
10	0.75	2613	1968	2356	10	792	12
11	0.81	2613	2109	2514	9	830	11
12	0.74	2613	1931	2315	10	792	12
13	0.81	2613	2109	2514	9	830	11
14	0.74	2613	1931	2315	10	838	11
15	0.80	2613	2088	2491	9	826	11
16	0.80	2613	2088	2491	9	826	11
17	0.81	2613	2103	2508	9	990	11
18	0.74	2613	1931	2315	10	792	12
19	0.94	2613	2461	2909	8	1240	9
20	0.81	2613	2103	2508	9	1012	10

表 5-22　北票市等别计算结果表格（辽西低山丘陵区）

样地编号	自然质量分	光温生产潜力	辽宁省自然等指数	国家自然等指数	国家自然等	国家利用等指数	国家利用等
1	0.63	2897	1835	2208	10	954	11
2	0.60	2897	1731	2091	10	921	11
3	0.59	2897	1696	2052	10	789	12
4	0.73	2897	2125	2532	9	849	11
5	0.73	2897	2125	2532	9	1251	9
6	0.63	2897	1829	2201	10	952	11
7	0.64	2897	1864	2240	10	884	11
8	0.79	2897	2292	2719	9	807	11
9	0.78	2897	2268	2693	9	1091	10
10	0.78	2897	2268	2693	9	930	11
11	0.81	2897	2358	2794	9	1241	9
12	0.74	2897	2155	2566	9	964	11
13	0.83	2897	2399	2839	8	962	11
14	0.96	2897	2781	3267	10	1136	10
15	0.75	2897	2163	2575	9	966	11
16	0.85	2897	2475	2925	8	1052	10

续表

样地编号	自然质量分	光温生产潜力	辽宁省自然等指数	国家自然等指数	国家自然等	国家利用等指数	国家利用等
17	0.87	2897	2533	2990	8	1068	10
18	0.73	2897	2128	2536	9	956	11
19	0.80	2897	2310	2740	9	940	11
20	0.56	2897	1615	1961	11	884	11

5.4　耕地质量评价结果

在有废弃工矿用地且废弃工矿用地周围有耕地的 73 个县（市、区）内各选取 20 个（除立山区选取 13 个、太子河区 6 个、新抚区 15 个）采矿用地作为样地进行耕地质量评价，来反映现辽宁省各个县（市、区）采矿用地进行耕地复垦后的耕地质量水平。

在 73 个县（市、区）中共选取样地 1451 个，将其周边的耕地属性数据进行调整后添加进废弃工矿用地的属性表中，进行耕地质量评价，得到耕地质量等别。

5.4.1　辽宁省各个县（市、区）耕地质量等别

按照不同的标准耕作制度区来展示耕地质量评价结果。

对辽东山地丘陵区的废弃工矿用地复垦后的耕地质量预测结果总结如下（表 5-23）。

表 5-23　辽东山地丘陵区质量等别　　　（单位：宗）

行政区	6 等		7 等		8 等		9 等		10 等		11 等		12 等		13 等		14 等	
	自然等	利用等	自然等	利用等	自然等	利用等	自然等	利用等	自然等	利用等	自然等	利用等	自然等	利用等	自然等	利用等	自然等	利用等
甘井子	—	—	—	—	—	—	12	—	7	—	1	—	20	—	—	—	—	—
旅顺口	—	—	—	—	17	—	2	—	—	1	19	—	1	—	—	—	—	—
金州	—	—	—	—	—	—	6	—	14	—	14	—	6	—	—	—	—	—
普兰店	—	—	—	—	—	—	11	—	7	—	2	10	—	10	—	—	—	—
庄河	—	—	—	—	—	—	14	—	6	11	—	9	—	—	—	—	—	—
长海	—	—	—	—	—	—	20	—	—	—	—	—	20	—	—	—	—	—

续表

行政区	6等		7等		8等		9等		10等		11等		12等		13等		14等	
	自然等	利用等	自然等	利用等	自然等	利用等	自然等	利用等	自然等	利用等	自然等	利用等	自然等	利用等	自然等	利用等	自然等	利用等
千山	—	—	—	—	—	—	16	—	4	8	—	11	—	1	—	—	—	—
海城	—	—	—	—	18	□	2	—	—	1	—	8	—	10	—	1	—	—
岫岩	—	—	—	—	—	—	—	—	6	—	10	2	4	17	—	1	—	—
新抚	—	—	—	2	—	10	2	2	12	—	—	—	—	—	—	—	—	—
东洲	—	—	—	—	—	—	4	—	7	4	5	10	4	6	—	—	—	—
望花	—	—	—	—	—	—	2	—	13	2	4	15	1	3	—	—	—	—
顺城	—	—	—	—	—	—	1	7	14	10	4	2	1	1	—	—	—	—
新宾	—	—	—	—	—	—	—	—	2	—	6	2	12	16	—	2	—	—
清原	—	—	—	—	—	—	—	—	3	1	8	6	9	13	—	—	—	—
溪湖	—	2	—	2	2	3	5	7	1	1	6	3	2	—	4	2	—	—
明山	—	—	—	—	—	—	—	—	3	3	14	11	3	6	—	—	—	—
南芬	—	—	—	—	—	—	—	—	—	—	7	—	13	20	—	—	—	—
本溪	—	—	—	—	—	—	—	—	—	—	1	—	19	16	4	—	—	—
桓仁	—	—	—	—	—	—	—	—	—	—	—	11	15	9	5	—	—	—
元宝	—	—	—	—	—	—	2	—	8	1	9	10	1	9	—	—	—	—
振兴	—	—	—	—	—	—	8	—	7	1	5	14	—	5	—	—	—	—
振安	—	—	—	—	—	—	1	—	9	—	10	11	—	9	—	—	—	—
东港	—	—	—	—	—	—	7	—	7	8	6	—	—	5	—	—	—	—
凤城	—	—	—	—	—	—	—	—	2	—	15	—	3	20	—	—	—	—
宽甸	—	—	—	—	—	—	—	—	—	—	18	—	2	20	—	—	—	—
鲅鱼圈	—	—	3	—	1	—	15	—	1	15	—	5	—	—	—	—	—	—
大石桥	—	—	—	—	5	2	14	1	—	—	—	11	—	1	—	—	—	—
盖州	—	—	1	—	—	1	16	2	3	5	—	11	—	1	—	—	—	—
辽阳	—	—	2	—	10	—	—	4	4	8	4	6	—	2	—	—	—	—
弓长岭	—	—	—	—	—	—	2	—	18	19	—	1	—	—	—	—	—	—
开原	—	—	—	—	—	—	17	1	2	17	2	—	—	—	—	—	—	—
西丰	—	—	—	—	—	—	8	—	4	3	7	13	1	4	—	—	—	—
铁岭	—	—	—	—	13	—	2	3	4	9	1	7	—	1	—	—	—	—

大连市（甘井子、旅顺口、金州、普兰店、庄河、长海）选取120宗样地。就耕地的自然等别进行讨论，有8等地17宗、9等地31宗、10等地62宗、11等

10 宗。就耕地的利用等别进行讨论，有 11 等地 54 宗、12 等地 46 宗、13 等地 20 宗。

鞍山市（千山、海城、岫岩）选取 60 宗样地。就耕地的自然等别讨论，有 8 等地 18 宗、9 等地 18 宗、10 等地 10 宗、11 等地 10 宗、12 等地 4 宗。就耕地的利用等别进行讨论，有 10 等地 9 宗，11 等地 21 宗，12 等地 28 宗、13 等地 2 宗。

抚顺市（新抚、东洲、望花、顺城、新宾、清原）选取 114 宗样地。就耕地自然等别讨论，有 9 等地 9 宗，10 等地 51 宗、11 等地 27 宗、12 等地 27 宗。就耕地的利用等别进行讨论，有 7 等地 2 宗，8 等地 10 宗，9 等地 9 宗，10 等地 17 宗，11 等地 35 宗，12 等地 39 宗，13 等地 2 宗。

本溪市（溪湖、明山、南芬、本溪、桓仁）选取 100 宗样地。就耕地的自然等别进行讨论，有 8 等地 2 宗、9 等地 5 宗，10 等地 4 宗，11 等地 28 宗，12 等地 52 宗，13 等地 9 宗。就耕地的利用等别进行讨论，有 6 等地 2 宗、7 等地 2 宗，8 等地 3 宗，9 等地 7 宗，10 等地 4 宗，11 等地 25 宗，12 等地 51 宗，13 等地 6 宗。

丹东市（元宝、振兴、振安、东港、凤城、宽甸）选取 120 宗样地。就耕地的自然等别进行讨论，有 9 等地 18 宗，10 等地 33 宗，11 等地 63 宗，12 等地 6 宗。就耕地的利用等别进行讨论，有 10 等地 10 宗，11 等地 42 宗，12 等地 68 宗。

营口市（鲅鱼圈、大石桥、盖州）选取 60 宗样地。就耕地的自然等别进行讨论，有 7 等地 4 宗，8 等地 6 宗，9 等地 45 宗，10 等地 5 宗。就耕地的利用等别进行讨论，有 8 等地 3 宗，9 等地 3 宗，10 等地 25 宗，11 等地 27 宗，12 等地 2 宗。

辽阳市（辽阳、弓长岭）选取 40 宗样地。就耕地的自然等别进行讨论，有 7 等地 2 宗，8 等地 10 宗，9 等地 2 宗，10 等地 22 宗，11 等地 4 宗。就耕地的利用等别进行讨论，有 9 等地 4 宗，10 等地 27 宗，11 等地 7 宗，12 等地 2 宗。

铁岭市（开原、西丰、铁岭）选取 60 宗样地。就耕地的自然等别进行讨论，有 8 等地 13 宗，9 等地 27 宗，10 等地 10 宗，11 等地 9 宗，12 等地 1 宗。就耕地的利用等别进行讨论，有 9 等地 4 宗，10 等地 29 宗，11 等地 22 宗，12 等地 5 宗。

对中部平原地区的废弃工矿用地复垦后的耕地质量预测结果总结如下（表 5-24）。

表 5-24　中部平原区质量等别　　　　　　　　　（单位：宗）

行政区	8 等		9 等		10 等		11 等		12 等		13 等		14 等	
	自然等	利用等	自然等	利用等	自然等	利用等	自然等	利用等	自然等	利用等	自然等	利用等	自然等	利用等
北镇市	13	—	3	—	4	13	—	6	—	1	—	—	—	—
黑山县	11	—	6	—	2	6	1	12	—	2	—	—	—	—
和平区	9	—	11	2	—	5	—	13	—	—	—	—	—	—

续表

行政区	8等		9等		10等		11等		12等		13等		14等	
	自然等	利用等	自然等	利用等	自然等	利用等	自然等	利用等	自然等	利用等	自然等	利用等	自然等	利用等
苏家屯区	—	—	—	—	3	—	17	20	—	—	—	—	—	—
浑南区	—	—	8	—	11	2	1	17	—	1	—	—	—	—
于洪区	—	—	—	—	—	10	20	10	—	—	—	—	—	—
新民市	—	—	—	—	—	—	20	10	—	10	—	—	—	—
辽中区	—	—	—	—	—	5	20	13	—	2	—	—	—	—
康平县	—	—	5	—	4	—	11	6	—	14	—	—	—	—
法库县	—	—	—	—	6	—	14	19	—	1	—	—	—	—
立山区	12	—	—	1	—	11	—	—	—	1	—	—	—	—
台安县	18	—	2	9	—	10	—	—	—	—	—	—	—	—
宏伟区	—	—	4	—	13	6	1	11	1	1	1	1	—	1
灯塔市	1	—	7	1	9	1	3	14	—	4	—	—	—	—
太子河区	—	—	—	—	—	—	5	3	—	2	—	—	—	—
银州区	—	—	10	—	6	8	4	12	—	—	—	—	—	—
调兵山市	—	—	9	—	11	3	—	17	—	—	—	—	—	—
昌图县	11	—	9	—	—	18	—	2	—	—	—	—	—	—
双台子区	—	—	20	—	—	20	—	—	—	—	—	—	—	—
兴隆台区	—	—	18	2	2	18	—	—	—	—	—	—	—	—
盘山县	20	—	—	—	10	—	2	—	—	8	—	—	—	—
大洼区	—	6	20	14	—	—	—	—	—	—	—	—	—	—

锦州市（北镇市、黑山县）选取40宗样地。就耕地的自然等别进行讨论，有8等地24宗，9等地9宗，10等地6宗，11等地1宗。就耕地的利用等别进行讨论，有10等地19宗，11等地18宗，12等地3宗。

鞍山市（立山区、台安县）选取32宗样地。就耕地的自然等别进行讨论，有8等地30宗，9等地2宗。就耕地的利用等别进行讨论，有9等地10宗，10等地21宗，12等地1宗。

沈阳市（和平区、苏家屯区、浑南区、于洪区、新民市、辽中区、康平县、法库县）选取160宗样地。就耕地的自然等别进行讨论，有8等地9宗，9等地24宗，10等地24宗，11等地103宗。就耕地的利用等别进行讨论，有9等地2宗，10等地22宗，11等地108宗，12等地28宗。

辽阳市（宏伟区、灯塔市、太子河区）选取45宗样地。就耕地的自然等别进行讨论，有 8 等地 1 宗，9 等地 11 宗，10 等地 22 宗，11 等地 9 宗，12 等地 1 宗，13 等地 1 宗。就耕地的利用等别进行讨论，有 9 等地 1 宗，10 等地 7 宗，11 等地 28 宗，12 等地 7 宗，13 等地 1 宗，14 等地 1 宗。

　　铁岭市（银州区、调兵山市、昌图县）选取 60 宗样地。就耕地的利用等别进行讨论，有 8 等地 11 宗，9 等地 28 宗，10 等地 17 宗，11 等地 4 宗。就耕地的利用等别进行讨论，有 10 等地 29 宗，11 等地 31 宗。

　　盘锦市（双台子区、兴隆台区、盘山县、大洼区）选取 80 宗样地。就耕地的自然等别进行讨论，有 8 等地 20 宗，9 等地 58 宗，10 等地 2 宗。就耕地的利用等别进行讨论，有 8 等地 6 宗，9 等地 26 宗，10 等地 40 宗，11 等地 8 宗。

　　对辽西低山丘陵区的废弃工矿用地复垦后的耕地质量预测结果总结见表 5-25 所示。

表5-25　辽西低山丘陵区质量等别　　　　　　（单位：宗）

行政区	7等 自然等	7等 利用等	8等 自然等	8等 利用等	9等 自然等	9等 利用等	10等 自然等	10等 利用等	11等 自然等	11等 利用等	12等 自然等	12等 利用等	13等 自然等	13等 利用等
双塔区	2	—	5	2	6	2	7	2	—	6	—	6	—	2
北票市	—	—	3	—	10	2	6	4	1	13	—	1	—	—
兴城市	—	—	2	—	14	1	4	14	—	4	—	1	—	—
凌源市	—	—	4	—	3	—	5	2	8	9	—	7	—	1
朝阳县	—	—	3	1	11	2	6	1	—	4	—	12	—	—
建平县	—	—	—	—	—	—	16	—	4	9	—	11	—	—
喀左县	—	—	—	4	18	5	2	8	—	3	—	—	—	—
绥中县	—	—	8	—	12	3	—	4	—	12	—	1	—	—
建昌县	—	—	—	—	4	2	14	6	2	12	—	—	—	—
阜新县	—	—	7	—	7	—	6	1	—	12	—	7	—	—
海州区	—	—	19	—	1	—	—	16	—	4	—	—	—	—
太平区	—	—	16	—	1	—	2	16	1	4	—	—	—	—
新邱区	—	—	17	—	—	—	—	3	3	15	—	2	—	—
细河区	—	—	15	—	—	—	5	12	—	3	—	5	—	—
清河门区	—	—	18	—	—	—	2	9	—	11	—	—	—	—
凌海市	—	—	10	—	8	3	1	7	1	9	—	1	—	—
义县	—	—	—	—	11	—	9	2	—	11	—	7	—	—
彰武县	—	—	3	—	16	—	1	5	—	12	—	3	—	—

　　朝阳市（双塔区、凌源市、建平县、北票市、喀左县、朝阳县）选取 120 宗样地。就耕地的自然等别进行讨论，有 7 等地 2 宗，8 等地 15 宗，9 等地 48 宗，

10 等地 42 宗，11 等地 13 宗。就耕地的利用等别进行讨论，有 8 等地 7 宗，9 等地
12 宗，10 等地 17 宗，11 等地 44 宗，12 等地 37 宗，13 等地 3 宗。

葫芦岛市（兴城市、绥中县、建昌县）选取 60 宗样地。就耕地的自然等别进行
讨论，有 8 等地 10 宗，9 等 30 宗，10 等地 18 宗，11 等地 2 宗。就耕地的利用等别
进行讨论，有 9 等地 6 宗，10 等地 24 宗，11 等地 28 宗，12 等地 2 宗。

锦州市（凌海市、义县）选取 40 宗样地。就耕地的自然等别进行讨论，有 8 等
地 10 宗，9 等地 19 宗，10 等地 10 宗，11 等地 1 宗。就耕地的利用等别进行讨
论，有 9 等地 3 宗，10 等地 9 宗，11 等地 20 宗，12 等地 8 宗。

阜新市（海州区、太平区、新邱区、细河区、清河门区、彰武县、阜新县）
选取 140 宗样地。就耕地的自然等别进行讨论，有 8 等地 95 宗，9 等地 25 宗，
10 等地 16 宗，11 等地 4 宗。就耕地的利用等别进行讨论，有 10 等地 62 宗，11 等
地 61 宗，12 等地 17 宗。

5.4.2　辽宁省耕地质量等别分析

以样地的自然等指数及利用等指数为依据进行划分的耕地质量等别存在
差异。表 5-26 为以不同的指数进行划分的耕地质量等别。

表 5-26　耕地质量等别分析

等别	以自然等指数划分的自量等别数量/宗	比例/%	以利用等指数划分的自量等别数量/宗	比例/%
6 等	—	—	2	0.14
7 等	8	0.55	4	0.28
8 等	291	20.06	29	2.00
9 等	409	28.19	87	6.00
10 等	354	24.40	371	25.57
11 等	288	19.85	579	39.90
12 等	91	6.27	344	23.70
13 等	10	0.68	34	2.34
14 等	—	—	1	0.07
总计	1451	100.00	1451	100.00

由表 5-26 可知，辽宁省不同县（市、区）内，共选取了 1451 个样地进行耕
地质量评价。采矿用地复垦得到的耕地以自然等指数进行划分，得到 7 种不同等
级的农用地，分别为 7 等、8 等、9 等、10 等、11 等、12 等、13 等地。以利用等
指数进行划分，得到 9 种不同等级的农用地，包括 6 等、7 等、8 等、9 等、10 等、

11 等、12 等、13 等和 14 等。其中，6 等地与 14 等地宗数较少、所占比例也较小，分别为 0.14%和 0.07%，为个别土地，参考价值较低。

　　由表 5-26 可知，以自然等指数划分的耕地质量等别多为 8～11 等，代表了大多数废弃工矿用地复垦后的耕地自然质量等水平。而以利用等指数划分的质量等别多为 10～12 等，其中以 11 等地最多，所占比例为 39.93%，表现了多数废弃工矿用地复垦后的利用质量等水平。

5.4.3　辽宁省各地级市耕地等别评价结果

　　将相同地级市的各个县（市、区）进行整理，统计分析各个地级市具体耕地等别（耕地利用等别），计算各个地级市的样地数量和，取同一地级市不同样地的评价结果的加权平均等别作为各地级市复垦后的耕地等别。

　　经过计算得到辽宁省 14 个地级市的废弃工矿经过复垦得到的耕地质量等别（表 5-27），其中大连市废弃工矿用地复垦后的耕地平均质量等别为 12 等地、等别范围为 11～13 等。鞍山市、抚顺市、本溪市、丹东市、辽阳市、锦州市、沈阳市、朝阳市、阜新市的废弃工矿用地复垦成耕地后的平均质量等别为 11 等地，等别范围为 10～12 等。营口市、铁岭市、盘锦市、葫芦岛市废弃工矿进行复垦后的耕地平均质量等别为 10 等地、等别范围为 9～11 等。

表 5-27　各地级市各等别宗地数及平均等别

行政区	宗地数/宗									样地数和/宗	平均等别	等别范围
	6 等	7 等	8 等	9 等	10 等	11 等	12 等	13 等	14 等			
大连市	—	—	17	31	62	10	—	—	—	120	12	11～13
鞍山市	—	—	48	20	10	10	4			92	11	10～12
抚顺市	—	—	—	9	51	27	27			114	11	10～12
本溪市	—	—	2	5	4	28	52	9	—	100	11	10～12
丹东市	—	—	18	33	63	6	—			120	11	10～12
营口市	—	4	6	45	5	—	—			60	10	9～11
辽阳市	—	2	11	13	44	13	1	1		85	11	10～12
铁岭市	—	—	24	55	27	13	1			120	10	9～11
锦州市	—	—	34	28	16	2	—			80	11	10～12
沈阳市	—	—	9	24	24	103	—			160	11	10～12
盘锦市	—	—	20	58	2	—	—			80	10	9～11
朝阳市	—	2	15	48	42	13	—			120	11	10～12
葫芦岛市	—	—	10	30	18	2	—			60	10	9～11
阜新市	—	—	95	25	16	4	—			140	11	10～12

5.5 本 章 小 结

结合适宜性评价内容和适宜性评价结果，可知适宜复垦为耕地的废弃工矿用地总面积。根据不同地级市复垦后耕地质量评价的结果，由各地级市废弃工矿用地复垦后不同耕地利用等别所占比例（表 5-28）与宜耕废弃工矿用地总面积相乘可得到不同地级市未来复垦后所得各等级耕地的面积。

表 5-28　各市各等级（耕地利用等别）所占比例　　（单位：%）

行政区	6 等	7 等	8 等	9 等	10 等	11 等	12 等	13 等	14 等
沈阳市	—	—	—	1.25	13.75	67.50	17.50	—	—
大连市	—	—	—	—	—	45.00	38.33	16.67	
鞍山市	—	—	—	10.87	32.61	22.83	31.52	2.17	
抚顺市	—	1.75	8.77	7.89	14.91	30.72	34.21	1.75	
本溪市	2.00	2.00	3.00	7.00	4.00	25.00	51.00	6.00	
丹东市	—	—	—	—	8.33	35.00	56.67	—	
锦州市	—	—	—	3.75	35	47.5	13.75	—	
营口市	—	—	5.00	5.00	41.67	45.00	3.33	—	
阜新市	—	—	—	—	44.29	43.57	12.14	—	
辽阳市	—	—	—	5.88	40.00	41.18	10.58	1.18	1.18
盘锦市	—	—	7.50	32.50	50.00	10.00	—	—	
铁岭市	—	—	—	3.33	48.33	44.17	4.17	—	
朝阳市	—	—	5.83	10.00	14.17	36.67	30.83	2.50	—
葫芦岛市	—	—	—	10.00	40.00	46.67	3.33	—	

图 5-2 为辽宁省各地级市废弃工矿用地复垦后各耕地质量等别所占百分比的柱状图，通过这张图可以直观地观察出辽宁省不同地级市宜耕废弃工矿用地复垦后耕地的废弃工矿用地质量水平。由图 5-2 可以看出，11 等地为各地级市宜耕废弃工矿用地复垦后耕地最常见的利用等别，其次为 10 等地和 12 等地。

如表 5-29，辽宁省各地级市宜耕废弃工矿用地复垦后各质量等别（利用等别）耕地对应面积（至少）如下。

沈阳市 10 等地 1.11 hm², 11 等地 6.21 hm², 12 等地 1.83 hm²。

大连市 11 等地 37.21 hm², 12 等地 31.70 hm², 13 等地 13.78 hm²。

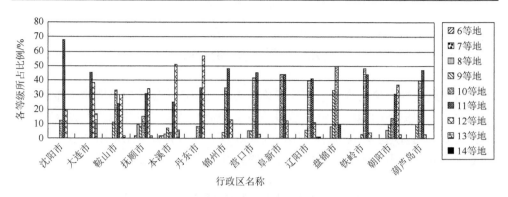

图 5-2　辽宁省废弃工矿用地复垦后的耕地质量等别图

鞍山市 9 等地 11.62 hm², 10 等地 34.85 hm², 11 等地 25.56 hm², 12 等地 32.53 hm², 13 等地 2.32 hm²。

抚顺市 7 等地 0.22 hm², 8 等地 1.11 hm², 9 等地 1.00 hm², 10 等地 1.88 hm², 11 等地 3.88 hm², 12 等地 4.32 hm², 13 等地 0.22 hm²。

本溪市 6 等地 0.29 hm², 7 等地 0.29 hm², 8 等地 0.44 hm², 9 等地 1.03 hm², 10 等地 0.59 hm², 11 等地 3.53 hm², 12 等地 7.50 hm², 13 等地 0.88 hm²。

丹东市 10 等地 3.11 hm², 11 等地 13.06 hm², 12 等地 21.14 hm²。

锦州市 9 等地 0.79 hm², 10 等地 6.88 hm², 11 等地 9.44 hm², 12 等地 2.56 hm²。

营口市 8 等地 8.31 hm², 9 等地 8.31 hm², 10 等地 69.77 hm², 11 等地 74.76 hm², 12 等地 4.98 hm²。

阜新市 10 等地 6.43 hm², 11 等地 6.43 hm², 12 等地 1.75 hm²。

辽阳市 9 等地 1.17 hm², 10 等地 7.96 hm², 11 等地 8.19 hm², 12 等地 2.11 hm², 13 等地 0.23 hm², 14 等地 0.23 hm²。

盘锦市 8 等地 20.47 hm², 9 等地 84.44 hm², 10 等地 127.94 hm², 11 等地 25.59 hm²。

铁岭市 9 等地 0.37 hm², 10 等地 5.34 hm², 11 等地 4.88 hm², 12 等地 0.46 hm²。

朝阳市 8 等地 1.69 hm², 9 等地 2.82 hm², 10 等地 3.94 hm², 11 等地 8.73 hm², 12 等地 10.42 hm², 13 等地 0.84 hm²。

葫芦岛市 9 等地 1.67 hm², 10 等地 6.66 hm², 11 等地 7.77 hm², 12 等地 0.56 hm²。

表 5-29　各市各等级（耕地利用等别）至少所占面积　　（单位：hm²）

行政区	6 等地	7 等地	8 等地	9 等地	10 等地	11 等地	12 等地	13 等地	14 等地	总计
沈阳市	—	—	—	—	1.11	6.21	1.83	—	—	9.15
大连市	—	—	—	—	—	37.21	31.70	13.78	—	82.69
鞍山市	—	—	—	11.62	34.85	25.56	32.53	2.32	—	106.88

续表

行政区	6 等地	7 等地	8 等地	9 等地	10 等地	11 等地	12 等地	13 等地	14 等地	总计
抚顺市	—	0.22	1.11	1.00	1.88	3.88	4.32	0.22	—	12.63
本溪市	0.29	0.29	0.44	1.03	0.59	3.53	7.50	0.88	—	14.55
丹东市	—	—	—	—	3.11	13.06	21.14	—	—	37.31
锦州市	—	—	—	0.79	6.88	9.44	2.56	—	—	19.67
营口市	—	—	8.31	8.31	69.77	74.76	4.98	—	—	166.13
阜新市	—	—	—	—	6.43	6.43	1.75	—	—	14.61
辽阳市	—	—	—	1.17	7.96	8.19	2.11	0.23	0.23	19.89
盘锦市	—	—	20.47	84.44	127.94	25.59	—	—	—	258.44
铁岭市	—	—	—	0.37	5.34	4.88	0.46	—	—	11.05
朝阳市	—	—	1.69	2.82	3.94	8.73	10.42	0.84	—	28.44
葫芦岛市	—	—	—	1.67	6.66	7.77	0.56	—	—	16.66
总计	0.29	0.51	32.02	113.22	276.46	235.24	121.86	18.27	0.23	798.10

如表 5-30 所示,辽宁省各地级市宜耕废弃工矿用地复垦后各质量等别(利用等别)耕地对应面积(至多)如下。

沈阳市 10 等地 1.11 hm²,11 等地 6.22 hm²,12 等地 1.83 hm²。

大连市 11 等地 143.95 hm²,12 等地 121.55 hm²,13 等地 54.38 hm²。

鞍山市 9 等地 28.35 hm²,10 等地 85.05 hm²,11 等地 61.86 hm²,12 等地 77.32 hm²,13 等地 5.15 hm²。

抚顺市 7 等地 0.98 hm²,8 等地 4.40 hm²,9 等地 3.91 hm²,10 等地 7.33 hm²,11 等地 15.15 hm²,12 等地 16.61 hm²,13 等地 0.98 hm²。

本溪市 6 等地 1.13 hm²,7 等地 1.13 hm²,8 等地 1.69 hm²,9 等地 3.94 hm²,10 等地 2.25 hm²,11 等地 14.09 hm²,12 等地 28.73 hm²,13 等地 3.38 hm²。

丹东市 10 等地 7.20 hm²,11 等地 31.48 hm²,12 等地 51.27 hm²。

锦州市 9 等地 0.79 hm²,10 等地 6.88 hm²,11 等地 9.44 hm²,12 等地 2.56 hm²。

营口市 8 等地 9.37 hm²,9 等地 9.37 hm²,10 等地 78.04 hm²,11 等地 84.29 hm²,12 等地 6.24 hm²。

阜新市 10 等地 59.99 hm²,11 等地 59.99 hm²,12 等地 16.36hm²。

辽阳市 9 等地 11.14 hm²,10 等地 74.26 hm²,11 等地 76.12 hm²,12 等地 20.42 hm²,13 等地 1.86 hm²,14 等地 1.86 hm²。

盘锦市 8 等地 20.47 hm²,9 等地 84.44 hm²,10 等地 127.94 hm²,11 等地 25.59 hm²。

铁岭市 9 等地 1.28 hm²,10 等地 20.50 hm²,11 等地 18.79 hm²,12 等地 1.71 hm²。

朝阳市 8 等地 6.53 hm², 9 等地 10.89 hm², 10 等地 15.24 hm², 11 等地 33.76 hm², 12 等地 40.29 hm², 13 等地 3.27 hm²。

葫芦岛市 9 等地 6.45 hm², 10 等地 25.78 hm², 11 等地 30.30 hm², 12 等地 1.93 hm²。

表 5-30　各市各等级（耕地利用等别）至多所占面积　　（单位：hm²）

行政区	6 等地	7 等地	8 等地	9 等地	10 等地	11 等地	12 等地	13 等地	14 等地	总计
沈阳市	—	—	—	—	1.11	6.22	1.83	—	—	9.15
大连市	—	—	—	—	—	143.95	121.55	54.38	—	319.88
鞍山市	—	—	—	28.35	85.05	61.86	77.32	5.15	—	257.73
抚顺市	—	0.98	4.40	3.91	7.33	15.15	16.61	0.98	—	49.36
本溪市	1.13	1.13	1.69	3.94	2.25	14.09	28.73	3.38	—	56.34
丹东市	—	—	—	—	7.20	31.48	51.27	—	—	89.95
锦州市	—	—	—	0.79	6.88	9.44	2.56	—	—	19.67
营口市	—	—	9.37	9.37	78.04	84.29	6.24	—	—	187.31
阜新市	—	—	—	59.99	59.99	16.36	—	—	—	136.34
辽阳市	—	—	—	11.14	74.26	76.12	20.42	1.86	1.86	185.66
盘锦市	—	—	20.47	84.44	127.94	25.59	—	—	—	258.44
铁岭市	—	—	—	1.28	20.50	18.79	1.71	—	—	42.28
朝阳市	—	—	6.53	10.89	15.24	33.76	40.29	3.27	—	109.98
葫芦岛市	—	—	—	6.45	25.78	30.30	1.93	—	—	64.46
总计	1.13	2.11	42.46	160.56	511.56	611.03	386.82	69.02	1.86	1786.55

第6章 辽宁省废弃工矿用地复垦优化

6.1 废弃工矿用地再利用优化配置思路

废弃工矿用地作为一种特殊土地类型，再利用的关键是建立合理的土地用地结构，但是一直以来都没有达到很好的效果，一方面是因为损毁的工矿周边生态环境脆弱，治理任务艰巨；另一方面是因为没有科学的规划方案，导致对复垦的土地利用方向具有盲目性。因此，在废弃工矿用地再利用的过程中必须注重土地利用结构的变化和优化，以实现各类复垦土地的合理配置和产出效益的提高。

6.2 废弃工矿用地再利用结构优化模型

废弃工矿用地再利用结构优化模型包括目标函数和约束条件两部分，目的是寻求给定约束条件下的多目标最优途径。把定量模型与定性分析辩证地结合才是解决土地利用结构优化的最佳途径。

6.2.1 生态足迹模型

1. 模型概念

人类社会经济的飞速发展及对物质需求的不断增长，消耗了大量资源，也破坏了生物的多样性。当人类对自然资源的消耗大于自然资源获得的速度时，必定会对未来的发展产生影响，而人类要想在地球上持续地生存下去，必须要有足够的土地及有生产力的自然资源，也就是说，人类社会要取得发展的可持续性，就必须维持自己的自然资产存量，其也必须生存于生态系统的承载力范围之内。生态足迹正是基于这种情况被提出来的，用以计算人类社会的发展对生态造成的压力以及生态现有的承载力。

2. 模型内涵

生态足迹分析法的思路是人类要维持生存必须消费的原始物质与能量的生态生产性土地面积。生态足迹分析包含生态足迹需求和生态足迹供给，生态足迹需求也称生态足迹，是指在一定的技术条件下，维持某一物质消费水平下的某一人口持续生存所需要的生态生产性土地面积；生态足迹供给是指自然所能提供的为人类所利用的生态生产性土地面积。

3. 模型计算

人类要维持一定的生活水平必须要消费各种资源，而被消费的资源中最根本的资源是生物性物质和能源物质。土地为人类提供资源与各种服务，是支撑人类社会发展的最根本资源，人类消耗的所有生物性物质和能源物质几乎都来源于土地，而社会代谢产生的所有废弃物也几乎都是由土地或生长在其上的生物来容纳、降解或吸收。可以说人类的每一项物质消费都可以估算出给定该消费量所需要的土地面积。

根据废弃工矿用地适宜性评价的结果，本研究将生态足迹计算所需的生态生产性土地分为耕地、林地、建筑用地三类。

1）生态足迹（需求）计算模型

生态足迹是指生产已知人口所消费的所有资源及消纳这些人口产生的废弃物所需要的生态生产性土地总面积，其计算公式为

$$EF = N \times ef = N \times \sum_{i=1}^{n} \left(\frac{r_i c_i}{p_i} \right) \qquad (6\text{-}1)$$

式中，EF 为总的生态足迹；N 为人口数；ef 为人均生态足迹；c_i 为第 i 种消费品的人均消费量；p_i 为第 i 种消费品的平均生产能力；i 为消费品和投入的类型；r_i 为均衡因子。

在生态足迹分析方法中，各种资源被折算成耕地、林地和建筑用地 3 种生态生产性用地，而这 3 种生态生产性用地面积的生态生产力不同，需要将这些具有不同生态生产力的生态生产面积转化为具有相同生态生产力的面积，以使这 3 种不同类型土地的生态足迹计算结果可以比较和汇总。因此，需要在每类生态生产性土地面积前乘以一个均衡因子，以将其转化成统一的、可进行比较的生态生产性土地面积。该均衡因子是在比较不同类型生态生产性土地的生物产量的基础上得到的，其计算方法为：某类生态生产性土地的均衡因子 r_i = 全球该类生态生产性土地的平均生产力/全球所有各类生态生产性土地的平均生产力。目前采用较多的均衡因子是 William 和 Wackernagel 提出来的森林为 1.1，耕地和建设用地为 2.8。

2）生态足迹供给计算模型

生态足迹供给（生态承载力）是指区域能提供的各种生态生产性的土地面积的总和。但是，不同国家或地区间同一类型的土地生态生产性面积的生产力存在很大差异，不能直接进行对比，因此需要对不同类型的面积进行调整。不同国家

或地区的某类生态生产性面积所代表的局地产量与世界平均产量的差异可用产量因子表示。某个国家或地区某类土地的产量因子是其平均生产力与世界同类土地的平均生产力的比率，将现有的各种土地生产性面积乘以相应的均衡因子和当地的产量因子，便可以得到具有世界平均产量的世界平均生态承载力。

$$EC = N \times ec = N \times \sum_{j=1}^{3} a_j r_j y_j \tag{6-2}$$

式中，EC 为区域总的生态供给；N 为人口数；ec 为人均生态供给；a_j 为人均生态生产性面积；r_j 为均衡因子；y_j 为产量因子；j 为生态生产性土地类型。

6.2.2　多目标规划模型

1. 生态目标函数

$$\max(EC) = N \times \sum_{i=1}^{3} a_j r_j y_j \tag{6-3}$$

式中，EC 为区域总的生态供给；N 为人口数；a_j 为人均生态生产性面积；r_j 为均衡因子；y_j 为产量因子；j 为生态生产性土地类型。

2. 经济目标函数

$$B(X) = \sum_{i=1}^{n} (K_I \times X_i) \tag{6-4}$$

式中，K_I 为常数，代表各类用地的效益系数，表示每公顷用地所能产生的价值，元；X_i 表示各类用地面积，hm^2。

3. 约束条件

约束条件是实现目标函数的限制因素，矿业废弃地再利用结构优化时常见的约束条件主要如下。

（1）需求约束：各类用地面积的需求量约束。

（2）适应性约束：废弃地再利用方向的面积不能超过适宜于该方向的面积。

（3）比例约束：生态复垦利用时，某些废弃地再利用方向的用地面积应符合一定的比例。

（4）政策约束：各类再利用废弃工矿用地应符合国家或地方的法规要求。

（5）非负约束。

6.3　辽宁省废弃工矿用地再利用土地利用空间优化配置

6.3.1　目标函数及约束条件的建立

1. 目标函数的建立

根据辽宁省废弃工矿用地的土地利用现状和适宜性评价结果，选取耕地 X_1、林地 X_2、建筑用地 X_3 三个决策变量，生态目标和经济目标两个目标函数建立废弃工矿用地再利用结果优化目标规划模型。

生态目标函数为

$$\max Z_1 = 2.8 \times 1.66(X_1 + X_3) + 1.1 \times 0.91 X_2 \tag{6-5}$$

经济目标函数为

$$\max Z_2 = 12\,455 X_1 + 4\,500 X_2 + 16\,500 X_3 \tag{6-6}$$

2. 约束条件的建立

约束条件是实现目标函数的限制因素。

1）土地面积约束

废弃工矿用地再利用土地利用类型的面积应不大于废弃地总面积。

2）生态约束

矿业废弃地再利用的生态承载力应不小于研究区现有生态承载力，不大于研究区现有生态足迹。

3）土地适宜性约束

根据适宜性评价的结果，耕地的面积不得多于适宜性评价结果的数值。

6.3.2　结果与讨论

通过 6.3.1 节中的目标函数公式得出：随着耕地面积和林地面积的增加，辽宁省各市的生态水平和经济水平都会有不同程度的提升，但想达到生态目标和经济目标最大，那么在目标函数的计算公式中，用地面积一定的情况下，耕地和建筑用地的面积越大，则目标函数值越大。所以在废弃工矿用地适宜性评价结果的约束下，复垦为耕地与建筑用地（道路）的面积越大，则生态目标函数值与经济目标函数值越大。由此得到辽宁省各地级市的废弃工矿用地优化配置方案表（6-1）。例如，沈阳市可复垦耕地 9.15 hm²、可复垦林地 74.73 hm²、可复垦道路 1.10 hm²；大连市可复垦耕地 82.69 hm²、可复垦林地 366.74 hm²、可复垦道路 1.12 hm²；鞍山市可复垦耕地 106.87 hm²、可复垦林地 122.54 hm²、可复垦道路 1.21 hm²；抚顺市可复垦耕地 12.63 hm²、可复垦林地 56.01 hm²、可复垦道路 1.70 hm²；本溪市可复垦耕地 14.56 hm²、可复垦林地 64.60 hm²、可复垦道路 1.02 hm²；丹东市可复垦耕地 37.30 hm²、可复垦林地 42.76 hm²、可复垦道路 1.25 hm²。

表 6-1　辽宁省各地级市优化配置方案　　　　（单位：hm²）

行政区	可复垦耕地面积	可复垦林地面积	可复垦道路面积
沈阳市	9.15	74.73	1.10
大连市	82.69	366.74	1.12
鞍山市	106.87	122.54	1.21
抚顺市	12.63	56.01	1.70
本溪市	14.56	64.60	1.02
丹东市	37.30	42.76	1.25
锦州市	19.67	160.68	1.37
营口市	187.23	214.66	1.56
阜新市	14.61	119.35	1.45
辽阳市	19.90	88.26	1.29
盘锦市	255.87	0	0
铁岭市	11.04	90.17	1.50
朝阳市	28.16	229.90	1.07
葫芦岛市	16.66	136.09	1.67
总计	816.34	1766.49	17.31

6.4　推进辽宁省废弃工矿用地复垦再利用政策建议

1. 出台"辽宁省历史遗留废弃工矿用地复垦利用试点管理办法"

鉴于辽宁省废弃工矿用地的面积为 3565.39 hm²，占全省采矿用地的 2.1%，复垦潜力较大。建议以国土资源部出台的《历史遗留工矿废弃地复垦利用试点管理办法》为依据，遵循"生态优先、合理利用；科学规划、规范运行；保护耕地、节约用地；统筹推进、形成合力"的原则，出台"辽宁省历史遗留废弃工矿用地复垦利用试点管理办法"，明确县（市、区）废弃工矿用地复垦利用专项规划编制要求和内容体系；明确复垦再利用指标纳入土地利用年度计划具体要求；明确废弃工矿用地复垦利用资金来源与配比；确定复垦耕地质量评定程序与办法。

2. 加强废弃工矿用地再利用复垦过程监管，确保耕地质量有提高

采取综合措施提高耕地质量，以增加有效耕地面积原则。项目规划阶段，不能复垦为耕地的坚决不做耕地规划设计。项目实施阶段，强化研究区现场管理，及时召集施工、工程监理等单位协调解决施工进度、工程质量、资金使用和项目规划设计中出现的问题；鼓励运用多种措施实施土地复垦，全面改善土壤质量与生态环境。项目复垦完成后，各单位同有关部门组成验收组对研究区实施情况进行初步验收，重点核查复垦后的新增耕地面积是否与批准的复垦方案相符，各类工程建设是否达到设计要求。对验收不合格的，责令整改完善，直至符合要求。项目竣工验收后，各市、县人民政府安排适当资金，加强项目复垦利用后期管护，各市、县自然资源部门将会同农业农村等相关部门组成督查组对复垦土地的各项质量指标进行跟踪监测，以强化后期评价力度，保证复垦土地发挥应有效益。

3. 加强相关部门协调配合，严格监管和考核

废弃工矿用地再利用复垦工程规模大、耗时长、效益广，也往往涉及多部门利益，在复垦项目立项和施工阶段，均需要有农业、水利、交通、环境保护等相关部门的参与。过去实施县（市、区）投资复垦项目时，常缺乏相关部门的可研意见与实地论证，各相关部门参与的积极性不高，项目实施可能会出现与相关规划相冲突的情况，也难以实现国民经济效益的最大化。因此，应当实时将项目审批、复垦建新、指标使用、收益分配、资金安排、权属调整、验收考核等情况土图入库，纳入自然资源部门监管平台，真正实现对项目实施进行动态监管全面监护的目的。

6.5　本　章　小　结

本章采用多目标规划法从生态效益和经济效益两方面构建废弃工矿用地再利用结构优化模型，并将 GIS 与遗传算法有机集成，通过编程实现对多目标模型的求解运算，得到废弃工矿用地未来各种利用类型适宜度最高的优化方案及布局，然后在综合考虑各项相关政策的前提下，根据不同的需求选取满足需求的最优方案和布局，以实现数量结构优化和空间结构优化的统一。

虽然废弃工矿再利用使耕地和林地面积增加时，辽宁省各地级市的生态水平和经济水平都会有不同程度的提升。通过目标函数测算，辽宁省废弃工矿用地再利用优化如果想达到生态目标和经济目标最大，在废弃工矿用地面积不变的前提下，而需要以耕地和建筑用地优化利用方向为主。

为了保证辽宁省县（市、区）废弃工矿用地优化配置方案得以落实，本章提出了出台"辽宁省历史遗留废弃工矿用地复垦利用试点管理办法"；加强废弃工矿用地再利用复垦过程监管，确保耕地质量有提高；加强相关部门协调配合，严格监管和考核等政策保障措施。

第三部分 应 用 探 索

第7章 辽西半干旱区铁矿采坑复垦工艺构建

7.1 矿区采坑复垦技术分析

7.1.1 矿区采坑复垦技术体系

为了准确统计和总结国内外对露天采坑研究现状，作者将露天采坑复垦通过复垦技术和复垦利用方式进行排列组合方法总结。其中，复垦技术包括充填复垦和非充填复垦；复垦利用方向包括农业用地、建设用地和生态用地，两两组合划分为6种类型，即采坑非充填复垦为农业用地、采坑非充填复垦为建设用地、采坑非充填复垦为生态用地、采坑充填复垦为农业用地、采坑充填复垦为建设用地和采坑充填复垦为生态用地。其关系如图7-1所示。

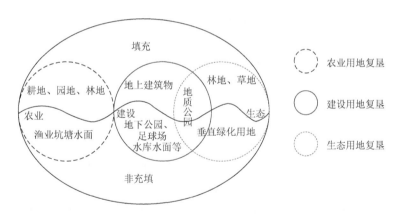

图 7-1 露天采坑土地利用方式与土地复垦技术关系

非充填形式复垦方向包含农业用地、建设用地和生态用地。复垦为农业用地以鱼塘为主，如芬兰阿巴拉契亚地区采坑渔业养殖基地（Fiori et al.，2004）、美国鲑鱼（Axler et al.，1998）与麻哈鱼养殖场，我国鞍山市齐大山铁矿采坑渔业养殖基地（辛馨等，2008）。复垦为建设用地，主要包括商业服务设施用地、公用设施用地和绿地与广场用地；复垦为公共管理与公共服务用地，如芬兰钼矿文化场、葡萄牙布拉加市体育球场、美国西部内华达州水陆空景观教育基地（Anonymous，2009）、德国海尔布隆市露天砖瓦厂公园（李学伟，2008），我国湖北黄石矿山地质公园、蚌埠白石山采坑寺庙（刘江黎和吴兵，2014）；复垦为绿地与广场用地，如法国伯特肖蒙公园（Macaskie et al.，1987）、加拿大布查特低洼花园，我国唐山南湖公园（袁哲路，2013）、上海辰山植物园、绍兴柯岩风景区、山东日照银河公园等；复垦为公用设施用地，如俄罗斯伏尔加河采坑存肉冷库、日本宇都宫市的水果仓库。Anonymous（2009）提出利用采坑储存水源，不仅可缓解水源短缺问题，还可以为当地经济做出巨大的贡献，如我国抚顺市西露天矿坑储水池（张杰，2003）。此外潘树华等（2008）提出利用采空区作为军事储存、科研、指挥掩护用地；复垦为生态用地，如英国将采石场作为野生动物避难所（Swab，2017）。

国内外采坑填充复垦技术的复垦方向多数为农业用地，少部分学者根据国情不同选择建设用地和生态用地作为复垦方向，如我国大连将采坑复垦为万众广场、伊朗 Sungun 铜矿采坑充填复垦为生态林（Bangian et al.，2012），牙买加将铝矿山复垦为草地（赵广礼和陆厚华，1990）。

7.1.2　矿区采坑复垦为农业用地技术体系

采坑破坏严重，工程修复是其复垦初期较为快速有效的办法，根据所处地理环境、采矿种类、开采技术及污染程度等因素，国内外研究者主要将采坑充填复垦为农业用地，并逐渐形成了采坑充填、土壤重构与改良、采坑复垦水土保持等一系列技术措施。

1）采坑充填技术方法

目前，应用较为成熟的充填技术主要有：黄土高原地区的煤矿采坑按照自然土壤的基本构型，以岩基层—砾岩层—碎岩层—土层为最佳采坑充填形式（王世云，2014）。马家塔露天坑利用排弃岩石，采用毒废石—大废石—小废石—土层的充填形式（何芳等，2013）。廉杰等（2013）防止充填采坑过程中废岩石破坏坑底，采用黏土层—无毒废岩石层—黏土层充填方法。舒俭民等（1996）对石墨采坑充填采用 1∶2 岩石和尾矿渣—1∶1 尾矿渣风化土混合物—1∶2 尾矿渣与熟土混合物的充填方法。苍峄铁矿采坑回填采用渣石土回填层，块石（粒径大于 5 cm）—渣石土回填层 1 m（粒径小于 5 cm）—表土覆土层层次构型充填方法，对位于斜坡的采坑设计成阶梯状，进行分段回填，接缝处碾迹 0.5～1 m，上下错层大于 1 m（吕文帅，2015）。胡振琪（1997）避免因采坑形成的下凹地长期荒废，提出边采边复的复垦方案，并通过"分层剥离、交错回填"的方法保持重构后的土壤层顺序不变，提高复垦后土地的生产能力。广西藤城镇露天铁矿，同样利用边采边复的思想，在采坑周边筑坝拦截，拦截采矿过程中产生的废水废泥，并堆积至采坑中淤积成田（王永生和郑敏，2002）。

2）土壤重构与改良措施

土壤重构的目的是重新构造适宜植物生长的土壤剖面。大量研究表明，重构后的土壤由于机械压实，与正常耕作土壤相比，会出现土壤容重大、孔隙度小、含水率大、入渗小等问题（李新凤，2014）。王辉等（2007）认为充填物与土壤颗粒大小决定重构后的土壤水分条件，充填物的孔性决定其吸持能力。为探究重构土壤环境，魏忠义和王秋兵（2009）提出重建土壤关键因素：土壤质地＞水分＞养分＞pH。

部分地区土壤重构物料不充足，学者对土壤物料和土层厚度进行研究，胡振琪等（2005）提出矿区的采排工艺决定表土替代物的选择，可降低重构难度及成本。Oladeji 等（2012）以山杨为例，对复垦区域进行水动力研究，认为植物正常的土层厚度最小为 0.5 m。郭友红等（2008）通过田间试验得到，覆土厚度在 0.7 m以内，土壤生产力与覆土厚度成正比，覆土厚度大于 0.7 m 后，覆土厚度与土壤生产力弱相关。

在土壤改良剂研究方面，Maiti 等（2005）提出利用铁尾矿渣与当地矿区土壤按照一定比例混合种植玉米，可提高其产量。陈虎等（2012）认为铁尾矿渣具有载磁性能，含有可促进植物生长的微量元素。马彦卿等（2000）以广西平果铝矿为例确定粉煤灰与底板土的最佳土壤改良比例为 2∶8。在易获得改良剂的研究方面，如城市水道淤泥（Hudak and Cassidy，2004）、石灰、锯木屑改良剂（白中科，2010）、粪肥（陈家栋，2012）等。

3）采坑复垦水土保持方法

采坑挖损导致地下水位下降，现阶段对采坑废弃地水资源保护主要采用集水利用、工程整治和植物固水等措施。

集水利用的实例有：Darmody 和 Marlin（2014）在奥克里克市利用采坑自然地表高程设计沉淀池来净化水体；相关研究者将牙买加铝矿坑回填为盆地式的种植区，用来储存天然雨水（赵广礼和陆厚华，1990）。山东华丰矿将收集到的矿业废水经沉淀、过滤后作为工业用水和农业用水使用（王永生和郑敏，2002）。袁哲路（2013）在唐山南湖公园改造过程中，利用生物和化学技术处理收集到的矿业废水。彭建等（2005）将矿区水源进行多水质分类处理，用于工农业生产。对于水资源不充裕的地区，邢梦罡（2011）提出微灌、人工点灌等节水灌溉措施。白中科等（1998）利用矿区当地黄土直接铺盖工艺、构建多形态水渠来暂时性、过渡性、永久性分时段改善矿区水土流失问题。

采用工程整治的实例有：鄂尔多斯准格尔矿区将露天煤矿作为一个整体，通过在上下游建设大坝 46 座，封闭矿区，解决水土流失问题。密文富和林志红（2012）以迁安市铁矿复垦为例，曹向彬（2015）以龙泉市查田镇铁矿复垦为例，通过拦渣工程、边坡稳定工程、防洪排导工程措施解决矿区水土保持问题。姜明君（2008）

以辽宁省盖州市矿洞沟诚信金矿为研究对象，提出在矿区顶、侧、下三部分建立弃石渣堆蓄水设计方案。

采用植物固水的实例有：蔡剑华和游云龙（1995）研究得出弯叶画眉草具有矿山适应能力，对红壤矿山废弃地水土流失问题起积极作用。李彦明等（2007）在辽宁省本溪县利用刺槐治理矿山迹地的水土流失效果明显。赵方莹和蒋延玲（2010）通过试验得出，灌草植物对地表径流和土壤流失的控制分别为57.65%和93.55%；灌木植物蓄水效应是草本植物的7.4倍。

根据目前国内外研究概述：利用采坑非充填技术复垦方向多为建设用地（包括矿坑地质公园中少量生态用地），非充填技术虽然具有复垦前期不需要大量的回填物料、通过较少的回填成本即可解决采坑造成的生态影响的特征，但后期维护成本较高，采坑复垦后能否产生较好的经济效益还有待验证。利用采坑充填技术复垦，复垦方向多为农业用地，充填技术复垦前期需要大量的回填物料，对物料不充足的地区复垦比较困难，但对有压占废弃物较多的地区，在保障充填物料不能污染环境的条件下，是非常好的选择，而且后期管护成本较低，重塑的土地可以直接利用，对我国农村偏僻地区的采坑，农业用地是较好的复垦利用方向。

根据采坑充填复垦为农用地研究得出，现阶段对露天采坑复垦研究分为两个极端：一种是多数以整个矿区进行规划，过于宏观笼统，对采坑复垦关键技术的研究相对较少；另一种虽然技术介绍较为细致但复垦方向分散，如采坑充填单一完成地貌重塑，土壤改良研究仅为当地土质进行改良，未对水土保持做过多设计，没有形成统一完善的复垦技术模式，在区域性土地复垦实际应用方面指导性不强。

采坑充填体系虽基本形成，但适宜辽西半干旱区的铁矿采坑复垦措施及关键技术的研究目前尚处于空白阶段，还没有形成一种成熟的采坑复垦模式，因此本书拟对辽西采矿复垦关键技术进行研究，以丰富我国北方相同自然条件地区采坑复垦方案及复垦关键技术体系。

7.2　辽西地区概况

7.2.1　自然条件

1）地形地貌

辽西地区为典型的丘陵区，海拔为400～1200 m，地势为西北高、东南低，大地构造以华北板块为主，少部分地区位于天山—兴蒙造山带板块。以大凌河为界限，大凌河以南河流阶地发育，地势较低，多为堆积地形；大凌河以北受气候影响多为冲沟发育，地貌类似鸡爪形状（尹洪涛，2006；张璟，2012；李明卓，2016）。采坑出露地层主要为太古界建平群小塔子沟组，为东北走向的片麻结构，主要岩性为黑云斜长角闪片麻岩与磁铁石英岩，还包括暗色片麻岩类、暗色角闪石岩、变粒岩类；南部属于侏罗系地层，包含九佛堂组、义县组；北侧属于大红峪组，主要为石英砂岩加条带灰岩。区域构造具有多层次的特点，根据产出构造将断裂方向分为中断层、正断层、平移断层。

2）气候

辽西地区地处北半球中纬带，属于温带季风气候区，每年 9 月至翌年 6 月受西风环流影响，西北冷空气阻挡向南的暖空气，不利于降雨形成，直至夏季西风环流北移，降雨迅速增多。此时，辽西副热带高压，阻挡冷热空气交替，旱情加剧，悬殊坡降比导致西北锋面辐散的锋削现象很难形成降雨。辽西年均降水量由南至北依次减少，其中锦州、葫芦岛及周边因靠近海岸线，降水量相对较多，为 500～650 mm，其次为阜新 350～500 mm，朝阳及周边地区降雨较少，仅为 300～450 mm。辽西 4 市中，朝阳市平均气温较高为 11.6℃，阜新、葫芦岛、锦州的平均气温为 7.8～9.2℃，年太阳总辐射为 174.87 MJ/m²，年日照数为 2300～3240 h，年均蒸发量为 1600～1800 mm，降水量少于蒸发量，地表径流或露天水库难以存水，农作物生长季干旱缺水，属于半干旱区，半干旱区面积约为 2 万 km²（于涵，2011）。

3）水文

辽宁省境内河流较多，包括大凌河、小凌河、部分辽河及沿海多河。最大河流为大凌河，全长为 398 km，流域面积为 2.35 万 km²，主干河流包括牤牛河、顾洞河、凉水河、细河、清河等，河流由凌源起，流经朝阳、阜新、锦州地区最终汇入渤海。其次为小凌河，全长为 206 km，流域面积为 5153 km²，发源于朝阳县，流经朝阳市、锦州，自西北向东南，最后注入渤海，主要支流有百股河、女儿河、良图沟河等。辽河水系包括饶阳河、柳河、秀水河等流经阜新，辽西渤海多河流包含六股河、兴城河、石河等，其中六股河全长 153 km，流域面积为 3080 km²，属于较大河流，其余流域面积均小于 1000 km²。

研究区采坑周边区域内无常年性河流及泉水、无富水层，其孔隙与裂隙含水量较少，大气降水是研究区的主要水源。采坑位于坡地区，大气降水主要通过地表径流排泄，只有极少部分补充至地下水，地下水补水条件较差。

4）土壤

辽西地区的土壤为棕壤与褐土交错，主要分为三部分。努鲁儿虎山和松新西部低山丘陵区，由石灰岩、页岩和黄土作为成土母质，海拔由高到低土质依次为棕壤性土、褐土性土、石灰性土、潮褐土和潮土。医巫闾山和松新东部丘陵区，以结晶岩及黄土作为成土母质，海拔由高至低依次为棕壤、棕壤性土、潮棕土和潮土。阜新、北票等山间盆地区，土壤随地貌类型呈盆形分布，由盆地中心向外依次为沼泽土、潮土、潮褐土、褐土或石灰性褐土。

5）矿产资源

辽西矿产资源丰富，埋藏条件好，成分均一，各类矿产共 50 余种，占全国已发现有益矿产种类的 45%，占全省的 61%。辽西 4 市煤矿保有储量为 2.2×10^5 t，约占全省的 32%；铁矿保有储量为 2.4 万 t，约占全省的 1.9%；金矿保有储量为 3.8×10^7 t，约占全省的 40%；钼矿保有储量为 3.4×10^5 t，约占全省的 98%。辽西地区中小型矿区有上百余处，但部分地区矿产资源开发濒临枯竭。

6）水土流失

辽西地区水土流失严重，土壤侵蚀面积约为 2.09 万 km²，占全省总侵蚀的 49.4%，其中，朝阳市侵蚀面积最大，为 9.46×10^3 km²。水土流失问题导致生态环境退化，严重制约了当地的经济发展。如图 7-2、图 7-3 所示，辽西丘陵区山顶、脊部缺乏植被保护，侵蚀严重，土壤及水分受重力、径流、风力等搬运作用流失至海拔较低的地方。每年 3～6 月，季风、干旱、农忙叠加导致土壤风蚀；每年 6～9 月雨季降雨引起水蚀，人类活动扰动土壤及水分，废弃土地无人恢复，导致水土流失。

图 7-2　辽西地区地貌特征　　　　　图 7-3　辽西地区水土流失情况

7.2.2　社会经济条件

根据《辽宁统计年鉴 2016》可知，截至 2015 年，辽西地区所辖 4 市共 570 个乡镇，占全省乡镇总数的 36%，土地面积为 50 514 km²，人口为 1113.03 万人，地区生产总值为 3427.77 亿元，农林牧渔生产总值共计 1352.48 万元，其中农业总产值为 545.13 万元。4 市具体社会经济指标见表 7-1。

表 7-1　2015 年辽西地区社会经济情况

城市	年末户籍人口/万人	行政区域土地面积/km²	地区生产总值/亿元	农林牧渔生产总值/万元	农业总产值/万元
锦州市	302.56	10 047	1 327.33	447.85	172.67
阜新市	189.47	10 355	525.54	240.14	80.68
朝阳市	340.9	19 698	854.73	461.07	223.03
葫芦岛市	280.1	10 414	720.17	203.42	68.75
合计	1 113.03	50 514	3 427.77	1 352.48	545.13

　　根据《辽宁统计年鉴 2016》可知 2015 年辽西地区主要农作物情况，如表 7-2 所示，辽西 4 市农作物播种总面积为 16 837.00 km²，其中粮食作物播种面积为 12 529.00 km²，玉米播种面积为 10 870.00 km²，占辽西总播种面积的 86.76%，可见玉米是辽西的主要作物。单位面积玉米产量平均为 4951.00 kg/hm²，占全省平均产量的 85.26%，说明辽西玉米产量一般，低于全省平均值。

表 7-2　2015 年辽西地区主要农作物情况

城市	农作物总播种面积/km²	粮食作物播种面积/km²	玉米播种面积/km²	玉米播种面积占辽西总面积比例/%	单位面积玉米产量/(kg/hm²)	单位面积玉米产量占全省比例/%
锦州市	4 609.00	3 672.00	3 217.00	87.61	5 515.00	94.97
阜新市	4 784.00	3 140.00	2 851.00	90.80	4 648.00	80.04
朝阳市	4 932.00	3 776.00	3 125.00	82.76	5 665.00	97.55
葫芦岛市	2 512.00	1 941.00	1 677.00	86.40	3 976.00	68.47
辽西合计	16 837.00	12 529.00	10 870.00	86.76	4 951.00	85.26
全省	42 198.00	32 974.00	24 168.00	73.29	5 807.00	100.00

　　研究区采坑位于辽宁省建平县，根据《辽宁统计年鉴 2016》可知，2015 年研究区面积为 4868 km²，常住人口为 58.8 万人，城市化率较低，仅为 22.35%，以农业生产为主。2015 年，建平县生产总值为 167.05 亿元，第一产业增加值为 47.65 亿元，第二产业增加值为 58.18 亿元，其中采矿业为 49.43 亿元，第三产业增加值为 61.20 亿元，工业并不发达，以小型采矿业为主。

7.3　研究目标与研究方法

7.3.1　研究目标与内容

　　在综合分析国内外采坑复垦技术体系的基础上，调查研究区采坑现状，分析采坑复垦条件，依据采坑复垦相关条例及技术规程，提出适宜的采坑复垦技术方案和关键技术。以建平县松新矿区矿坑为例，结合该采坑露天采复工艺流程、铁矿选矿尾矿的土壤改良研究成果、土地复垦相关规划设计标准、雨水集蓄理论及设计规程等相关内容，提出并试验采坑充填技术、采坑表层土壤重构技术、采坑雨水集蓄技术，为辽西地区及相似地区铁矿采坑土地复垦提供理论与实例依据。

7.3.2　松新铁矿采坑概况

辽西地区（118.84°～122.97°E，35.99°～42.84°N）是指位于辽宁省辽河以西与内蒙古和河北接壤的辽宁西部地区，主要包括朝阳、阜新、锦州和葫芦岛 4 市，区域面积为 5.003 万 km²。本书选取辽西地区的松新铁矿采坑为研究区域，位于辽宁省朝阳市建平县小塘镇松新铁矿北山采区，采坑中心坐标为 119°33′30″E，41°44′30″N。

采坑总面积为 21.07 hm²，周长为 2344.00 m，形状类似椭圆形，如表 7-3、图 7-4 所示，垂直深度为 97.00 m，平均深度为 59.00 m，最长边为 1042.59 m，最宽边为 254.82 m，坑底高程为 610.50 m，周长为 1770.39 m，面积为 5.82 hm²。开采时间为 2003～2013 年，如今废弃地立地条件差，缺少植被生长所需的条件。

图 7-4　研究区矿坑全貌

表 7-3　松新铁矿采坑土地挖损时空顺序

时间	挖损方向	地表挖损宽度/m	挖损推进距离/m
2003～2013 年	N→S	254.82	1042.59

根据采坑所在地自然资源部门提供的建平县小塘镇土地利用现状图，以《土

地利用现状分类》为标准，确定研究区为采矿用地。建平盛德日新矿业有限公司松新铁矿划定矿区用地面积为 39.73 hm²，土地属于建平县小塘镇新城村集体所有，权属清晰，无争议，土地废弃单元类型划分结果见表 7-4。

表 7-4 土地废弃单元类型划分结果表 （单位：hm²）

评价单元	破坏土地面积	按土地破坏类型统计			按破坏前的利用现状统计
		挖损	压占	占用	旱地
露天采坑	21.07	21.07	—	—	21.07
露天采坑外	18.66	—	—	18.66	18.66
合计	39.73	21.07	—	18.66	39.73

7.3.3 研究方法和技术路线

1. 研究方法

1）文献研究法

欧美发达国家较早展开矿山开采及露天矿的土地复垦工作，我国学者对露天矿土地复垦也有较多的研究。通过对相关文献的搜集，整理并归纳总结国内外露天采坑复垦措施，以建立对我国现有露天采坑土地复垦的基本认识，进一步了解我国半干旱区铁矿露天采坑土地修复的问题，为本书研究提供文献支持。本书中采坑充填技术、土壤重构研究、采坑雨水集蓄技术基本理论与前人的研究成果密不可分。

2）实地调查法

通过实地调查研究区铁矿开采方式、采坑破坏程度、分析复垦条件等采坑情况，以全方位地掌握矿区的各种信息，便于对研究区资料进行统计汇总，为采坑技术措施及设计提供基础数据。

3）经验总结法

下凹采坑破坏面积大，采坑充填复垦技术困难，本研究调查分析了研究区采坑复垦能力，并将现阶段采坑复垦活动中的具体数据进行总结分析，结合现有采坑经验进行总结，提出实际可行的采坑充填复垦措施。

4）模型分析法

本书在土壤重构措施研究中，基于土壤退化相对退化距离、综合退化指数模型，结合研究区土壤重构限制性因子，建立相对优选距离（YXR）、综合优选指数（ZYX）模型，优选最佳土壤重构措施。

2. 技术路线

（1）总结国内外采坑研究方案、调查研究区采坑现状、收集采坑复垦相关条例及技术规程分析采坑复垦条件，为形成辽西露天采坑土地复垦方案提供参考。

（2）以松岭采坑为例，提出适宜的采坑复垦技术方案，并将采坑复垦分为采坑充填、土壤重构、雨水集蓄三方面进行分析论述。

（3）采坑充填以确定采坑地层特征及开采工艺为基础，通过计算采坑总容积、确定采坑充填方案，从而计算填充物料孔隙空间。

（4）土壤重构关键技术以明确旱地适生构型及研究区土壤现状为基础，结合土壤改良研究成果，建立相对优选距离（YXR）和综合优选指数（ZYX）的评价方法，优选出最佳土壤重构措施，并进行复垦耕地的梯田工程设计。

（5）采坑雨水集蓄技术（图 7-5）包含采坑蓄水可行性分析、采坑雨水集蓄分析与计算、采坑雨水集蓄工程、采坑提水工程设计四方面内容。

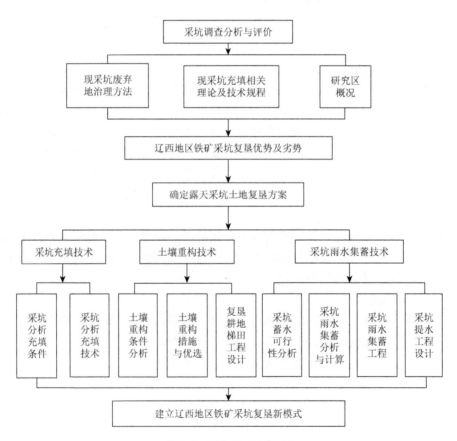

图 7-5　研究技术路线图

7.4　铁矿采坑复垦工艺体系构建

7.4.1　铁矿采坑复垦条件分析

根据数据统计，辽西地区年均降水量为 450～600 mm，年均蒸发量为 1600～1800 mm，农作物生长季干旱缺水，不利于其生长，尤其是露天开采导致开采地区及邻近地区地下水流失，易形成宽广的漏斗区，所以如何进行土地保水是复垦为农业用地需要解决的关键问题之一。我国针对矿山复垦水源工艺，以往多采用传统的采坑修建方塘储水、引周边地表水、打机井取地下水等方式作为矿山复垦后耕地灌溉水源，但辽西地区光热资源充足，降水量小于蒸发量，降雨产生地表径流的水源或露天水库存留量很少，很难保证复垦用水。黄毅等（2006）提出辽西地区在农业播种或生长前期降水量较少，达不到其生长水平，而在生长中后期（9 月）降水量充足，因此推证出辽西农作物难以存活的表层原因是气候干旱，深层原因是降雨不均，降水资源无法合理利用。辽西土层较厚，但土壤耕层厚度平均值仅为 15.17 cm，低于全国土壤耕层的平均水平（白伟等，2011）。根据土壤养分分级，辽西地区土壤速效磷、速效钾、有机质、速效氮的平均值，分别处于 3 等、4 等、5 等、6 等（李真等，2013），并且土壤板结、养分含量比较少，多数地块属于瘠薄状态。露天采坑是一种大规模改变环境的生产活动，挖损面积广，易形成百米深坑，开采方式粗放，回填难度大。

采坑充填复垦拟解决主要问题：①研究区是否有足够的填料、土壤回填采坑；②采坑回填土壤物料因剥离、运输、存放等扰动使得土壤耕性受到影响，需要考虑如何才能最大程度恢复土壤生产力；③在辽西半干旱区本身缺水的情况下，对采坑进行复垦后，如何使复垦后的农田具备适宜农作物生长的条件。

通过实地调查及与当地矿产企业沟通，辽西铁矿废石的剥离量大于矿石的采掘量，因此充填物料充足，如不充填采坑，会导致土地压占问题。辽西地区土壤体积质量平均值为 1.32～1.33 g/cm^3，高出正常值 2.31%～20.09%（杨居荣等，1995；白伟等，2011）。本书研究区域多处土地厚度约为 1 m，矿业填料和客土资源较多，为实现采坑填充复垦提供了优势条件。与此同时辽西地区降水量不均，采坑多位于坡地，地表覆盖物少，大气降水主要通过地表径流排泄，具备较好的集雨条件。

7.4.2　采坑复垦工艺体系

1. 采坑复垦工艺框架构建

辽西铁矿具有采坑下凹地貌的优势和山丘裸坡地地势，在降雨时期易产生地表径流的特点，本书拟在雨季，将地表径流产生的多余水资源引入采坑下部蓄水空间，以便作为农业灌溉水源。在复垦时，如果单纯地修建地下水库，复垦造价较高，为节约成本，拟在排弃岩石充填重塑地貌的同时，利用露天采坑底部无裂隙槽状形态与允填废矿石孔隙构造类地下含水层或地下水库。对于个别深达 100 m 的采坑，开采过程中一般需要水泵排水方能保证采矿作业，如果刚刚闭坑，采坑内有地下水和地表水蓄积，因此利用坡地沉降收集雨水的同时，个别采坑周边地下水也可侧向补给到采坑底部废矿石间隙，最终形成矿山复垦的露天采坑底部储蓄水源。以此作为适宜辽西地区铁矿采坑复垦思路，主要包括采坑充填技术（表 7-5）、土壤重构技术、采坑雨水集蓄技术三方面关键技术。

表 7-5　露天采坑充填技术一般步骤

示意图	充填步骤
	将露天矿剥离岩石层，通过汽车、火车、皮带运输机等设备运输至采坑，充填采坑至设计高程，机械压实平整处理
	覆土平整后，作为农业用地

2. 采坑复垦工艺体系关键技术构建

1）采坑充填技术

采坑充填的目的既是对破损的地表修复，又需要利用采坑充填物料孔隙蓄水，因此充填物的填充顺序是决定其沉降稳定性的主要因素。刘志祥和周士霖（2012）对煤矸石填充物料粒级研究得出充填体中小粒径矸石较多时，前期沉降速度较快，总沉降幅度最小，当与水接触后，小粒径充填体稳定性低于大粒径岩石稳定性。郑树衡（2014）通过试验验证充填岩块尺度越小，强度越高；粒径分布越不均匀，强度越小，反之越大。因此，本研究拟将附近新开铁矿采、挖、排、弃岩石按地层顺序进行采坑充填，充填完毕后表层铺碎石，之后进行土壤构造与造地工程。

2）土壤重构技术

辽西地区蒸发量大于降水量，气候干旱导致土壤紧实度较高，土壤保水能力差且养分贫瘠，因此采坑充填后，需在地表进行土壤重构，结合研究区现有农业土壤耕性劣势，设计土壤改良措施。土壤重构技术可从表土替代物、充填层次和覆土厚度三方面来决定土壤容重、含水量、养分及污染问题。构造土壤剖面层次不科学，如耕作层土壤与下层生土回填层次颠倒、混合，会导致土壤肥力降低。土壤重构的充填物料除了土壤及土壤母质外，还可采用粉煤灰、矸石、矿渣、淤泥、各类岩石等矿山废弃物或其混合物（胡振琪等，2005）。关天宇等（2008）认为覆土层与充填层的土壤孔隙决定其保水性能，并证实覆土层孔隙小于充填层时，覆土层的保水性能显著增强。土壤构造技术应结合辽西土壤肥力瘠薄劣势，将尾矿作为改良剂，结合杨萌（2016）尝试的对研究区施加尾矿分析土壤理化性质结果，优化土壤重构措施，进行梯田造地工程设计，必要地区修建梯田。

3）采坑雨水集蓄技术

水因重力势能易汇集于低洼地区，因此本研究拟在采坑易产生地表径流边缘设置一定范围不充填，作为地表径流水的暂储沉淀坑，利用自然土坡使雨水产生的重力势能，设置截排沟将地表径流汇集于坑中。暂储沉淀坑内设置由碎石构成的过滤层，暂储沉淀坑中汇集的地表径流经沉降和过滤层过滤后，侧向渗入露天采坑内部以作为灌溉用水的储蓄水源。

营造类地下含水层或地下水库方法有两种。

第一种为半充填半空虚状态，只设计部分地下防渗封闭空间作为地下水库，其余完全充填；考虑到所需复垦采坑的体积一般巨大，地下封闭空间作为蓄水水库实施工程复杂，造价高，若充填物不存在污染，则可以考虑实施。

第二种为完全充填状态，利用所有空间较大体积充填物料间隙作为蓄水空间。完全充填后，利用采坑底部无缝槽与废矿石间隙蓄水，这样既可容纳多余充填物料，降低实施难度，又经济可行。

现行土地整治工作多数是根据作物生产需要，寻找水源，进行打井灌溉的。为使系统更加完善，在采坑充填工程中，设计寻找采坑出水口，在充填废弃矿石的同时，预埋多段铸铁井管，延伸至坑底，并涂防氧化层。多段铸铁井管由坑底部至地表依次为沉淀管、滤水管和井壁管，滤水管长度为构造类地下含水层厚度，滤水管的管壁上布设滤水孔，铸铁井管内设置进水管，进水管下端连接潜水泵，通过潜水泵将水抽至地表，用于复垦后农业灌溉。此种方式既解决了寻找水源的问题，又降低了造井费用。若使采坑达到可利用的活动状态，除进行以上措施外，还应完善不同采坑需要，并采取相应整治措施，使其达到复垦质量要求。辽西半干旱区采坑复垦步骤见表7-6。

表 7-6　基于辽西半干旱区采坑复垦方案示意步骤

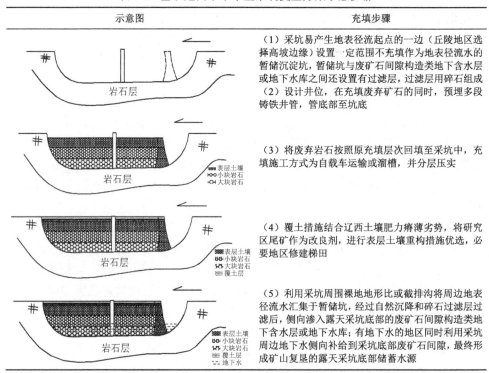

示意图	充填步骤
	（1）采坑易产生地表径流起点的一边（丘陵地区选择高坡边缘）设置一定范围不充填作为地表径流水的暂储沉淀坑，暂储坑与废矿石间隙构造类地下含水层或地下水库之间还设置有过滤层，过滤层用碎石组成 （2）设计井位，在充填废弃矿石的同时，预埋多段铸铁井管，管底部至坑底
	（3）将废弃岩石按照原充填层次回填至采坑中，充填施工方式为自载车运输或溜槽，并分层压实
	（4）覆土措施结合辽西土壤肥力瘠薄劣势，将研究区尾矿作为改良剂，进行表层土壤重构措施优选，必要地区修建梯田
	（5）利用采坑周围裸地地形比或截排沟将周边地表径流水汇集于暂储坑，经过自然沉降和碎石过滤层过滤后，侧向渗入露天采坑底部的废矿石间隙构造类地下含水层或地下水库；有地下水的地区同时利用采坑周边地下水侧向补给到采坑底部废矿石间隙，最终形成矿山复垦的露天采坑底部储蓄水源

7.5　铁矿采坑充填工艺技术要点

7.5.1　采坑充填条件分析

1. 采坑地层特征

采坑地貌属于辽西低山丘陵麓山谷地过渡区，地势东北、西南高中间低，坡度为 8°～20°，中间地带坡度为 3°～5°，海拔标高为 600～889 m，相对高差为 289 m。根据《建平县地下水勘察报告》《辽宁省建平县小塘镇松新北山铁矿地质普查报告》及其他相关资料分析得出采坑原矿体位于建平群小塔子沟组地层中，矿区上层地层以第四系松散砂土为主，中部为含砂砾层，下部为太古宙变质基岩，距地表 3～20 m 岩石破碎，强度较低，距地表 20 m 以下属于坚硬岩。矿体顶、底板及富矿围岩均为黑云斜长角闪片麻岩，普式岩石硬度系数 $f=8～10$，矿体与围岩为层状产出，矿体埋藏浅、规模小，矿石类型单一、物质组成简单，水文及工程地质条件简单，品位稳定，硬度系数 $f=10～14$。矿体特征见表 7-7。

表 7-7　松新铁矿采坑矿体特征

特征名称	内容	特征名称	内容
赋存层位	建平群小塔子沟组	构造	条带状、块段
赋矿围岩	斜长角山片麻岩	磁铁矿粒径/mm	0.04～0.15
主要有用矿物	磁铁矿	铁的质量分数/%	25.50～30.12
主要脉石矿物	石英	产状	似层状/透镜状
矿物结构	自形半自形		

资料来源:《辽宁省建平县小塘镇松新铁矿矿产资源储量核实报告》。

具体地层包括距地表 0～1 m 黄土状亚砂土、距地表 1～2 m 砖红色亚砂土、距地表 2～3 m 碳酸盐类母质、3～20 m 风化碎石(黑云角闪片麻岩)、距地表 20 m 以下坚硬岩(黑云角闪片麻岩),松新铁矿地质坡面图如图 7-6 所示。

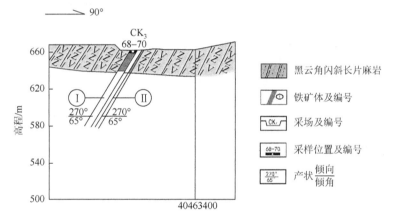

图 7-6　松新铁矿地质坡面图
资料来源:辽宁省地质资料馆成果报告

2. 铁矿开采工艺

露天采矿将采坑边界为封闭形式的矿称为深凹露天矿,采坑边界非封闭形式为山坡露天矿,辽西地区属于典型丘陵地貌,直接进行深凹开采的案例比较少,多数从山坡开采转为深凹开采方式。研究区铁矿多为小型矿,铁矿石出露地表并呈层状倾斜分布,是边探边采的民采铁矿点。铁矿开采流程:开采前将排土场进行规划,标记 1～5 号排土场,利用铲车钩机剥离距地表 1 m 耕作土层放置于 1 号排土场、剥离距地表 1～2 m 砖红色亚砂土放置于 2 号排土场、剥离距地表 2～3 m 碳酸盐类母质放置于 3 号排土场、剥离距地表 3～20 m 风化碎石(黑云角闪片麻岩)放置于 4 号排土场,最后通过爆破的方式剥离距地表 20 m 以下坚硬岩(黑云角闪片麻岩）放置于 5 号排土场。随着采矿挖掘的深入，使用汽车直进式公路坑线开拓法，通过装载车运输有用的铁矿石及剥离岩石。

利用正在开采的采坑剥离岩和表层熟土作为研究区采坑充填物料，可以迅速地实现采坑充填工作，且方式经济可行。据《辽宁省建平县小塘镇松新铁矿矿产资源储量核实报告》对露天采坑的调查，可知该矿区内共有大小 40 多个采坑，形态单一，距松新采坑 1500～2000 m 处为正在开采中的"小塘第一铁矿北大坑"。

3. 采坑充填技术

采坑回填主要解决重塑地貌、充填下层利用采坑空间与填充物料孔隙蓄水、充填上层较快恢复表层土壤生产能力等问题。解决上述问题，应在采坑回填过程中，进行分层充分压实，待地表沉降稳定后，再进行土壤重构工程，充填方案设计是按原地层顺序充填，将采坑下层形成的排弃岩石依旧回填至下层，采坑上层物质依旧回填至上层，保障采坑下层可以达到力学稳定与水环境安全和采坑上层土壤可尽快恢复生产能力。

采坑回填路线主要包括：排土场—采坑；相邻采坑剥离岩—采坑；排土场 + 相邻采坑剥离岩—采坑。本研究区采坑已经形成，但待复垦采坑周边有多处正在开采中的铁矿，因此利用周边露天矿开采剥离岩及部分排土场物料进行填充对本采坑进行复垦。

7.5.2　采坑充填工艺技术要点

1. 采坑总容积计算

1）采坑充填技术方法

利用 CASS7.0 软件和闭坑后的采坑地形图，设定统一高度单位台阶，从露天坑最底层开始，确定每台阶的上下两层周长，逐一分层确定采坑容积（代永新，2012）。将采坑每 2.5 m 确定为一台阶，至距地表–1 m 处停止，如图 7-7 所示。

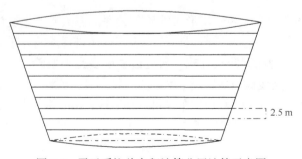

图 7-7　露天采坑总容积计算分层计算示意图

计算公式为

$$V_1 = \left(A_1 + A_2 + \sqrt{A_1 \times A_2} \right) \times (H_2 - H_1) \div 3 \tag{7-1}$$

$$V = \sum_{i=1}^{n} V_i \tag{7-2}$$

式中，A_1 代表台阶下层面积；A_2 代表台阶上层面积；H_1 代表台阶下层高程；H_2 代表台阶上层高程；V 代表总体积；V_i 代表第 i 阶台阶体积。

2）采坑总容积

采坑位于坡地，以采坑末端相对高度为界限，规定采坑末端高度以下容积为采坑 I 区，剩余采坑容积为采坑 II 区，采坑充填储水地点主要在采坑 I 区。露天采坑总容积计算分区图如图 7-8 所示。

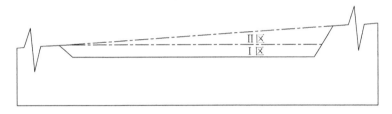

图 7-8　露天采坑总容积计算分区图

利用研究区采坑分区得出，I 区作为排弃岩石充填及利用岩石孔隙储水容积，II 区排弃岩石充填容积，充填至上层距地表–1 m 处。先假设 I 区全部充填排弃岩石，根据 CASS7.0 软件计算采坑 I 区容积为 320.31 万 m^3，过程见表 7-8。

表 7-8　采坑储水区总容积统计表 1

A_1/万 m^2	H_2/m	A_2/万 m^2	H_1/m	V/万 m^3
5.82	612.50	6.28	615.00	15.11
6.28	615.00	6.74	617.50	16.27
6.74	617.50	7.21	620.00	17.43
7.21	620.00	7.67	622.50	18.59
7.67	622.50	8.13	625.00	19.74
8.13	625.00	8.59	627.50	20.89
8.59	627.50	9.07	630.00	22.07
9.07	630.00	9.55	632.50	23.26
9.55	632.50	10.04	635.00	24.48

A_1/万 m^2	H_2/m	A_2/万 m^2	H_1/m	V/万 m^3
10.04	635.00	10.54	637.50	25.68
10.51	637.50	11.02	640.00	26.90
11.02	640.00	11.56	642.50	28.22
11.56	642.50	12.25	645.00	29.76
12.25	645.00	13.28	647.50	31.91
合计	—	—	—	320.31

设计 II 区每 2.8 m 确定为一台阶，根据 CASS7.0 软件统计及公式，计算可充填总容积为 386.05 万 m^3，具体见表 7-9。

表 7-9　采坑储水区总容积统计表 2

A_1/万 m^2	H_2/m	A_2/万 m^2	H_1/m	V/万 m^3
13.63	650.00	14.28	652.80	39.08
14.28	652.80	14.40	655.60	40.15
14.40	655.60	13.34	658.40	38.82
13.34	658.40	13.36	661.20	37.38
13.36	661.20	13.49	664.00	37.59
13.49	664.00	12.54	666.80	36.44
12.54	666.80	11.37	669.60	33.47
11.37	669.60	10.05	672.40	29.98
10.05	672.40	8.89	675.20	26.50
8.89	675.20	7.06	678.00	22.28
7.06	678.00	5.08	680.80	16.93
5.08	680.80	3.52	683.60	11.97
3.52	683.60	2.32	686.40	8.11
2.32	686.40	1.01	689.20	4.53
1.01	689.20	1.01	692.00	2.82
合计	—	—	—	386.05

通过计算可以得出研究区采坑总容积为 706.36 万 m^3，根据实际情况排弃岩石充填至地表−1 m 处，进行土壤重构工程，且设计田面为梯田形式，同时在采坑上下不填充布设 2 座暂储沉淀坑，上部暂储沉淀坑容积为 1074.21 m^3，下部暂储沉淀坑容积为 990.58 m^3。计算 I 区总容积为 320.31 万 m^3，其中不填充容积为 0.1 万 m^3，土壤重构体积为 0.16 万 m^3，所以 I 区实际排弃岩石充填及利用排弃岩石孔隙

储水总容积为 320.06 万 m³，Ⅱ区总容积为 386.05 万 m³，其中不填充容积为 0.1 万 m³，设计土壤重构面积为 20.87 万 m³，计算Ⅱ区排弃岩石实际总容积为 365.08 万 m³，采坑实际可容纳排弃岩石总容积为 685.13 万 m³，具体见表 7-10。

表 7-10　采坑容积计算表　　　　（单位：万 m³）

区域	总容积	暂储沉淀坑不填充体积	土壤重构体积	实际容积
Ⅰ	320.31	0.1	0.16	320.05
Ⅱ	386.05	0.1	20.87	365.08
合计	706.36	0.2	21.03	685.13

2. 采坑充填技术方案

辽西铁矿废石的剥离量大于矿石的采掘量，松新铁矿采坑所需回填岩石体积约为 685.26 万 m³。小塘第一铁矿北大坑长 810 m、宽 550 m、深 110 m，排岩量远大于待回填量，采坑与排土场位置如图 7-9 所示。

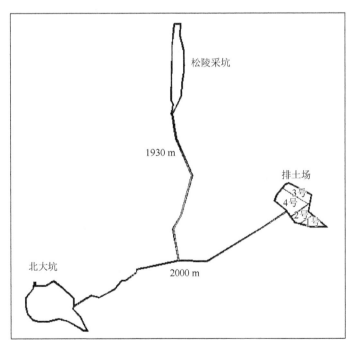

图 7-9　采坑与排土场位置示意图

采坑充填方案设计思路是将附近正在开采铁矿的"小塘第一铁矿北大坑"采

挖排弃岩石按地层顺序进行采坑充填，充填完毕后表层铺碎石，之后进行土壤重构与造地工程。具体步骤如下。

（1）小塘第一铁矿北大坑开采时，通过铲车钩机剥离距地表 1 m 耕作土层至 1 号排土场、剥离距地表 1~2 m 砖红色亚砂土至 2 号排土场、剥离距地表 2~3m 碳酸盐类母质至 3 号排土场、剥离距地表 3~20 m 风化碎石（黑云角闪片麻岩）至 4 号排土场，最后通过爆破的方式剥离距地表 20 m 以下坚硬岩（黑云角闪片麻岩）至松新采坑中。

（2）距离地表 3~20 m 地层，回填物料选择 4 号排土场排弃岩石进行回填。

（3）距离地表 2~3 m 地层，回填 3 号排土场物料；距地表 1~2 m 地层，回填 2 号排土场物料；距离地表 1 m 地层，等待土壤重构措施确定后再进行回填。

3. 充填施工方法的选择

据研究区采坑充填施工工艺（图 7-10），填充方式主要有坑顶抛填法、溜槽充填法、汽车直进式公路坑线回填法，其主要选择因素包括回填效率、回填成本、回填施工安全性三方面。

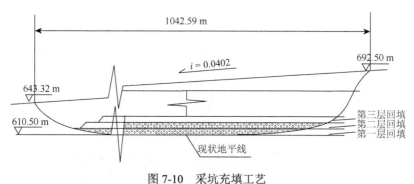

图 7-10　采坑充填工艺

i 为坡度系数

（1）坑顶抛填法：通过装载车或运输条带将填充物料运至采坑顶部周边，直接将排弃岩石倒入坑中。这种施工方法简单、快速、回填成本低，但在回填效果与回填施工安全方面较差。坑顶抛填法只能在装载车等设备所及范围内进行充填，不能抛至采坑中心地带，同时排弃岩石抛落有局部失稳随时滑落的危险，因此施工前，应对采坑边坡进行勘察，选择安全投料地点。

（2）溜槽充填法：在采坑边缘安装溜槽，通过装载车或运输条带将充填物料运至采坑顶部溜槽口，充填物料通过溜槽自行滑入采坑中。这种施工方法可以缩短运输距离、回填快速安全、灵活性高，可将回填物料充填至采坑任意地点，但是回填采坑一般百米深，对溜槽设备会产生相应的设备成本。

（3）汽车直进式公路坑线回填法：通过采矿开采路线，设计回填路线，充填方式为由采坑内部向采坑外部，由采坑下部至采坑上部分层堆放。通过装载车，将物料运至采坑最下部，按照一定坡度堆放固定层次填充物料作为工作平台，机器碾压后，继续运用同样方法上铺，直至最下部区域填充至设计标高，并依次外填。

结合实际情况，有溜槽填充设备情况下，优先选取溜槽充填法，将填充物料直接运输至坑底进行平铺并分层压实，也可通过汽车直进式公路坑线回填法联合完成。采坑底部施工方法为将充填物料运至排土场，按照 1：1.5 的坡度堆放 2~2.5 m，作为工作平台，机器碾压，继续运用同样方法上铺，直至填充至设计标高。

4. 充填物料的孔隙计算

1）充填物料孔隙计算方法

乌克兰学者尼古拉申等（1999）利用计算充填物料孔隙度来计算采坑内排土场与水共存的排土场孔隙，计算公式如下：

$$V_B = P_T + V_n \tag{7-3}$$

$$P_T = (\rho - \rho_0) \div \rho \tag{7-4}$$

式中，P_T 为充填物料孔隙度；ρ 为充填物料真实密度，kg/m^3；ρ_0 为充填物料堆积密度，kg/m^3；V_n 为孔隙体积，m^3；V_B 为孔隙体积，m^3。

充填物料真实密度的计算公式为

$$\rho = m / V \tag{7-5}$$

式中，ρ 为充填物料真实密度，kg/m^3；m 为充填物料质量，kg；V 为充填物料体积，m^3。

充填物料真实密度 ρ 的计算方法运用随机采样法，在具有代表性地点捡取待充填排弃岩石样品 10 块，拿回实验室，利用 DL1100-2 型精密天平称取充填物料样品质量 m，排水法测出充填物料样品体积 V，将逐个样品密度累计选取平均值。充填物料堆积密度 ρ_0 的计算方法采用 20 m^3 固定体积的装载车，随机将剥离的废弃岩石装至车内并夯实，利用工业地磅仪称取质量 m，并设计 5 组重复，再通过式（7-5）求出。

2）充填物料孔隙计算结果

充填物料孔隙计算结果见表 7-11、表 7-12。

表 7-11　实验室充填物料真实密度分析结果

实验编号	地点	质量/g	体积/mL	真实密度/(g/mL)	平均真实密度/(t/m³)
1	采坑地表边缘	83.73	31.2	2.68	
2	采坑地表边缘	55.33	20.1	2.75	
3	采坑地表边缘	18.51	6.6	2.80	
4	排岩堆表层底部	20.44	7.9	2.59	
5	排岩堆表层中部	15.41	6.0	2.57	2.62
6	排岩堆表层下部	110.60	48.4	2.29	
7	排岩堆里层底部	33.16	12.4	2.67	
8	排岩堆里层	26.58	9.9	2.68	
9	排岩堆里层	99.25	35.7	2.78	
10	坑底碎石	39.50	16.8	2.35	

表 7-12　采坑充填物料夯实堆积密度计算结果

车辆编号	质量/t	体积/m³	堆积密度/(t/m³)	平均堆积密度/(t/m³)
1	39.96		2.00	
2	43.76		2.19	
3	44.32	20.00	2.22	2.16
4	41.23		2.06	
5	46.39		2.32	

测得的充填物料平均真实密度为 2.62 t/m³，平均堆积密度为 2.16 t/m³，通过式（7-4）求出充填物料孔隙度为 17.56%。

根据采坑末端相对高度位于坑底之上 35.0 m，通过式（7-3）求出采坑总容积。

通过以上分析计算可以得不同高度累计孔隙体积，见表 7-13，根据采坑末端相对高度位于坑底之上 35.0 m 内可利用充填排弃岩石间隙构造类地下含水层或地下水库，以坑底为水平 0 点，总高度在 0.00～35.0 m，总容积为 56.25 万 m³。

表 7-13　不同高度累计孔隙体积

编号	台阶上层高程 H_2/m	台阶下层高程 H_1/m	累计高度/m	第 i 阶台阶体积 V_i/万 m³	累计体积 V/万 m³	采用孔隙度 P_T/%	孔隙体积 V_n/万 m³	累计孔隙体积 V_n/万 m³
1	612.50	615.00	2.5	15.11	15.11	17.56	2.65	2.65
2	615.00	617.50	5.0	16.27	31.38	17.56	2.86	5.51
3	617.50	620.00	7.5	17.43	48.81	17.56	3.06	8.57
4	620.00	622.50	10.0	18.59	67.40	17.56	3.26	11.84
5	622.50	625.00	12.5	19.74	87.14	17.56	3.47	15.30

续表

编号	台阶上层高程 H_2/m	台阶下层高程 H_1/m	累计高度/m	第 i 阶台阶体积 V_i/万 m³	累计体积 V/万 m³	采用孔隙度 P_T/%	孔隙体积 V_n/万 m³	累计孔隙体积 V_n/万 m³
6	625.00	627.50	15.0	20.89	108.03	17.56	3.67	18.97
7	627.50	630.00	17.5	22.07	130.10	17.56	3.88	22.85
8	630.00	632.50	20.0	23.26	153.36	17.56	4.08	26.93
9	632.50	635.00	22.5	24.48	177.84	17.56	4.30	31.23
10	635.00	637.50	25.0	25.68	203.52	17.56	4.51	35.74
11	637.50	640.00	27.5	26.90	230.42	17.56	4.72	40.46
12	640.00	642.50	30.0	28.22	258.64	17.56	4.96	45.42
13	642.50	645.00	32.5	29.76	288.40	17.56	5.23	50.64
14	645.00	647.50	35.0	31.91	320.31	17.56	5.60	56.25

7.6　充填后采坑的表层土壤重构工艺技术要点

7.6.1　表层土壤重构条件分析

1. 研究区适生土体构型

耕作土壤构型包括表土层 0.3～0.7 m、心土层 0.2～0.3 m、底土层三部分。表土层由耕作层（12～30 cm）和犁底层（6～8 cm）组成。耕作层是农业生产依赖最强的土层，受农业耕作扰动大，提供植物 60% 的根系生长场所，通透性好、养分高；犁底层孔隙度＜耕作层孔隙度，犁底层通气性较差。心土层受耕作扰动小，通气性差、养分含量低，是作物生长后期水肥供应层，保水保肥作用明显。底土层营养物质最少。

《土地复垦技术标准（试行）》规定旱作物土壤的基本条件：覆土厚度为自然沉实土壤 0.5 m 以上，地面坡度不超过 5°，pH 在 5.5～8.5，含盐量不大于 0.3%，排水及防洪措施满足当地标准。《土地复垦质量控制标准》（TD/T 1036—2013）对露天采坑复垦为旱地，提出更进一步要求，要求有效土层厚度大于 0.4 m，土壤容重小于 1.35 g/cm³，土壤砾石含量不大于 5%，pH 在 6.5～8.5，有机质大于 2%，排水、林网等基础设施达到当地各行业建设标准，复垦 3~5 年后与同地区生产水平相同。

2. 研究区土壤等条件

采坑开采前发现周边地表构成中上部为黄土状亚砂土，下部为砖红色亚砂土。黄土状亚砂土呈淡黄至土黄色，为半淋溶性褐土土壤，成土母质为碳酸盐，土体中部、下部有钙和黏粒存在，因此土壤存在黏钙化特点。砖红色亚砂土为浅红色或略带红色，非胶结松散土，湿水后带黏性，含沙量大。最大分子吸水量为 16.9 L，容重为 1.77 g/cm³，渗透系数为 0.001 45 m/s，含盐量为 0.194%。

　　研究区耕作土受干旱条件影响，耕层薄、犁底层厚，土壤养分贫瘠，土地生产能力差。由于研究区铁矿矿物成分简单，以磁铁矿为主，赤铁矿为辅，矿藏化学成分包括 SiO_2（40%～50%）、Fe_3O_4（30%～40%）及少量 Fe_2O_3、MgO、CaO 等，属于低硫、低磷铁矿石，排弃的尾矿相对干净。杨萌（2016）尝试结合研究区特点，利用当地尾矿做改良剂，通过试验得出向已存在的大田施加 5～7 cm 尾矿，可改善土壤环境，提高农作物产量，土体改良后的农产品符合《食品安全国家标准 食品中污染物限量》（GB 2762—2017）安全标准，施加尾矿后的土壤环境与水环境符合国家环境标准，重金属含量不超标。

　　因此，采坑复垦土壤重构环节，考虑通过重构土壤的同时，加入适量尾矿改良剂，改善土壤环境。杨萌（2016）虽然通过试验证明在大田中施加 5～7 cm 尾矿效果较好，但无法直接应用于土壤重构的配比方案。本书基于杨萌试验结果在优选范围内设计了 4 种土壤重构措施，并构建优选模型进行评价选择。

7.6.2　采坑复垦土壤重构措施设计与优选

1. 土壤重构措施设计

　　土壤重构是通过不同物料的层次组合，重新构造一个适宜农作物生长的土壤环境，重构后的土壤水、肥、气、热等物理化学属性取决于土壤物料的层次和质地。颗粒较细、黏重的土壤透水透气性弱，不利于作物出苗，但保水保肥性较好，适宜布设在耕层以下。颗粒较粗、沙质含量较高的土壤透气透水性强，但保水保肥性较差，布设较深易导致土体水肥流失，较少分布于下层。

　　本研究土壤重构措施为防止土壤不均匀下漏，铺设 0.2 m 碎石垫层，在碎石上部铺设 0.3 m 砖红色亚砂土可起到塑性固定及保水保肥作用。填充土壤物料（措施中称为壤土），经过剥离存放易导致下层生土翻新，达不到田间耕作条件，因此加入适量尾矿改良土壤特性，并减少客土用量。4 种上松下紧形土体构型措施如下（图 7-11）。

　　措施 1：20 cm 碎石 + 30 cm 砖红色亚砂土 + 50cm 壤土。

　　措施 2：20 cm 碎石 + 30 cm 砖红色亚砂土 + 10%尾矿改良土 50 cm（10 cm 尾矿 + 40 cm 壤土混合）。

　　措施 3：20 cm 碎石 + 30 cm 砖红色亚砂土 + 25%尾矿改良土 50 cm（12.5 cm 尾矿 + 37.5 cm 壤土混合）。

措施 4: 20 cm 碎石 + 30 cm 砖红色亚砂土 + 35%尾矿改良土 50 cm (17.5 cm 尾矿 + 32.5 cm 壤土混合)。

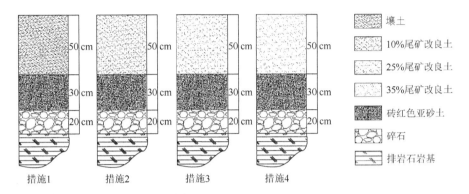

图 7-11　研究区土壤重构措施

2. 土壤重构措施优选

1) 土壤重构措施评价体系及标准

土壤重构技术结合充填物料,对相应的物理、化学或生物措施直接塑造一个适合农业生产的土层,这也是其优于土壤改良的条件之一。判断重构土壤方案是否合适,最直观的方式是通过最终或多年后农作物生长状况来度量,但作为土壤重构设计阶段,这往往是不现实的。国内外对土壤重构方案研究基本处于通过实验室实验、田间试验的方式进行判断,对土壤重建方案的选择评价研究相对较少,但国内外土壤重建的对立面——土壤退化评价研究的技术手段已经成熟,因此本书拟对研究区立地条件,基于土壤退化评价研究的基础,总结出改良土壤特性综合评价的方法,并进行土壤重构方案筛选。

结合研究区气候干旱、土壤贫瘠、土体较多的立地条件,将土壤重构的综合特性分为重构土壤物理特性、重构土壤养分特性 2 个一级评价指标;土壤板结,土壤旱化,有机质、N、P、K,土壤微量元素 5 个二级评价单元以及 12 个三级评价单元,评价体系见表 7-14。

表 7-14　土壤重构评价体系

一级评价指标	二级评价单元	三级评价单元
重构土壤物理特性	土壤板结	容重
		孔隙
	土壤旱化	土壤水分含量
		土壤持水性能

续表

一级评价指标	二级评价单元	三级评价单元
	有机质	有机质含量
		碱解氮
	N、P、K	有效磷
重构土壤养分特性		有效钾
		Fe
		Mn
	土壤微量元素	Cu
		Zn

　　章家恩等（1999）在确定土壤退化评价系统的同时，引入相对退化距离和退化综合指数的概念。本书参照其研究方式，将土壤重构评价方法确定为通过相对优选距离和综合优选指数结果确定最优的土壤重构措施。

　　对评价因子的评价指标比选，采用相对优选距离（YXR）的方法，相对优选距离表示重构后土壤某一指标的数值离当地正常耕作土体平均值的距离，相对距离越小说明重构方案越好。

　　其公式为

$$YXR_i = \frac{d_0 - d_i}{d_0} \tag{7-6}$$

式中，YXR_i 为相对优选距离；d_i 为某一重构土壤数值；d_0 为研究区耕作土壤正常值或正常区间的平均值。

　　综合优选指数（ZYX）是对重构土壤整体平均状况进行评估的，由于重构土壤评价因子的不可缺失性，综合优选指数采取利用每项评价指标相对优选距离的乘积再开方的方法，计算其综合指数。综合优选指数越小说明土壤重构方案越接近评价标准，复垦效果越好。

$$ZYX = \sqrt[n]{\prod(YXR_i)} \tag{7-7}$$

式中，ZYX 为综合优选指数；YXR_i 为相对优选距离；n 为优选指标个数；$\prod$ 为连乘符号。

　　2）土壤重构评价因子结果

　　参照杨萌（2016）在原耕作田（有效土层 15～20 cm）施加尾矿研究部分成果，经过换算、计算提取相应评价因子数值，得出措施 1 评价因子数值对应其对照土壤数值；措施 2（施加 10%尾矿改良土）对应其大田加入 2 cm 尾矿；措施 3（施加 25%尾矿改良土）对应其大田加入 5 cm 尾矿；措施 4（施加 35%尾矿改良土）对应其大田加入 7 cm 尾矿（表 7-15）。

表 7-15　复垦土壤重构措施评价因子数值

一级评价指标	二级评价单元	三级评价单元	土层/cm	措施1	措施2	措施3	措施4
重构土壤物理特性	土壤板结	容重	0~10	1.39	1.32	1.39	1.31
			10~20	1.33	1.36	1.32	1.26
			20~30	1.38	1.45	1.37	1.40
		孔隙	0~10	50.02%	51.93%	51.72%	51.69%
			10~20	45.22%	46.79%	47.57%	47.86%
			20~30	40.32%	44.73%	45.64%	47.21%
	土壤旱化	土壤持水性能	0~10	500.20	519.30	517.20	516.90
			10~20	452.20	467.90	475.70	478.60
			20~30	403.20	447.30	456.40	472.10
		土壤水分含量	0~10	8.72%	11.98%	11.48%	8.66%
重构土壤养分特性	有机质	有机质含量	0~10	15.07	15.09	15.09	15.48
			10~20	15.06	15.48	15.28	14.70
			20~30	14.42	14.90	15.42	13.93
	N、P、K	碱解氮	0~10	72.93	69.76	60.25	53.91
			10~20	65.98	63.42	50.74	50.74
			20~30	53.64	47.57	50.74	50.74
		有效磷	0~10	10.77	11.48	13.97	12.08
			10~20	13.33	13.52	14.30	13.72
			20~30	12.03	12.33	12.11	11.87
		有效钾	0~10	148.27	152.57	151.20	146.23
			10~20	141.16	148.44	152.30	143.88
			20~30	143.31	148.25	146.54	140.50
	土壤微量元素	Fe		5.55	5.92	6.27	4.78
		Mn		6.11	5.30	6.66	4.24
		Cu		0.04	0.04	0.03	0.02
		Zn		0.59	0.58	0.56	0.45

资料来源：杨萌（2016）。

土壤持水能力作为干旱、半干旱区土壤水分调节的重要指标，在评价因子指标不可获取的因素下，采用式（7-8）计算土壤最大持水量（孙艳红等，2006）。

$$W = 10000Ph \tag{7-8}$$

式中，W 为土壤最大持水量，t/hm^2；P 为土壤总孔隙度，%；h 为土层厚度，m。

3）土壤重构措施参照标准

张凯（2016）对研究区朝阳市高产量（亩产＞600 kg）玉米地块土壤特性进行调查，统计不同土壤层次的物理、养分指标，结果为高产玉米耕层较厚，厚度为 20～25 cm，犁底层较薄为 9～13 cm，土壤紧实度在 17.5 cm 处开始增加，耕层容重为 1.16～1.37 g/cm³，犁底层容重为 1.41～1.48 g/cm³；耕层土壤总孔隙范围为 49.06%～56.60%，犁底层土壤总孔隙范围为 45.66%～47.55%；耕层土壤有机质含量为 10.53～19.42 g/kg；碱解氮为 21.73～47.25 mg/kg；有效磷为 13.28～29.80 mg/kg，有效钾为 106.58～201.33 mg/kg，本书以此统计指标为参考标准，并进行矫正，确定研究区土壤参照标准（表 7-16）。

表 7-16 土壤参照标准

一级评价指标	二级评价单元	三级评价单元	土层/cm	研究区亩产>600 kg 玉米田	最终参照值	备注
重构土壤物理特性	土壤板结	容重	0～10	1.16～1.22	1.19	—
			10～20	1.32～1.37	1.35	—
			20～30	1.41～1.48	1.46	—
		孔隙	0～10	54.7%～56.6%	55.65%	—
			10～20	49.06%～50.96%	49.47%	—
			20～30	45.66%～47.55%	46.28%	—
	土壤旱化	土壤持水性能	0～10	547.00～566.00	556.5	计算
			10～20	490.60～509.60	494.7	计算
			20～30	456.60～475.55	462.8	计算
		土壤水分含量	0～10	—	20%	缺失矫正
重构土壤养分特性	有机质	有机质含量	0～10	15.42～19.42	16.29	—
			10～20	10.53～16.72	15.48	—
			20～30	—	15.42	缺失矫正
	N、P、K	碱解氮	0～10	35.44～47.25	72.93	矫正
			10～20	21.73～31.42	65.98	矫正
			20～30	16.50～16.19	53.64	矫正
		有效磷	0～10	18.55～29.80	23.46	
			10～20	13.28～22.66	19.01	
			20～30	6.60～11.23	12.33	矫正
		有效钾	0～10	165.48～201.33	178.65	—
			10～20	106.58～150.49	152.3	矫正
			20～30	83.58～116.67	148.26	矫正
	土壤微量元素	Fe	参考《土壤有效铜、锌、铁、锰、硼含量分级》（DB21/T 1437—2006）中等水平	35	—
		Mn		22.5	—
		Cu		0.6	—
		Zn		1.5	—

资料来源：张凯（2016）。

4）土壤重构措施评价结果

（1）相对优选距离评价结果。

通过三级评价单元确定相对优选距离（YXR），并以二级评价指标为单位，进行评价，评价结果见表 7-17。

表 7-17　相对优选距离评价结果

一级评价指标	二级评价单元	评价因子	土层/cm	措施 1	措施 2	措施 3	措施 4
重构土壤物理特性	土壤板结	容重	0～10	−0.17	−0.11	−0.17	−0.10
			10～20	0.01	0.00	0.02	0.07
			20～30	0.06	0.01	0.07	0.04
		孔隙	0～10	0.10	0.07	0.07	0.07
			10～20	0.09	0.05	0.04	0.03
			20～30	0.13	0.03	0.01	−0.02
		小计		0.22	0.05	0.04	0.09
	土壤旱化	土壤持水性能	0～10	0.10	0.07	0.07	0.07
			10～20	0.09	0.05	0.04	0.03
			20～30	0.13	0.03	0.01	−0.02
		土壤水分含量	0～10	0.56	0.40	0.43	0.57
		小计		0.88	0.56	0.55	0.65
重构土壤养分特性	有机质	有机质含量	0～10	0.07	0.07	0.07	0.05
			10～20	0.03	0.00	0.01	0.05
			20～30	0.07	0.03	0.00	0.10
		小计		0.17	0.10	0.08	0.20
	N、P、K	碱解氮	0～10	0.00	0.04	0.17	0.26
			10～20	0.00	0.04	0.23	0.23
			20～30	0.00	0.11	0.05	0.05
		有效磷	0～10	0.54	0.51	0.40	0.48
			10～20	0.30	0.29	0.25	0.28
			20～30	0.02	0.00	0.02	0.04
		有效钾	0～10	0.17	0.15	0.15	0.18
			10～20	0.07	0.03	0.00	0.06
			20～30	0.03	0.00	0.01	0.05
		小计		1.13	1.17	1.28	1.63
	土壤微量元素	Fe		0.84	0.83	0.82	0.86
		Mn		0.73	0.76	0.70	0.81
		Cu		0.94	0.94	0.95	0.96
		Zn		0.61	0.62	0.63	0.70
		小计		3.12	3.15	3.10	3.33

由评价结果可以得出措施 3 在土壤板结、土壤旱化、有机质、土壤微量元素的数值最小，说明其构造土壤环境接近于研究区高产田土壤环境，效果最理想，在土壤 N、P、K 评价指标内，措施 1 数值最小，说明措施 1 对土壤 N、P、K 贡献的效果较好。

（2）综合优选指数评价结果。

根据重构措施相对优选距离评价结果，进行综合优选指数计算，计算结果见表 7-18。

表 7-18　综合优选指数评价结果

一级评价指标	二级评价单元	措施 1	措施 2	措施 3	措施 4
重构土壤物理特性	土壤板结	0.22	0.05	0.04	0.09
	土壤旱化	0.88	0.56	0.55	0.65
重构土壤养分特性	有机质	0.17	0.11	0.09	0.20
	N、P、K	1.14	1.17	1.29	1.64
	土壤微量元素	3.11	3.15	3.10	3.33
综合优选指数		0.65	0.41	0.38	0.58

通过综合优选指数可以得出措施 1 综合优选指数为 0.65、措施 2 综合优选指数为 0.41、措施 3 综合优选指数为 0.38、措施 4 综合优选指数为 0.58，根据综合优选指数越小说明土壤重构方案越接近评价标准，复垦效果越好的原则，确定措施 3[20 cm 碎石＋30 cm 砖红色亚砂土＋25%尾矿改良土 50 cm（12.5 cm 尾矿＋37.5 cm 壤土混合）]效果最好。

土壤表层重构充填层次具体步骤如下。

（1）在原有排弃岩石岩基的基础上，铺设碎石灌缝压实，碎石有效厚度为 20 cm，形成重构土壤的底土层，也为塑性固定层。

（2）在 20 cm 碎石基础上铺设 30 cm 砖红色亚砂土层灌缝压实，作为重构土体的心土层，起到保水保肥及地表稳定的作用。

（3）回填内含 25%尾矿改良土 50 cm（12.5 cm 尾矿＋37.5 cm 壤土充分混合）。

7.6.3　复垦耕地的梯田工程设计

采坑位于丘陵地区，复垦为农用地，《土地复垦技术标准（试行）》中规定复垦为旱田时地面坡度不大于 5°，规划采坑由废弃岩石充填至设计高程后，设计为梯田形式布设。布设原则以原地面高程为准，采用散点法，按控制地块的各测点高程平整土地，待地面沉陷稳定后，采取粗、细两种平整方式对充填场地进行平整，并补填沉陷缝（图 7-12）。

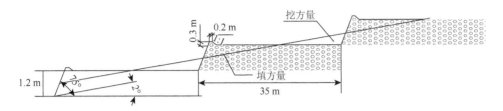

图 7-12　排弃岩石平整局部纵剖面图

根据地形、面积、空间结构等特点，将每块梯田内碎石平整的填方、挖方尽可能限制在本梯田区内部，从而追求梯田区内部碎石平整的统一化。梯田碎石平整区域内的典型地块如图 7-13 所示。

采坑地面平均坡度 θ 为 2°～3°，综合考虑机耕和灌溉的要求，选定梯石台面宽度 $B_m = 35$ m，长度为 1～250 m，依据《水土保持综合治理　技术规范　坡耕地治理技术》（GB/T 16453.1—2008）技术标准，选定梯石高度、台面净宽。

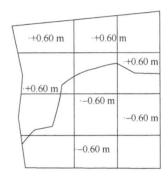

图 7-13　排弃岩石平整典型平面图
"."表示高程点。

1）梯石高度

$$H = B_m / \cot\theta \tag{7-9}$$

式中，H 为梯石高度；B_m 为台面宽度；θ 为地面坡度。

2）石坎占地

$$B_n = H \cdot \cot\alpha \tag{7-10}$$

式中，B_n 为石坎占地；H 为梯石高度；α 为石坎外侧坡度。

3）台面净宽

$$B = B_m - B_n \tag{7-11}$$

式中，B 为台面净宽；B_m 为台面宽度；B_n 为石坎占地。

通过式（7-9）～式（7-11）计算，确定研究区石坎断面要素数值为：梯石高度（H）为 1.2 m、石坎占地（B_n）为 0.32 m、台面净宽（B）为 34.64 m。

经计算，待平整新增耕地总面积为 21.00 hm^2，田面平整土方总工程量为 24.69 万 m^3（表 7-19）。

表 7-19　排弃岩石平整工程量表

	控制面积/hm²	单位长挖填方/(m³/m)	梯田长度/m	挖（填）方量/万 m³	总挖（填）方量/万 m³
工程量	21.00	20.6	5992.78	12.35	24.69

依据《水土保持综合治理 技术规范 坡耕地治理技术》（GB/T 16453.1—2008）技术标准，求出蓄水边埂面积（表 7-20）。

表 7-20　蓄水边埂的计算要素

要素名称	公式
蓄水边埂占地 B_o	$B_o = L_o + h_o \cdot \cot\beta + h_o \cdot \cot\alpha$
农业净用面积 B	$B = B_m - B_o - B_n$
占地系数 ε	$\varepsilon = (B_n + B_o)/B_m \cdot 100\%$
蓄水边埂面积 S	$S = [(L_o + B_o) \cdot h_o]/2$

注：α 表示石坎外侧坡度。

通过以上计算，研究区复垦 21.00 hm² 耕地，修建梯田长度为 5329.04 m，碎石土方量为 3.73 万 m³、黏土土方量为 5.60 万 m³、尾矿渣土方量为 2.33 万 m³、耕土土方量为 6.99 万 m³、田坎土方量为 2.79 万 m³（表 7-21）。

表 7-21　梯田工程量表

梯田长度/m	碎石土方量/万 m³	黏土土方量/万 m³	尾矿渣土方量/万 m³	耕土土方量/万 m³	田坎土方量/万 m³
5329.04	3.73	5.60	2.33	6.99	2.79

7.7　采坑雨水集蓄工艺技术要点

采坑雨水集蓄措施拟解决半干旱地区采坑复垦缺水问题，在露天采坑土地复垦中利用采坑自身凹槽形态与填充废矿石间隙构造类地下含水层或地下水库。基本思路是利用坡地有效地势，将多余的雨水通过地势差或截流沟汇集至采坑周边，同时在采坑易产生地表径流起点处（丘陵地区选择高坡边缘）设置一定范围不充填，作为地表径流水的暂储沉淀坑，使多余雨水汇集于暂储沉淀坑。暂储沉淀坑内部设置有过滤层，过滤层用碎石组成，暂储沉淀坑中汇集的地表径流水经沉降和过滤层过滤后，侧向渗入露天采坑内部作为灌溉用水的储蓄水源，充填排岩废石的同时，预埋多段铸铁井管，依次为沉淀管、过滤管和井壁管，通过潜水泵将水抽至地表，用于复垦后农业灌溉。

利用采坑自身凹槽形态与填充废矿石间隙构造类地下含水层或地下水库。目前国内外尚无相关评价标准及规范要求，本书基于农业集水工程理论，并结合采坑现状对采坑雨水集蓄技术以及采矿自身是否拥有可蓄水条件（蓄水结构与蓄水安全）、采坑蓄水是否有水可集、采坑集蓄工程、采坑提水工程 4 方面主要问题进行研究。

7.7.1　采坑蓄水可行性分析

1. 采坑蓄水结构分析

1）采坑蓄水结构分析方法

采坑蓄水结构安全参考《水利水电工程初步设计报告编制规程》（SL/T 619—2021）、《水利水电工程地质勘察规范》（GB 50487—2008），确定区域构造的稳定性及论证蓄水后库盆是否渗漏。根据《工程岩体分级标准》（GB/T 50218—2014）规定，从定性划分与定量指标判定两方面，分析采坑蓄水围岩质量强度、完整性和水对围岩的影响。

围岩定性划分依据岩石坚硬度、岩石风化度、岩石完整度、结构面结合度来进行，详情见表 7-22，参照《工程岩体分级标准》（GB/T 50218—2014）。

表 7-22　围岩定性划分分类表

划分依据	划分类型				
岩石坚硬度	坚硬岩	较坚硬岩	较软岩	软岩	级软岩
岩石风化度	未风化	微风化	中等风化	强风化	全风化
岩石完整度	完整	较完整	较破碎	破碎	极破碎
结构面结合度	结合好	结合一般	结合差	结合很差	结合极差

岩体定量指标依据《工程岩体分级标准》（GB/T 50218—2014）岩体基本质量计算方法，通过岩体基本质量计算结果（岩体基本质量指标 BQ）对岩体分类定级。

岩体基本质量计算方法分两步：首先通过岩体基本特征计算岩体基本质量指标 BQ；其次按照采坑边坡围岩蓄水工程的详细特点，修正基本质量详细定级，从而确定岩体质量指标 BQ。

岩体基本质量指标 BQ 的计算公式如下：

$$BQ = 100 + 3R_c + 250K_v \qquad (7\text{-}12)$$

式中，BQ 为岩体基本质量指标；R_c 为岩石饱和单轴抗压强度（MPa）；K_v 为岩石完整指数，R_c、K_v 判断依据《工程岩体分级标准》（GB/T 50218—2014）进行。

工程岩体质量指标[BQ]修正的计算公式如下：

$$[BQ] = BQ - 100(K_1 + K_2 + K_3) \tag{7-13}$$

式中，K_1 为地下水影响系数修正系数；K_2 为主要结构面产状结构影响修正系数；K_3 为围岩初始应力状态影响修正系数。其中，K_1、K_2、K_3 取值根据《工程岩体分级标准》（GB/T 50218—2014）的相应要求。岩体基本质量分级见表 7-23。

表 7-23　岩体基本质量分级表

岩体基本质量级别	岩体基本质量的定性特征	岩体基本质量指标（BQ）
I	坚硬岩，岩体完整	>550
II	坚硬岩，岩体较完整； 较坚硬岩，岩体完整	550～451
III	坚硬岩，岩体较破碎； 较坚硬岩，岩体较完整； 较软岩，岩体完整	450～351
IV	坚硬岩，岩体破碎； 较坚硬岩，岩体较破碎～破碎； 较软岩，岩体较完整～较破碎； 软岩，岩体完整～较完整	350～251
V	较软岩，岩体破碎； 软岩，岩体较破碎～破碎； 全部极软岩及全部极破碎岩	≤251

资料来源：《工程岩体分级标准》（GB/T 50218—2014）。

2）采坑蓄水结构分析结果

（1）储水性能定性分析。

依据《辽宁省建平县小塘镇松新铁矿矿产资源储量核实报告》，围岩全部为斜长角闪片麻岩，采坑围岩状态为未分化或微弱分化。通过现场判断，依据《工程岩体分级标准》（GB/T 50218—2014），判定采坑岩为坚硬岩，岩体较完整，可以利用其储水。

（2）储水性能定量指标判断。

根据《工程岩体分级标准》（GB/T 50218—2014），判断岩石饱和单轴抗压强度 R_c、岩石完整指数 K_v 取值，通过对采坑岩壁定性判定，围岩属于坚硬岩，查询 GB/T 50218—2014 中 R_c 与定性划分岩石坚硬程度对照表，取 $R_c = 70$；通过岩体体积节理数观察，判断结论为较完整，查询 GB/T 50218—2014 中 K_v 与定性划分岩体完整程度对照表，取 $K_v = 0.85$。代入式（7-12），计算岩体基本质量指标 BQ，结果为 BQ = 522.5。计算过程如下：

$$BQ = 100 + 3R_c + 250K_v$$
$$= 100 + 3 \times 70 + 250 \times 0.85$$
$$= 522.5$$

依据地下工程岩体质量指标[BQ]修正公式（7-13），应《工程岩体分级标准》（GB/T 50218—2014）相应要求：地下水出水状态为无水 $K_1 = 0$，K_2 选其他组合取值为 0.1，K_3 取 0.5。代入式（7-13）得出：

$$[BQ] = BQ - 100(K_1 + K_2 + K_3)$$
$$= 522.5 - 100 \times (0 + 0.1 + 0.5)$$
$$= 462.5$$

修正后岩体质量指标[BQ] = 462.5，属于岩体基本质量Ⅱ级标准，依旧为坚硬岩，岩体较完整可做地下蓄水结构。依据《中小型水利水电工程地质勘查规范》（SL55—2005）中围岩工程分为稳定、基本稳定、局部稳定性差、不稳定、极不稳定 5 种类别。通过岩体基本质量定量判断，采坑围岩属于基本稳定状态，围岩整体能维持较长时间稳定，即一般不做处理，个别岩体可喷混凝土防渗加固。

2. 采坑蓄水安全分析

矿区水环境背景分析：根据《辽宁省建平县小塘镇松新铁矿矿产资源储量核实报告》判断矿区周边水源 pH 为 7.35～8.12、总矿化度为 213.10～340.05，属于弱碱性、重碳酸钙型水。

矿业环境背景分析：根据《辽宁省建平县小塘镇松新铁矿矿产资源储量核实报告》《辽宁省建平县小塘镇松新北山铁矿地质普查报告》查明，研究区生产的铁矿石矿物成分简单，以磁铁矿为主，含少量赤铁矿，脉石矿物有石英、绿泥石、黑云母、角闪石及碳酸盐矿物，伴生矿产含量极少。矿石化学成分为 SiO_2 含 40%～50%、Fe_3O_4 含 30%～40%，其次为 Fe_2O_3、MgO 及 CaO，属于低硫、低磷铁矿石。

采坑回填物料背景分析（表 7-24）：采坑充填物料为采挖过程中破碎的矿体周边及顶层岩石，主要为黑云角闪片麻岩，是叶柏寿地区相对较早时期出现的变质深成岩，黑云角闪片麻岩通过麻粒岩、角闪岩、绿片岩多期叠加变形形成（王来春，1994）。排弃岩石硬度系数 $f = 7～12$，松散系数为 1.6，稳定性较好，并确定充填物料本身无污染，在蓄水采坑浸泡过程中不存在水质污染问题。

表 7-24　充填物料主要特征

名称	颜色	主要矿物	次要矿物	次生矿物	组构
黑云斜长角闪片麻岩	灰色	PL、Hb、Mi、Qz	Mp、Gr	Act、Chl	纤状花岗变晶结构、残留变余花岗结构，片麻状构造，条带状构造发育

7.7.2 采坑雨水集蓄分析与计算

1. 降水特征分析

统计建平县 1987～2010 年逐月降水量数据（表 7-25），得到年内降水分配情况，如图 7-14 所示。研究区降水量主要分布在 6～8 月，其余月份降水量较少，农作物生长季中易发生春旱（4～5 月）和秋旱（9～10 月）。通过计算月均降水量结果（表 7-25）可知，1981～2010 年春季月均降水量为 74.12 mm，占年平均降水量的 16.45%；夏季月均降水量为 300.33 mm，占年平均降水量的 66.67%；秋季月均降水量为 70.50 mm，占年平均降水量的 15.65%；冬季月均降水量为 5.52 mm，占年平均降水量的 1.23%。

表 7-25   建平县月均降水量统计表   （单位：mm）

	春季			夏季			秋季			冬季			合计
	3 月	4 月	5 月	6 月	7 月	8 月	9 月	10 月	11 月	12 月	1 月	2 月	
1987～2010 年月均降水量/mm	7.87	23.04	43.21	88.20	122.16	89.97	42.47	21.02	7.01	2.07	1.40	2.05	450.46
合计/mm	74.12			300.33			70.50			5.52			450.47
占年平均降水量比例/%	16.45			66.67			15.65			1.23			100.00

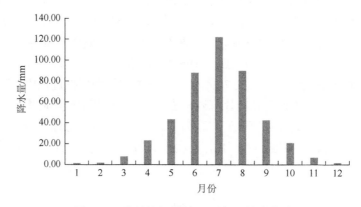

图 7-14   建平县 1987～2010 年月均降水量

通过累计距平曲线分析 1987～2010 年年际降水变化（图 7-15）可知，研究区 1987～2010 年累计距平曲线呈波动式下降趋势；1990～1996 年除 1992 年降水量较低外，其余年份降水量均高于平均值，说明在此期间丰水年份较多；1997～

2000 年，降水量下降趋势较明显；2001～2010 年，除个别年份外，其余年份在平均值间徘徊，研究区存在短期丰水年、枯水年交替的现象。

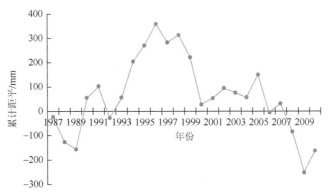

图 7-15　建平县 1987～2010 年降水量累计距平曲线

根据 1987～2010 年降水情况，求得研究区 1987～2010 年平均降水量为 456.98 mm，将 24 年降水量由大至小排列，进行排频计算，利用 Excel 软件对样本进行离散分析得出样本离散系数，选取 Cv = 0.3，Cs = 2.5Cv，通过绘制皮尔逊Ⅲ型频率曲线，如图 7-16 所示，得到其降水频率 $P = 25\%$（丰水年）对应值为 613.60 mm、$P = 50\%$（平水年）对应值为 438.70 mm、$P = 75\%$（枯水年）对应值为 360.00 mm。

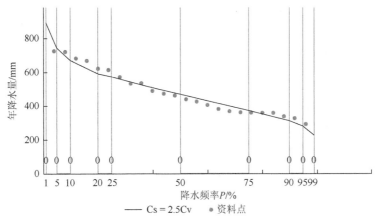

图 7-16　建平县降水频率曲线

降水强度与等级决定下垫面降水径流量和最终的集流量，研究表明产生有效的集水径流，降水量需要大于 5 mm。根据研究区各等级评价降水日数可得研究区平均降水日数为 68.3 天，其中降水量大于 5 mm 的日数有 23.6 天，占全年降水日数的 34.55%，约占全年降水量的 98.26%；降水量大于 10 mm 的日数有 13.8 天，占全年降水日数的 20.20%，约占全年降水量的 68.22%；降水量大于 25 mm 的日数有

4.2 天，占全年降水日数的 6.16%，约占全年降水量的 33.09%；降水量大于 50 mm 的日数有 0.5 天，占全年降水日数的 0.73%，约占全年降水量的 6.36%。降水产流主要是大于 5 mm 的降水，且降水量较多的月份为 5～9 月，因此集水效率较高的时期在 5~9 月，详见表 7-26。

表 7-26　各等级降水日数年内分布　　　　　　　（单位：天）

月份	平均降水日数				
	≥0.1 mm	≥5.0 mm	≥10.0 mm	≥25.0 mm	≥50.0 mm
1	1.7	0.0	0.0	0.0	0.0
2	1.4	0.1	0.0	0.0	0.0
3	3.0	0.4	0.2	0.0	0.0
4	4.8	1.5	0.5	0.1	0.0
5	8.0	2.7	1.2	0.3	0.0
6	11.0	4.6	3.3	0.8	0.1
7	12.2	5.9	4.0	1.5	0.2
8	10.2	4.1	2.6	1.0	0.2
9	7.5	2.4	1.3	0.3	0.0
10	4.4	1.4	0.6	0.2	0.0
11	2.7	0.4	0.1	0.0	0.0
12	1.4	0.1	0.0	0.0	0.0
合计	68.3	23.6	13.8	4.2	0.5

2. 采坑集水潜力分析

1）集水潜力计算方法

据《雨水集蓄利用工程技术规范》（GB/T 50596—2010），运用 CAD2007 软件对研究区土地利用现状图进行调查统计，确定可以集水的面积和并根据实际情况规划集水路径，判断集水材料。根据表 7-27 查找不同集流面材料对应的集流效率，最终确定集水量。

表 7-27　年集流效率参照表　　　　　　　　　（单位：%）

集流面材料	多年平均降水量 250～500 mm 地区	多年平均降水量 500～1000 mm 地区	多年平均降水量 1000～1500 mm 地区
混凝土	73～80	75～85	80～90
浆砌石	70～80	70～85	75～85
沥青路面	65～75	70～80	70～85
乡村土路、土场、庭院地面	15～30	20～40	25～50
水泥土	40～55	45～60	50～65

集流面材料	多年平均降水量 250~500 mm 地区	多年平均降水量 500~1000 mm 地区	多年平均降水量 1000~1500 mm 地区
固化土	60~75	75~80	80~90
完整裸露膜料	85~90	85~92	90~95
塑料膜覆中粗砂或草泥	28~46	30~50	40~60
自然土坡（植被稀少）	8~15	15~30	25~50
自然土坡（林草地）	6~15	15~25	20~45

资料来源：《雨水集蓄利用工程技术规范》（GB/T 50596—2010）。

单一用途集流总面积计算公式：

$$W = \frac{S_1 \cdot k_1 \cdot P_p}{1000} \tag{7-14}$$

式中，W 为集水量，m^3；S_1 为自然土坡集流面面积；k_1 为自然土坡年集流效率，取 $k_1 = 15\%$；P_p 代表月降水量，mm。

多用途集流总面积计算公式：

$$S_i = \sum_{j=1}^{m} S_{ij} \tag{7-15}$$

式中，S_i 为集流总面积，m^2；S_{ij} 为第 j 种材料集流面积，m^2；m 为雨水集蓄工程用途数量。

2）集水潜力计算结果

利用 CAD2007 软件对研究区土地现状图进行矢量化，通过研究区遥感影像及现状图分析采坑集水情况，将采坑集水情况分为三种类型分别为采坑保守集水量、采坑直接集水量、采坑最大集水量。

采坑保守集水量，即将采坑自身面积作为集水面，是最小集水面积，如图 7-17 所示。采坑直接集水量，通过遥感影像及现状图判断研究区采坑东北部有冲沟地貌，属于易汇水集水区域，因此采坑直接集水量是采坑自身面积与冲沟面积之和，如图 7-18 所示。采坑最大集水量，参考现状图等高线走势确定采坑正西方林草覆盖缓坡地和东北方向为植被稀疏的缓坡地，在降水时期易产生地表径流，以此确定最大集水面积，如图 7-19 所示。通过 CAD2007 软件判读采坑保守集水面积为 21.07 hm²，采坑直接集水面积为 54.76 hm²，采坑最大集水面积为 185.45 hm²。

集流面材料及利用效率：研究区集流面材料定义为自然土坡（植被稀少）。查询研究区可利用雨水资源潜力计算结果（表 7-28），年降水量在 250~500 mm 自然土坡（植被稀少）集流效率为 15%，自然土坡（林草地）集流效率为 15%，研究区集水效率以 15% 为例，利用式（7-14）求解出集雨量。

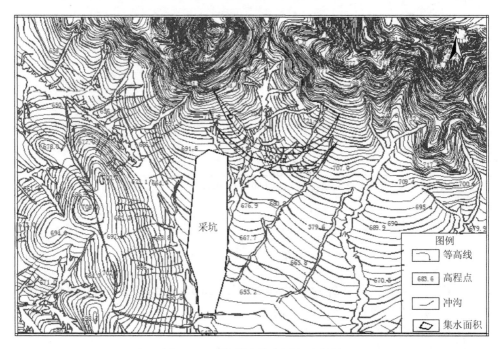

图 7-17　采坑最小集水面积示意图

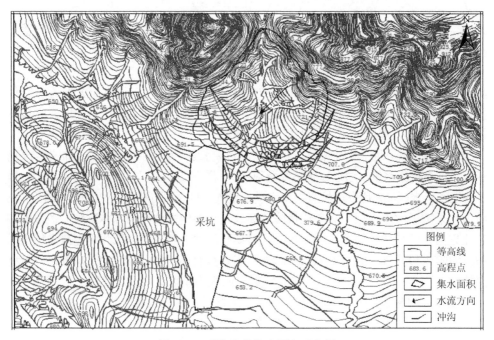

图 7-18　采坑直接集水面积示意图

A、B 为研究区涉及的两个集水坡面

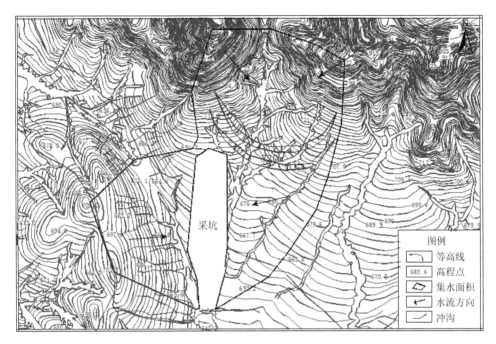

图 7-19　采坑最大集水面积示意图

表 7-28　研究区可利用雨水资源潜力计算结果

集雨情况	集流面材料	集水面积/hm²	集流效率/%	可集蓄潜力/万 m³		
				丰水年（613.6 mm）	平水年（438.70 mm）	枯水年（360.00 mm）
情况 1	自然土坡（植被稀少）	21.07	15	1.94	1.39	1.14
情况 2	自然土坡（植被稀少）	54.76	15	5.04	3.60	2.96
情况 3	自然土坡（林草地）	46.87	15	4.31	3.08	2.53
	自然土坡（林草地）	138.58	15	12.75	9.12	7.48
	小计	185.45	—	17.06	12.20	10.01

通过对研究区可集水量分析，预测采坑保守集水量在枯水年、平水年、丰水年分别为 1.14 万 m³、1.39 万 m³、1.94 万 m³；采坑直接集水量在枯水年、平水年、丰水年分别为 2.96 万 m³、3.60 万 m³、5.04 万 m³；采坑最大集水量在枯水年、平水年、丰水年分别为 10.01 万 m³、12.20 万 m³、17.06 万 m³。本书以集雨情况 3 进行后续研究。

3. 采坑雨水集蓄灌溉潜力分析

单位面积年灌水用量采用旱地灌水定额和灌水次数（表 7-29）估算，公式为

$$M_d = G \cdot n \qquad\qquad (7\text{-}16)$$

式中，M_d 为灌水用量；G 为灌水定额，m^3/hm^2；n 为灌水次数。

表 7-29　旱地灌水次数与灌溉定额

	年降水量 300 mm	年降水量 400 mm	年降水量 500 mm
灌水次数 n	3～4	2～3	2～3
滴灌灌水定额/(m^3/hm^2)	600～900	600～900	600～900

　　通过研究区集水潜力分析（表 7-30）可得，枯水年灌水用量范围为 1800～3600 m^3/hm^2，可集水量为 10.01 万 m^3，可供灌溉面积为 27.81～55.61 hm^2，最小灌溉面积 27.81 hm^2；平水年灌水用量范围为 1200～2700 m^3/hm^2，可集水量为 12.20 万 m^3，可供灌溉面积为 45.19～101.67 hm^2，最小灌溉面积 45.19 hm^2；丰水年灌水用量范围为 1200～2700 m^3/hm^2，可集水量为 17.06 万 m^3，可供灌溉面积为 63.22～142.25 hm^2，最小灌溉面积为 63.22 hm^2。

表 7-30　集水灌溉面积

	枯水年（360.00 mm）	平水年（438.70 mm）	丰水年（613.6 mm）
灌水用量/(m^3/hm^2)	1800～3600	1200～2700	1200～2700
可集水量/万 m^3	10.01	12.20	17.06
可供灌溉面积/hm^2	27.81～55.61	45.19～101.67	63.22～142.25

7.7.3　采坑雨水集蓄工程设计

1. 典型集水工程布设

　　采坑集水方案利用坡降比，大流域自然汇水的同时，在采坑周边小面积布设截排沟，将汇集于采坑周围的雨水引入暂储沉淀坑，经过过滤沉淀补给到构造的地下含水层或地下水库，并在充填的同时预埋提水井灌溉使用。设计采坑集蓄工程主要包括截排水工程、暂储沉淀坑工程、采坑蓄水防渗工程。

　　通过采坑集水潜力分析，确定采坑集水面积为 185.36 hm^2。为了方便规划布设，人为将采坑集水面积分为三部分，如图 7-20 所示，A 区面积为 99.20 hm^2，B 区面积为 39.38 hm^2，C 区面积为 46.78 hm^2，规划在采坑上端布一条截留沟集蓄 A 区水源，在采坑两边布设两条排水沟集蓄与疏排 B 区、C 区水源，并在采坑上下部位布设两处暂储沉淀坑。设计集水路径为采坑上部暂储沉淀坑收集 A 区径流水源、采坑下部暂储沉淀坑收集 B、C 两区及采坑内产生的径流水源，并在充填废弃矿石的同时，预埋多段铸铁井管，管底部至坑底，向上依次为沉淀管、滤水管和井壁管，在管内设置进水管，进水管下端连接潜水泵，潜水泵将水抽至地表，用于复垦后农业灌溉。

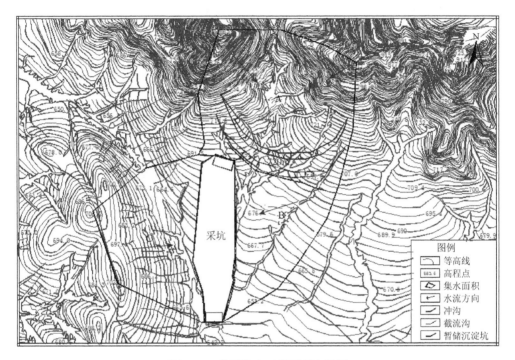

图 7-20 典型集水工程平面布设图

2. 截排水工程

根据《水土保持工程设计规范》（GB 51018—2014）规定研究区为半干旱地区，截排水工程应以多蓄少排为原则。本着低水低排，高水高排的原则，在采坑上部直接集水区设计一条截留沟，集蓄 A 区水源，在采坑两侧设计两行排水沟，控制采坑和 B 区、C 区径流，并在梯田傍山一侧设置截排水暗渠。防御暴雨标准：10 年一遇 24 h 最大降水量设计。

1）截流沟断面设计

截流沟断面为梯形，以 A 区面积为例，截流沟截留面积为 99.20 hm²，集水面集流效率为 15%，根据研究区降水特征，设计降水强度为 3 mm/min，截流沟流量公式如下：

$$Q = 1.667 \times 10^{-5} ISE \tag{7-17}$$

式中，Q 为设计总汇水流量，m^3/s；I 为设计降水强度，mm/min；S 为截流沟控制集水面积，m^2；E 为集水材料集流效率，%。则有

$$Q = 1.667 \times 10^{-5} \times 0.15 \times 99.20 \times 10^4 \times 3 \approx 7.44 \text{(m/s)}$$

设计布设截流沟长为 710 m，截流沟断面要素分别为：沟底宽 0.35 m、沟深 0.4 m、坡比为 1∶1。浆砌石筑体 0.1 m，砂浆抹面 0.03 m（图 7-21）。

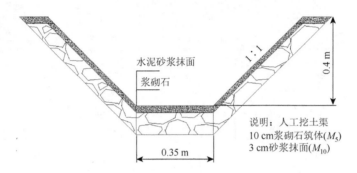

图 7-21   截流沟设计断面典型示意图

2）排水沟断面设计

排水沟断面为梯形，与截流沟不同之处在于截流沟与梯田田面平行，排水沟纵断面与梯田断面一致，以靠近 C 区截排水为例，截排水 C 区面积为 46.78 hm^2，截排水采坑面积为 10.54 hm^2，共计 57.32 hm^2，设计集流效率为 15%。则有

$$Q = 1.667 \times 10^{-5} \times 0.15 \times 57.32 \times 10^4 \times 3 \approx 4.30 \text{(m}^3\text{/s)}$$

排水沟设计总汇水流量为 4.30 m^3/s，设计排水沟总长为 1060 m，沟断面要素分别为沟底宽 0.2 m、沟深 0.3 m、坡比为 1∶1。浆砌石筑体 0.1 m，砂浆抹面 0.03 m。同理设计另一条排水沟设计总汇水流量为 3.74 m^3/s，总长 820 m（图 7-22）。

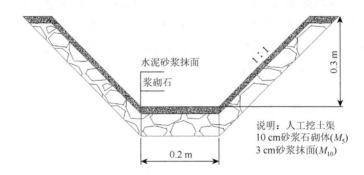

图 7-22   排水沟设计断面典型示意图

3. 暂储沉淀坑工程

在采坑上部和下部分别布设暂储沉淀坑,上部暂储沉淀坑汇集采坑上部截留水源、下部收集采坑内部及相邻部分排水水源,并采取相应的净化沉淀措施,预留采坑部分非填充作为雨水暂储沉淀坑。由于采坑暂储沉淀坑内尚无相关设计标准,本书参照《水利水电工程沉沙池设计规范》(SL/T 269—2019)设计沉沙池结构为矩形。

沉沙池规格计算公式见式(7-18)～式(7-22)。

$$V_c = 0.563 D_c^2 (r-1) \tag{7-18}$$

$$L = \sqrt{2Q \Big/ V_c} \tag{7-19}$$

$$B = L/2 \tag{7-20}$$

$$v = \frac{Q}{Bh} \tag{7-21}$$

$$V_{沉} = B \times L \times h \tag{7-22}$$

式中,V_c 为标准粒径沉速,m/s;D_c 为泥沙标准粒径,mm;r 为泥沙颗粒平均密度,g/cm³;L 为沉沙池长,m;B 为沉沙池宽,m;h 为沉沙池高,m;v 为泥沙颗粒的水平运移速度,m/s;$V_{沉}$ 为沉淀池体积,m³。

设计研究区泥沙标准粒径 D_c 为 0.15 mm,泥沙颗粒平均密度 r 为 2.67 g/cm³,泥沙颗粒的水平运移速度为 0.2 m/s,已知截流沟断面流量为 7.395 m³/s,则采坑上部暂储沉淀坑参数为

$$V_c = 0.563 \times 0.15^2 \times (2.67-1) \approx 0.021 (\text{m/s})$$

$$L_上 = \sqrt{2 \times 7.395 / 0.021} \approx 26.54 (\text{m})$$

$$B_上 = L_上 / 2 = 26.54 / 2 \approx 13.27 (\text{m})$$

$$h = \frac{7.395}{13.27 \times 0.2} \approx 2.79 (\text{m})$$

计算求出采坑上部暂储沉淀坑长为 26.54 m,宽为 13.27 m,高为 2.79 m,因此设计采坑上部暂储沉淀坑长、宽、高取值分别为 26.60 m、13.30 m、2.80 m。

上部暂储沉淀坑体积为

$$V_上 = 26.60 \times 13.30 \times 2.80 \approx 990.58 (\text{m}^3)$$

为使砂泥充分沉淀过滤,在沉淀坑中设置小孔隙碎石过滤层、大孔隙碎石过滤层结构,减缓水源流速,充分沉淀,其中小孔隙碎石过滤层接近进水口、大孔隙碎石过滤层接近排水口,并设置迷宫形水源沉淀走势。浆砌石身采用 M_5 浆砌石块,下设碎石垫层、C10 砼各 10 cm。暂储沉淀坑典型剖面图示意图如图 7-23 所示,其典型平面示意图如图 7-24 所示。

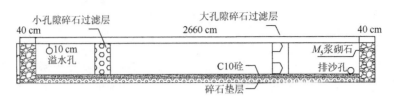

图 7-23　暂储沉淀坑典型剖面示意图

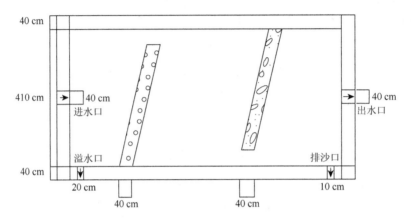

图 7-24　暂储沉淀坑典型平面示意图

同理可求采坑下部暂储沉淀坑参数为

$$L_{下} = \sqrt{2 \times (4.30 + 3.74) / 0.021} \approx 27.67 (m)$$

$$B_{下} = L_{下} / 2 = 27.67 / 2 \approx 13.84 (m)$$

$$h = \frac{7.395}{13.84 \times 0.2} \approx 2.67 (m)$$

采坑下部暂储沉淀坑长 27.67 m、宽 13.84 m、高 2.67 m，设计下部暂储沉淀坑长、宽、高取值分别为 27.70 m、13.85 m、2.70 m。

下部暂储沉淀坑体积为

$$V_{下} = 27.70 \times 13.85 \times 2.70 = 1035.84 (m^3)$$

通过暂储沉淀坑工程设计，可得采坑上部暂储沉淀坑长、宽、高取值分别为 26.60 m、13.30 m、2.80 m，占地表面积为 353.78 m²，总体积为 990.58 m³；采坑下部暂储沉淀坑长、宽、高取值分别为 27.70 m、13.85 m、2.70 m，占地表面积为 383.65 m²，总体积为 1035.84 m³。采坑不填充体积为 2026.42 m³。

4. 采坑蓄水防渗工程

研究区采坑现状坑内无水，为防止采坑坑底漏水，必要时设计防渗工程处理备用设施，采坑底部防渗工程设计参照《生活垃圾卫生填埋处理技术规范》（GB 50869—2013）相关要求。

（1）防渗方式：规划在采坑充填前，对采坑底部进行水平方向铺设防渗材料，防止采坑向周围及垂直方向漏水。

（2）防渗材料：大量研究资料表明防渗材料包括天然防渗材料，如黏土、膨润土；改良防渗材料，如石灰＋黏土、膨润土＋黏土等；人工合成防渗材料，如高密度聚乙烯（high density polyethylene，HDPE）、聚氯乙烯（polyvinyl chloride，PVC）等。研究区黏土较少，类黏土性质的砖红色亚砂土较多，因此选择砖红色亚砂土结合人工合成膜作为防渗材料。

（3）防渗结构：衬层防渗结构包括单层防渗、复合防渗、双层防渗结构，与固体废弃物填埋防渗不同之处在于采坑坑底蓄水防渗不需要做地下排水系统，但要考虑采坑充填物料重力作用，因此天然防渗措施应多于人工防渗。

查阅相关资料，研究区砖红色亚砂土力学性质：流限(W_T)＝37.7，塑限(W_P)＝20.0，吸水量(W_m)＝16.9，渗透系数(K)＝0.00145 m/s。达不到防渗标准渗透系数 $1×10^{-7}$ m/s 标准要求，因此依据《生活垃圾卫生填埋处理技术规范》（GB 50869—2013）选用人工材料＋压实土壤复合方案，选用 0.75 m 压实砖红色亚砂土＋不透水土工布＋0.75 m 压实砖红色亚砂土的形式。

7.7.4　采坑提水工程设计

1. 采坑提水方案的提出

利用铁矿采坑底部无裂隙槽状形态，回填废矿石间隙构造类地下含水层需要提供一种能适用于采坑底部蓄水的提水装置，以满足复垦耕地灌溉用水的需要。结合《机井技术规范》（GB/T 50625—2010）、《管井技术规范》（GB 50296—2014）设计提水装置，高效合理利用采坑集蓄的灌溉水源。通常意义井的规划设置首先要确定用水需求、寻找水源、调查水利参数、设计灌溉水源结构、井局布设的过程。本研究为配合采坑雨水集蓄技术，设计了提水装置。

采坑提水装置设计步骤为：①预测集水量；②预测采坑空间与回填废石孔隙空间；③预测水位线；④设计井位及井结构参数。具体的实施步骤：在充填废弃矿石的同时，选择好"井位"，预埋多段铸铁井管，管底部至坑底，井管由坑底部至地表依次为沉淀管、滤水管和井壁管；滤水管长度为构造类地下含水层厚度，滤水管的管壁上布设滤水孔，在铸铁井管内设置进水管，进水管下端连接潜水泵；通过潜水泵将水抽至地表，用于复垦后农业灌溉。

2. 水位预测

由采坑充填物料孔隙空间计算可以得出，忽略防渗层下采坑可蓄水高度，水位至坑底算起约为 35 m，采坑累计孔隙空间为 56.25 万 m³，由于采坑为非均匀柱状体，因此不同层高情况下，采坑蓄水空间不同，采坑蓄水层高与蓄水空间关系见表 7-31。

表 7-31　采坑蓄水空间统计表

编号	台阶上层高程 H_2/m	台阶下层高程 H_1/m	累计高度/m	孔隙体积 V_n/万 m³	累计孔隙体积 V_n/万 m³
1	612.50	615.00	2.50	2.65	2.65
2	615.00	617.50	5.00	2.86	5.51
3	617.50	620.00	7.50	3.06	8.57
4	620.00	622.50	10.00	3.26	11.84
5	622.50	625.00	12.50	3.47	15.30
6	625.00	627.50	15.00	3.67	18.97
7	627.50	630.00	17.50	3.88	22.85
8	630.00	632.50	20.00	4.08	26.93
9	632.50	635.00	22.50	4.30	31.23
10	635.00	637.50	25.00	4.51	35.74
11	637.50	640.00	27.50	4.72	40.46
12	640.00	642.50	30.00	4.96	45.42
13	642.50	645.00	32.50	5.23	50.64
14	645.00	647.50	35.00	5.60	56.25

以采坑最大集水量结果测算，采坑丰水年可蓄水总体积为 17.06 m³、平水年可蓄水总体积为 12.20 m³、枯水年可蓄水总体积为 10.01 m³。

通过表 7-31 可以得出，采坑以一年为周期，丰水年水位在 12.50～15.00 m，含水层高程在 625.00～627.50 m；平水年水位在 10.00～12.50 m，含水层高程在 622.50～625.00 m；枯水年水位在 7.50～10.00 m，含水层高程在 617.50～620.00 m；由此可见研究区丰水年、枯水年水位变化明显，采坑提水设计应该以平水年作为设计参考标准。

3. 井的参数设计

采坑提水井选用铸铁管井，并在铸铁管井外涂抗氧化层。

由上文内容可知研究区平水年水位在 10.00～12.50 m，设计过滤管长度为 15 m，提水装置沉淀管长度参考研究区当地沉淀管长度，以 3～5 m 为宜，设计沉淀管长为 3 m。

提水装置过滤管外径、单井出水量、单井控制面积参照《机井技术规范》（GB/T 50625—2010），公式如下：

$$d \geqslant \frac{Q}{\pi LPV} \qquad (7-23)$$

$$V = \frac{\sqrt{K}}{15} \qquad (7-24)$$

$$F_0 = \frac{Q\eta(1-\eta_2)Tt}{m} \qquad (7-25)$$

式中，d 为过滤管外径，m；Q 为管井设计出水量，m³/d；L 为过滤器长度，m；P 为过滤器表面进水有效孔隙度；V 为允许入管流速，m/d；K 为渗透系数，m/d；F_0 为单井控制面积，m²；T 为整个规划区轮灌一次所需时间，天；t 为每天开机时间，h；η 为灌溉水利用系数；η_2 为干扰抽水的水量消减系数；m 为综合灌水定额，m³/hm²。

其中，过滤器长度 L，根据水位，设计过滤器总长为 15 m，根据实际水位，蓄水水源通过过滤器长度为 10 m；过滤器表面进水有效孔隙度 P，取 0.5；渗透系数 K：卢敦华（2017）通过对不同孔隙度碎石渗透系数研究得出孔隙度在 16.5%～21.9%，渗透系数在 2.28～4.98 m/s，采坑蓄水空间孔隙度为 17.56%，通过经验比拟法设计采坑构造含水层渗透系数 $K = 4.06$ m/s 换算得 $K = 3507.84$ m/d；整个规划区轮灌一次所需时间 T，取 12 天；每天开机时间 t，取 18 h；灌溉水利用系数 η，取 0.85；干扰抽水的水量消减系数 η_2，取 0.1；综合灌水定额 m，取 600 m³/hm²。通过式（7-23）～式（7-25）推导可得井径与单井控制面积关系为

$$F_0 = \frac{d\eta(1-\eta_2)Tt\pi LP\left(\dfrac{\sqrt{K}}{15}\right)}{m} \qquad (7-26)$$

设计预埋井管井径为 0.44 m，则单井控制面积为

$$F_0 = \frac{0.44 \times 0.85 \times (1-0.1) \times 12 \times 18 \times 3.14 \times 10 \times 0.5 \times \dfrac{\sqrt{3507.84}}{15}}{600}$$

$$F_0 = 7.51 (\text{hm}^2)$$

研究区采坑复垦耕地面积为 21.00 hm²，由此可知研究区应布设 3 口井，布设形式采用梅花形，根据《机井技术规范》（GB/T 50625—2010）确定井距。

$$L_0 = 107.5 \times \sqrt{F_0} \qquad (7-27)$$

式中，L_0 为井距，m；F_0 为单井控制面积，hm²。

井距为

$$L_0 = 107.5 \times \sqrt{7.51} = 294.60 (\text{m})$$

由于采坑位于坡地上，为方便灌溉，将井布设在采坑中上部，在采坑中间平行布设 2 口井，采坑上部布设 1 口井，井距为 294.60 m。以采坑中部井为例，通

过研究区现状图高程判读，研究区采坑中部地表高程为 665.00 m，采坑坑底高程为 610.00 m，因此可判断采坑提水井深为 55 m。由上文内容可知，研究区平水年距井底水位高度在 10.00～12.50 m，距离地面距离约为 40 m。所以可得井径为 0.44 m，沉淀管长度为 3 m，过滤管长度为 15 m，井壁管长度为 27.00 m。同理，距离采坑中上部约 194.60 m，布设一井，测算井深 61.56 m，同理可得井径为 0.44 m，沉淀管长度为 3 m，过滤管长度为 15 m，井壁管长度为 43.50 m（图 7-25）。

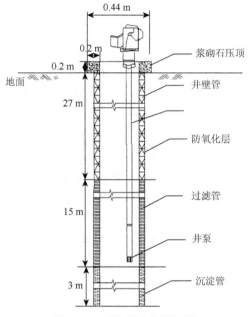

图 7-25　采坑提水井设计图

因此设计研究区以梅花形布设 3 口井，布设井位选择在采坑中部 2 口，采坑上部 1 口，井距 194.60 m。采坑中部设计参数为井径 0.44 m，沉淀管长度 3 m，过滤管长度 15 m，井壁管长度 37.00 m；采坑上部井设计参数为井径 0.44 m，沉淀管长度 3 m，过滤管长度 15 m，井壁管长度 43.50 m。同时在铸铁井管内设置进水管，进水管下端连接潜水泵，通过潜水泵将水抽至地表，用于复垦后农业灌溉。

7.8　本章小结

本章以辽西地区松新铁矿采坑为例，通过总结国内外采坑研究方案、调查采坑现状，分析采坑复垦条件，依据采坑复垦相关条例及技术规程，提出适宜的采坑复垦技术方案，并对采坑复垦关键技术进行详细阐述，为辽西地区和类似矿区采坑复垦提供借鉴。

（1）将国内外露天采坑复垦方式通过土地复垦技术和土地利用方式进行排列组合，其中土地复垦技术分为充填复垦和非充填复垦，土地利用方式分为农业用地、建设用地、生态用地，再根据研究内容划分为 6 种研究方向，包括采坑非充填复垦为农业用地、采坑非充填复垦为建设用地、采坑非充填复垦为生态用地、采坑充填复垦为农业用地、采坑充填复垦为建设用地、采坑充填复垦为生态用地。根据研究区特点，采坑地点多在乡村，从生态效益和经济效益考虑，复垦方向优先选择充填复垦为农业用地模式。

（2）分析辽西地区采坑复垦优势及劣势，提出适宜的采坑复垦方案。即将附近新开铁矿"小塘第一铁矿"采挖排弃岩石按地层顺序进行采坑充填，充填完毕后表层铺碎石，之后进行土壤重构与造地工程。同时，利用采坑底部无裂隙槽状形态和岩石间孔隙，进行适当防渗处理后，将采坑上游或周围雨水径流拦蓄引入采坑，形成底部蓄水以作为复垦耕地的灌溉水源；在矿坑充填的同时，预埋多段铸铁井管形成取水井；在采坑上、下两端设置暂储沉淀坑，使汇集径流经过自然沉降过滤后，侧向渗入采坑底部储水区。根据上述方案，本书对采坑复垦分为采坑充填、土壤重构、雨水集蓄三方面进行分析论述。

（3）采坑充填关键技术以确定采坑地层特征及开采工艺为基础，提出采坑总容积计算—确定采坑充填方案—计算充填物料孔隙度的研究步骤及研究方法。

首先以坡地采坑末端相对高度为分界线，将采坑分为I区和II区，利用 CASS7.0 软件分层统计两区总容积。采坑总容积包括暂储沉淀坑非充填容积、土壤重构容积和采坑充填物料容积。计算得到采坑总容积为 706.36 万 m^3，作为暂储沉淀坑非充填容积 0.20 万 m^3，采坑排弃岩石充填 685.13 万 m^3，其上 1 m 高度为构造土壤层容积 21.03 万 m^3。

其次确定采坑充填方案，按原地层顺序充填附近小塘第一铁矿剥离的岩石，小塘第一铁矿表层剥离土壤先行堆放存储，待充填完成后覆土造地。充填顺序由坑底至地表为原距地表 20 m 以下坚硬岩（黑云角闪片麻岩）、原距地表 3～20 m 风化碎石（黑云角闪片麻岩）、原距地表 2～3 m 碳酸盐类母质于 3 号排土场，充填至距地表 1 m，进行土体重构工程。

最后根据充填研究真实密度与堆积密度，求出充填物料孔隙度，并测算最终储水空间上限，经测算充填物料平均真实密度为 2.62 t/m^3，平均堆积密度为 2.16 t/m^3，孔隙度为 17.56%。根据采坑末端相对高度位于坑底之上 35.0 m，算得采坑储水量上限为 56.25 万 m^3。

（4）土壤重构关键技术以明确旱地适生土地构型及研究区土壤现状等条件为基础，结合课题组土壤改良研究成果，通过建立相对优选距离（YXR）和综合优选指数（ZYX）评价的方法，优选出最佳土壤重构措施，并进行梯田工程设计。本书提出 4 种上松下紧形土体重构方案，即 20 cm 碎石＋30 cm 砖红色亚砂土＋50 cm 壤土；20 cm 碎石＋30 cm 砖红色亚砂土＋10%尾矿改良土 50 cm；20 cm 碎石＋30 cm 砖红色亚砂土＋25%尾矿改良土 50 cm；20 cm 碎石＋30 cm 砖红色亚砂土＋35%尾矿改良土 50 cm。确定最佳土壤重构措施为 20 cm 碎石＋30 cm 砖红色亚砂土＋25%尾矿改良土（12.5 cm 尾矿＋37.5 cm 壤土混合）50 cm。

结合现阶段相应的土地整治措施修建梯石和梯田工程，计算恢复研究区 21.00 hm² 农业田，自上而下修建梯田 21.00 hm²，总长度为 5329.04 m，每阶梯田长度为 1～250 m，碎石土方量为 3.73 万 m³、黏土土方量为 5.60 万 m³、尾矿土方量为 2.33 万 m³、耕土土方量为 6.99 万 m³、田坎土方量为 2.79 万 m³。

（5）采坑雨水集蓄技术包括采坑蓄水可行性分析、采坑雨水集蓄分析与计算、采坑雨水集蓄工程设计和采坑提水工程设计。

根据《工程岩体分级标准》（GB/T 50218—2014），通过对研究区采坑围岩定性及定量分析，得出采坑岩体基本质量属于Ⅱ级标准；通过对研究区矿业背景及充填物料背景分析确定采坑蓄水环境安全。

通过研究区降水系列资料分析，得出研究区 1987～2010 年降水量主要分布在 6～8 月，其余月份降水量较少，农作物生长季中易发生春旱（4～5 月）和秋旱（9～10 月）并存在短期丰水年、枯水年交替的现象。通过绘制皮尔逊Ⅲ型频率曲线得到研究区丰水年降水量为 613.60 mm、平水年降水量为 438.70 mm、枯水年降水量为 360.00 mm。

利用 CAD2007 软件对研究区土地现状图进行矢量化，判读采坑保守集水面积为 21.07 hm²，采坑直接集水面积为 54.76 hm²，采坑最大集水面积为 185.45 hm²，预测采坑在枯水年、平水年、丰水年，采坑保守集水量分别为 1.14 万 m³、1.39 万 m³、1.94 万 m³；采坑直接集水量分别为 2.96 万 m³、3.60 万 m³、5.04 万 m³；采坑最大集水量分别为 10.01 万 m³、12.20 万 m³、17.06 万 m³。以最大集水面积为例，分析采坑灌溉潜力结果为枯水年可供灌溉面积为 27.81～55.61 hm²，最小灌溉面积为 27.81 hm²；平水年可供灌溉面积为 45.19～101.67 hm²，最小灌溉面积为 45.19 hm²；丰水年可供灌溉面积为 63.22～142.25 hm²，最小灌溉面积为 53.22 hm²。因此，采坑蓄水还可作为周边耕地的灌溉水源。

采坑集蓄工程包括集水工程、暂储沉淀坑工程、采坑蓄水防渗工程。为保障采坑蓄水方案正常实施，通过测算在采坑上部布设采坑截流沟长 710 m，采坑两侧布设排水沟分别长 1060 m、820 m。采坑上、下两端布设暂储沉淀坑 2 座，上部暂储沉淀坑总体积为 990.58 m³，下部暂储沉淀坑总体积为 1074.21 m³。

采坑提水工程，设计其井径为 0.44 m，沉淀管长度为 3.00 m，过滤管长度为 15.00 m，井壁管至地表高程为 37 m。根据实际用水情况，在采坑中上部，以梅花形布设 3 口井，井距 194.60 m。

（6）通过构建采坑复垦工艺体系确定实施步骤。

针对必须要进行采坑蓄水防渗工程的采坑，实施蓄水防渗工程；预埋铸铁井管；按原地层顺序充填矿剥离的岩石，并计算采坑总容积、作为暂储沉淀坑非充填容积、采坑排弃岩石充填、构造土壤层容积及采坑储水量上限；采坑充填至一定高度，在采坑易汇水区预留一定面积不充填作为暂储沉淀坑；采坑充填至地表，并进行土壤重构工程，必要地区进行梯田设计；完善采坑蓄水措施，布设采坑截面排水沟。

本章在采坑复垦利用措施及相关复垦技术标准的基础上，总结研究区采坑复垦条件，形成适宜辽西地区采坑复垦技术方案，并对方案中涉及的较为新颖的关键技术进行分析研究。其关键技术主要包括采坑充填技术、土壤重构技术、采坑雨水集蓄技术。但并不代表辽西采坑都仅仅通过此三种关键技术即可完成复垦，如还应涉及道路工程、滴灌工程、管护工程等相关内容，可以根据已有相关标准进行设计。

虽然本章研究结果期望为辽西地区类似采坑充填复垦提供借鉴，但不同的采坑在复垦过程中，遇到的情况会有所不同，复垦技术措施具有灵活性，还需要具体问题具体分析。

第8章 营口市老边区废弃工矿用地复垦规划 与设计实证

8.1 自然概况

8.1.1 自然条件

1. 地理位置

营口市位于辽东半岛中枢,大辽河入海口左岸。营口市西临渤海辽东湾,与葫芦岛隔海相望;北与盘锦、鞍山为邻;东与鞍山接壤;南与大连相连。地理坐标为 121°56′E~123°02′E, 39°55′N~40°56′N。营口港现有五个港区(营口、鲅鱼圈、仙人岛、盘锦、葫芦岛绥中),是全国综合交通体系的重要枢纽和沿海主要港口之一。全市地域南北最长处为 111.8 km,东西最宽处为 50.7 km,市域总面积为 5426.81 km²。废弃工矿用地复垦区位于营口市老边区柳树镇西大村南侧、东大村西南侧,隶属于营口市资产经营公司。

2. 地形地貌

该废弃工矿用地复垦区地形南窄北宽,属于滨海平原,区内地形低洼,自东向西倾斜,平均海拔在 2~7 m。地质构造属于华北地台,位于辽东台北斜,营口、宽甸古隆起的营口台背斜的西缘,与松辽沉降带接壤。

3. 气象

该废弃工矿用地复垦区属于北温带季风大陆性气候,光照充足,热量适宜,雨量适宜,四季分明,昼夜温差大,春季少雨多风,夏季高温多雨,秋季凉爽短暂,冬季寒冷干燥。年平均气温为 9℃。年均日照时数为 2898 h。一般情况下,夏季平均温度为 24.8℃,冬季平均温度为–9.2℃。年平均降水量为 693.6 mm,降水量年内分配很不均匀,7 月降水量最多,1 月降水量最少,汛期(7~9 月)降水量占全年降水量的 63%。地下水为高矿化度的 Cl-Ca 型水,且水位较高(埋深 0.7~1.0 m,汛期接近地表)。无霜期为 170~201 天,全年盛行西南风和东南风。

4. 土壤

该废弃工矿用地复垦区位于营口市中部平原区，最大冻土深度为 111 cm，最大积雪深度约为 28 cm。经过土壤监测分析，研究区土壤有机质含量为 45.5 g/kg，土壤 pH 为 8.22，电导率为 7.42 mS/cm，氯离子含量为 0.831 mg/g，硫酸根含量为 0.129%。土壤中砷、汞、铅等物质含量均符合《土壤环境质量　农用地土壤污染风险管控标准（试行）》（GB 15618—2018）一级。

5. 水文与水资源

依据该废弃工矿用地复垦区多年降水记录统计，7～9 月进入当地主汛期，降水总量将达到 450 mm，即每亩降水量可达 300 m³。研究区总面积为 348.0298 hm²，则计算可知：可获得天然降水量为 150 万 m³。

8.1.2　土地利用现状

1. 土地权属

该废弃工矿用地复垦区土地隶属于营口市资产经营公司，由营口盐业集团有限责任公司（简称营口盐业集团）使用。目前，研究区内土地权属明确，界线清楚，面积准确，无争议。

2. 土地利用结构

该废弃工矿用地复垦区总面积为 348.0298 hm²，项目建设规模为 348.0298 hm²（5220.42 亩）。土地利用现状见表 8-1。

表 8-1　土地利用现状表

二级地类名称	地块一/hm²	地块二/hm²	合计/hm²	占总面积的比例/%
农村道路	1.9171	0.8362	2.7533	0.79
河流水面	0.8568	1.6491	2.5059	0.72
采矿用地	61.8821	280.8883	342.7704	98.49
总面积/建设规模	64.6560	283.3736	348.0296	100.00

3. 耕地质量

按照《农用地分等规程》（TD/T 1004—2003），全国农业耕作制度区划中营口市属于Ⅰ东北区的Ⅰ₄辽宁平原区，废弃工矿用地复垦区位于营口市老边区东部，属于中部平原区，标准耕作制度为一年一熟，指定作物为玉米、水稻，基准作物为玉米。

为了确保营口市老边区城乡建设用地增减挂钩中耕地质量不降低，建新地占用耕地共 230.9047 hm²，等别为 9～12 等（国家利用等），其中，9 等为 24.836 hm²，10 等为 90.8731 hm²，11 等为 111.6929 hm²，12 等为 3.5027 hm²，加权平均值为 10.44。因此，本研究规划复垦后耕地等别的平均值不低于 10 等，个别地块等别不低于 9 等，规划后耕地等别分布详见《营口市老边区废弃工矿用地复垦项目耕地质量等别图》。

8.2　基础建设条件分析

8.2.1　基础设施条件

1. 灌排设施现状

营口市老边区废弃工矿用地复垦区位于辽河水系的最末端，但随着近年来沿线水利工程的不断完善，营口市老边区废弃工矿用地复垦区的供排水能力得到了很大程度的提高，距离研究区仅 2 km 处就有 2015 年投资修建的团结站，其供水能力可达 5.0 m³/s，可灌溉农田 1333.33 hm²，水质优良，完全可以满足工程建设及生产需要。

营口市老边区废弃工矿用地复垦区周边有团结站及下游干渠（当地称为花英台总干，本书称为淤泥河）、盐场外围河（排盐沟）等灌排水系，中型排灌站 1 座（图 8-1）。

2. 道路设施现状

营口市老边区废弃工矿用地复垦区紧邻新建成的营口机场路及西岗村路，交通极为便利。交通道路现状如图 8-2 所示。

图 8-1　团结提灌站及下游干渠现状图　　　　图 8-2　对外交通道路现状图

3. 电力设施现状

营口市老边区废弃工矿用地复垦区北侧 1 km 内就是柳树变电所，可随时保证供应施工及生产用电。电力设施现状如图 8-3 所示。

图 8-3　电力设施现状图

4. 土地利用现状

营口市老边区废弃工矿用地复垦区原为营口盐业集团使用的工矿用地（晒盐场），区内土壤质地黏重，呈碱性，且地下水为高矿化度的 Cl-Ca 型水，地下水位较高，土壤盐碱化程度较重。土地利用现状如图 8-4 所示。

图 8-4　土地利用现状图

8.2.2　土地利用限制因素

1. 限制因素分析

通过土地利用现状分析和基础设施条件分析，项目土地利用限制因素可总结为以下几点。

（1）土壤盐碱化程度较重，限制了复垦后耕地的作物生长，并会导致复垦后耕地质量较低，产量不高等问题。

（2）现状地势低洼，目前地面临近地下水位，给复垦后耕地土壤洗盐和脱盐的排水带来困难。

（3）灌排渠系缺乏，不能进行有效灌溉与排水；排水沟、季节性河流与主要道路的交叉位置缺少必要的渠系建筑物，影响日常生产生活通行。

（4）研究区内没有农田道路，复垦后耕地的生产活动缺乏有效交通。

2. 改善措施

本研究实施后，计划通过以下措施改善上述问题。

（1）规划增施商品有机肥与农家肥，修筑条台田等土壤盐碱改良技术措施，降低土壤中全盐含量，降低至作物生长耐受的全盐含量限值。

（2）采取挖低填高、客土等工程措施，提高复垦后耕地田面的高程，使田面高于渍水位 0.8 m 以上。

（3）新修灌溉干、支、斗、农四级渠道，保障洗盐和脱盐用水需求；新修排水干、支、斗、农四级沟道，保证洗盐后水顺畅排出。

通过构建灌排体系、增设过水的渠系建筑物、新建田间道路等措施来完善健全项目基本设施，改善研究区农业生产条件，提升粮食产能，实现耕地高产稳产。本研究的实施可以在一定程度上促进柳树镇，乃至老边区的全面发展，增加农业收入，提高农民生活水平，对改善村民生产生活条件有着重要的意义。

8.3　新增耕地分析

8.3.1　土地适宜性评价

土地适宜性评价是根据研究区的土地自然属性和经济属性，从土地利用的要求出发，全面衡量土地对某种用途的适宜性及适宜程度，是合理确定研究区土地利用结构和用地空间布局的基础。

本研究土地适宜性评价按照联合国粮食及农业组织《土地评价纲要》的思路和体系进行，评价对象为项目内未利用的采矿用地，衡量其是否适宜开发为耕地。

8.3.2　评价原则

1. 合理利用原则

要针对特定用途种类进行土地适宜性评价和分类，这是因为不同的土地用途种类对土地的性状有不同的要求。

2. 效益最佳原则

土地适宜性评价要求对不用的土地利用类型在可能的利益和需要的投入之间进行比较。所有土地利用都需要投入，投入和产出分析可以比较不同的土地利用类型的好坏，这是土地适宜性评价的一个重要指标。

3. 因地制宜原则

土地适宜性评价应切合当地的自然、经济和社会条件。进行土地适宜性评价时，必须同时考虑各类土地因素，以及与当地土地条件有关的因素。

4. 可持续利用原则

随着时间的推移，土地及其环境有一个演变的过程，人为扰动会改变土地的性状及土地的生产能力，进而影响土地的利用。

5. 可靠性原则

有些影响土地适宜性的因素是不固定的，而另一些是经过努力可以改变的。在土地适宜性评价过程中，应该确定各项必要的改良措施的成本，能够预测开发的经济和环境后果。

8.3.3 评价单元划分

废弃工矿用地复垦区内采矿用地总面积为 348.0298 hm^2，均为废弃工矿用地，地表有耐盐碱植物生长。研究区自然特性均一，可以确定为 1 个评价指标区，并只设置 1 个评价单元。

8.3.4 参评因子选择及权重确定

参考《土地复垦技术标准（试行）》《全国第二次土壤普查暂行技术规程》《农用地质量分等规程》（GB/T 28407—2012）等资料，考虑研究区的实际状况，分别选择以下影响因子作为新增耕地土地适宜性评价的参评因子，并根据各个因子对土地利用的影响性和影响程度，在参考其他土地复垦项目适宜性评价资料，以及其他相关研究成果的基础上，确定各个因子的影响权重赋值，具体见表 8-2。

表 8-2 参评因子的选择及权重确定表

	积温条件	地形坡度	土壤 pH	有效土层厚度	灌溉条件	排水条件	盐渍化程度	土壤养分	土壤质地
权重	0.06	0.04	0.06	0.04	0.23	0.27	0.13	0.06	0.11

其中，积温条件是农作物是否受霜冻威胁的重要指标；地形坡度反映了研究区大的地形起伏状况，对农业生产限制性较强；土壤养分用有机质含量表示；水分条件从灌和排两个方面反映，要求旱能灌、涝能排，它直接影响土地生产力的发挥，研究区属海积平原地，有效土层厚度和灌溉条件是主要限制性因素；盐渍化程度是影响农业生产的主要因素。以上因素都是土地利用适宜性的重要影响因素。

8.3.5　参评因子适宜性分级

参考《农用地质量分等规程》（GB/T 28407—2012）中关于农用地的参评标准，以及不同农作物对用地的要求，对各参评因子进行分级，将其适宜性分成非常适宜、适宜、中等适宜、临界适宜、不适宜 5 个等级。各参评因子适宜性分级情况见表 8-3。

表 8-3　参评因子标准表

参评因子 （赋分值）	非常适宜 （5）	适宜 （4）	中等适宜 （3）	临界适宜 （2）	不适宜 （1）
积温条件	无霜冻威胁	受霜冻影响，减产<10%	受霜冻影响，减产10%～20%	经常受霜冻影响，减产20%～40%	有严重霜冻威胁，减产>40%
地形坡度/（°）	<2	2～5	5～15	15～25	>25
有效土层厚度/cm	>150	100～150	60～100	30～60	<30
土壤 pH	6～6.5	6.5～7	5.5～6 或 7～7.5	4.5～5.5 或 7.5～8.5	>8.5 或<4.5
灌溉条件	有保证	基本保证	尚能保证	较困难	困难
排水条件	很好	好	一般	差	很差
盐渍化程度	无	轻度	中度	重度	超重度
土壤养分/%	>4.0	3.0～4.0	2.0～3.0	0.6～1.0	<0.6
土壤质地	壤土	黏土	砂土	砾质土	砂砾土

8.3.6　适宜性评价及结果

本研究区土地适宜性评价采用以下评价模型评定适宜性等级：

$$S = \sum_{i=1}^{m} p_i \cdot w \qquad (8\text{-}1)$$

式中，S 为评价单元适宜性分值；m 为该适宜类评价因子个数；w 为该评价因子的权重；p_i 为评价单元因子的得分值。

若 $S \leqslant 1$，则判断该单元不适宜；

若 $1 < S \leqslant 2$，则判断该单元临界适宜；

若 $2 < S \leqslant 3$，则判断该单元中等适宜；

若 $3 < S \leqslant 4$，则判断该单元适宜；

若 $4 < S \leqslant 5$，则判断该单元非常适宜。

根据上述评价方法，依据废弃工矿用地复垦区土壤基础资料评价各参评因子的耕地适宜性，见表 8-4。

表 8-4　耕地适宜性评价结果表

参评因子	单位	权重	适宜程度	赋分值	权重值
积温条件	—	0.06	受霜冻影响，减产 10%～20%	5	0.3
地形坡度	°	0.04	<2	5	0.2
有效土层厚度	cm	0.04	90	3	0.12
土壤 pH	—	0.06	7.5	3	0.18
灌溉条件	—	0.23	有保证	5	1.15
排水条件	—	0.27	很好	5	1.35
盐渍化程度	—	0.13	中度	3	0.39
土壤养分	%	0.06	>4.0	5	0.3
土壤质地	—	0.11	黏土	4	0.44

由表 8-4 可知，营口市老边区废弃工矿用地复垦区耕地适宜性评价综合得分为 4.43，除有效土层厚度、土壤 pH、盐渍化程度为中等适宜外，其他参评因子的适宜性均在适宜以上，耕地适宜性评价结果均为适宜到非常适宜之间，因此，确定废弃工矿用地复垦区适宜复垦为耕地。

8.4　水土资源平衡分析

8.4.1　可供水量分析

营口市老边区废弃工矿用地复垦区规划目标是将水源通过团结站引到研究区新修建的方塘中，同时将周边渠道和河流中余存水引入方塘，作为洗盐用水量补充，灌溉方式为提水灌溉。研究区总面积为 348.0298 hm²，需灌溉净面积为 197.5887 hm²。

研究区利用 7～9 月天然降水完成第一次洗盐，依据该地区多年降水记录统计，7～9 月进入主汛期，降水总量将达到 450 mm，即每亩降水量可达 300 m³，5000 亩地可获得天然降水量 150 万 m³。另外，营口市老边区内部河网每年 5 月水稻育苗前可储蓄淡水 800 万～1000 万 m³，可以满足本项目之外农田用水。此间，花英台抽水站平均每年提引水量 500 万～1000 万 m³，且上游水源充足，可根据项目用水需求调整提引水量，以满足研究区春季洗盐压盐的要求。

8.4.2　需水量分析

营口市老边区废弃工矿用地复垦区水资源主要用于洗盐脱盐。根据农业专家提出的意见及周边地区盐碱地耕作经验，在确保耕作田面高于地下水位一定高度的前提下，预计规划实施后 3～5 年，依靠条台田排水体系、适宜的耕作方式和天然降水淋洗，研究区复垦耕地即可达到周边耕地质量。

1. 洗盐需水量

第一年盐分较重，据不同地区冲洗定额的实验资料，确定洗盐净灌溉定额为 300 m^3/亩，通过计算确定毛灌溉定额为 339 m^3/亩。研究区控制灌溉面积为 240 hm^2。拟用于洗盐水量为 122.04 万 m^3。

2. 作物需水量

第 2～4 年，按照辽宁省盐碱地利用研究所专家提供的《老边区晒盐池开垦种稻灌溉制度表》中所列数据，每年 5 月 8 日至 5 月 15 日（根据不同农作物种植要求可以提前或延后）为洗盐压盐阶段，用水量为 270 万 m^3。根据研究区自然状况及当地周边地块实际经验，其需水量皆可由上游水源供应，并完全能满足研究区需水量要求。

8.4.3　平衡分析

根据上述分析可知：营口市老边区废弃工矿用地复垦区复垦后 3～5 年需进行洗盐脱盐，其需水量可由天然降水及上游水源供应，洗盐水源有一定保障，期间规划种植菊芋、黑枸杞和西洋海笋等海水灌溉植物，洗盐后水源即可用于灌溉；而 5 年后种植作物靠天然降水即可满足耕种要求，研究区的灌溉水源是有保证的。

8.5　土资源平衡分析

8.5.1　需土量分析

营口市老边区废弃工矿用地复垦区规划通过修建灌排沟渠系统来构筑条台田雏形，并通过客土等土壤改良措施来完成条台田的构建。

根据总平面布置，本设计将研究区需土量测算分为以下四方面。

1. 修筑条台田客土量

营口市老边区废弃工矿用地复垦区规划条台田规格为长 100.0 m、宽 30.0 m（图 8-6），研究区地块一为不规则三角形、地块二为梯形，个别田块规格为条台田不规则三角形或梯形形状。研究区修筑条台田客土示意图如图 8-5 所示。

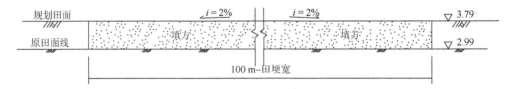

图 8-5　修筑条台田客土示意图

i 为坡度系数，高程单位为 m

营口市老边区废弃工矿用地复垦区各地块客土工程量见表 8-5。

表 8-5　修筑条台田客土量测算表

地块名称	条田面积 /m²	客土厚度 /m	需客土量（实方）/m³	客土量（虚方）/m³
地块一	345 835.26	0.80	276 668.20	359 668.67
地块二	1 630 051.57	0.80	1 304 041.25	1 695 253.63
合计	1 975 886.83	—	1 580 709.45	2 054 922.30

2. 修建灌溉渠道需土量

营口市老边区废弃工矿用地复垦区新建干、支、斗、农 4 级灌溉渠道，根据排盐、洗盐要求，以及水力计算结果，规划灌渠均为填方渠道。施工顺序为先进行田块客土，客土后修建灌溉渠道。研究区灌溉渠道填方示意图如图 8-6 所示。

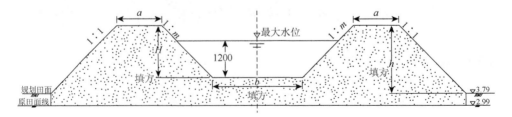

图 8-6　灌溉渠道填方示意图

a 为堤顶宽，m 为边坡比系数，高程单位为 m，其他标注单位为 mm

营口市老边区废弃工矿用地复垦区新建灌溉渠道 4 级，总长度为 118 515.27 m，根据各渠道规格及图 8-6 测算可知，需土总量为 90.24 万 m³（实方）。各级渠道客土及筑堤需土量计算结果见表 8-6。

表 8-6 修建灌溉渠道需土量测算表

工程名称	长度 /m	底宽 b/m	设计沟深 H/m	边坡系数	堤顶宽 a/m	堤高 h/m	需客土量（实方）/m³	客土量（虚方）/m³	筑堤需土量（实方）/m³	筑堤土量（虚方）/m³
灌溉干渠Ⅰ型	1 493.31	3.00	1.70	1.00	1.50	2.24	16 581.68	21 556.18	27 004.36	35 105.67
灌溉干渠Ⅱ型	1 777.72	2.50	1.50	1.00	1.30	2.09	17 450.10	22 685.13	27 084.86	35 210.31
灌溉支渠Ⅰ型	1 309.80	2.50	1.25	1.00	1.05	1.56	10 708.96	13 921.65	11 555.23	15 021.80
灌溉支渠Ⅱ型	6 754.08	2.50	1.50	1.00	1.30	1.89	64 190.74	83 447.97	86 999.93	113 099.91
灌溉斗渠	24 537.03	1.00	0.90	1.00	0.70	1.04	123 274.04	160 256.25	91 758.68	119 286.28
特殊灌溉斗渠	541.77	1.00	1.00	1.00	0.80	1.14	2 981.89	3 876.46	2 461.58	3 200.05
灌溉农渠	82 101.56	0.50	0.70	1.00	0.50	0.70	282 429.38	367 158.19	137 930.63	179 309.81
合计	118 515.27	—	—	—	—	—	517 616.79	672 901.83	384 795.27	500 233.83

3. 修建排水沟需土量

营口市老边区废弃工矿用地复垦区新建干、支、斗、农 4 级排水沟，根据排盐、洗盐要求及水力计算结果，规划排水沟均为半挖半填式沟道。施工时，先进行田面客土，再修建排水沟。研究区排水沟挖填方示意图如图 8-7 所示。

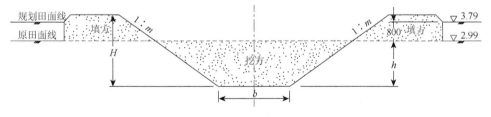

图 8-7 排水沟挖填方示意图

b 为挖方底部宽度，m 为边坡比系数，高程单位为 m，其他标注单位为 mm

营口市老边区废弃工矿用地复垦区新建排水沟 4 级，总长度为 118 585.45 m，根据各沟道规格测算可知，需土总量为 32.46 万 m³（实方），修建各级排水沟需土量计算结果见表 8-7。

表 8-7　修建排水沟需土量测算表

工程名称	长度/m	底宽 b/m	设计沟深 H/m	边坡系数	梗顶宽 a/m	梗高 h/m	需客土量（实方）/m³	客土量（虚方）/m³	筑梗需土量（实方）/m³	筑埂土量（虚方）/m³
排水干沟	2 943.30	3.00	3.00	1.40	2.00	0.30	15 446.42	20 080.34	4 167.71	5 418.02
排水支沟	7 777.65	2.00	2.30	1.25	2.00	0.30	39 510.45	51 363.59	10 908.15	14 180.60
排水斗沟	25 164.34	0.70	1.40	1.00	0.50	0.20	52 341.83	68 044.38	7 046.02	9 159.82
排水农沟	82 700.16	0.50	1.20	1.00	0.50	0.20	172 016.34	223 621.24	23 156.05	30 102.86
合计	118 585.45	—	—	—	—	—	279 315.04	363 109.55	45 277.93	58 861.30

4. 修建道路需土量

营口市老边区废弃工矿用地复垦区新建景观路、田间路、生产路 3 级道路。根据道路设计，田间路施工前，需先客土或增设块石基础，以提高路基承载力，并保证实施后达到道路规划高度。同时，研究区规划景观路和田间路均设有素土路肩，以横向支撑路面，并提供临时停车的位置。研究区道路填方示意图如图 8-8、图 8-9 所示。

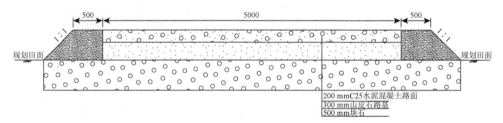

图 8-8　景观路填方示意图

高程单位为 m，其他标注单位为 mm

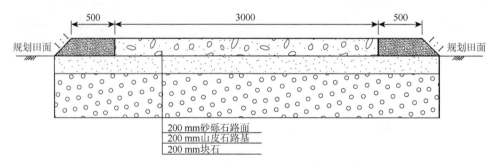

图 8-9　田间路填方示意图

高程单位为 m，其他标注单位为 mm

　　营口市老边区废弃工矿用地复垦区新建道路 3 级，总长度为 17 155.22 m，根据道路规格及图 8-8 和图 8-9 测算可知，需土总量为 3.25 万 m³（实方），各级道路客土及筑堤需土量计算结果见表 8-8。

表 8-8　新建道路需土量测算表

工程名称	长度/m	规划路面宽/m	路肩宽/m	边坡系数	素土路肩（实方）/m³	素土路肩（虚方）/m³	需客土量（实方）/m³	客土量（虚方）/m³
景观路	6 221.65	5.00	0.50	1.00	4 666.24	6 066.11	13 065.46	16 985.10
田间路	3 730.21	3.00	0.50	1.00	895.25	1 163.82	1 790.50	2 327.65
生产路	7 203.36	2.00	—	1.00	—	—	12 101.65	15 732.14
合计	17 155.22	—	—	—	5 561.49	7 229.93	26 957.61	35 044.89

8.5.2　可供土量分析

　　营口市老边区废弃工矿用地复垦区客土土源来自研究区内的方塘与排水沟挖方和研究区外南侧 3 km 左右的客土场。

　　1. 方塘挖方量

　　营口市老边区废弃工矿用地复垦区新建方塘 21 座，包括 2 种规格：方塘 I 型有 6 座，规格为长 150.0 m、宽 100.0 m、深 4.5 m；方塘 II 型有 15 座，规格为长 180.0 m、宽 100.0 m、深 4.5 m。

　　根据方塘设计形式，规划方塘内边坡比均为 1：1，在方塘中上部分设置 2.0 m 宽驿马道，研究区方塘挖方示意图如图 8-10 所示。

　　废弃工矿用地复垦区新建方塘 21 座，根据方塘规格及图 8-10 测算可知，研究区内方塘挖方总量为 115.84 万 m³，不同形式方塘挖方量计算结果见表 8-9。

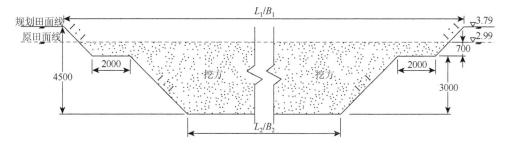

图 8-10　研究区方塘挖方示意图

L 为上口长，B 为上口宽，高程单位为 m，其他标注单位为 mm

表 8-9　方塘挖方量测算表

工程名称	数量/座	上口长 L_1/m	上口宽 B_1/m	设计塘深 H_1/m	边坡系数	挖深 H_2/m	挖方量/m³	备注
方塘 I 型	6	150	100	4.5	1	3.7	287 456.48	矩形
方塘 II 型	15	180	100	4.5	1	3.7	870 901.69	矩形
合计	23	—	—	—	—	—	1 158 358.17	—

2. 排水沟挖方量

营口市老边区废弃工矿用地复垦区新建干、支、斗、农 4 级排水沟，规划排水沟均为半挖半填式沟道，测算挖方量时，应以原地面线为基准。根据排水沟规格测算可知，研究区内排水沟挖方总量为 86 968.66 m³。各排水沟挖方量计算结果见表 8-10。

表 8-10　排水沟挖方量测算表

工程名称	长度/m	底宽 b/m	边坡系数	设计沟深 H/m	挖深 h/m	挖方量/m³
排水干沟	2 943.30	3.00	1.40	3.00	1.90	31 652.21
排水支沟	7 777.65	2.00	1.25	2.30	1.20	32 666.12
排水斗沟	25 164.34	0.70	1.00	1.40	0.40	11 072.31
排水农沟	82 700.16	0.50	1.00	1.20	0.20	11 578.02
合计	118 585.45	—	—	—	—	86 968.66

3. 客土场可供土量

营口市老边区废弃工矿用地复垦区客土场位于区外南侧 3.0 km 左右机场旁，土源为其他盐田清理土，土质与区内土壤质地一致，土量充足，经过相应权属单位协调沟通，可提供给本研究作为客土土源。

根据初步测算，客土场占地面积约为 9.0 hm²，可取土厚约为 2.0 m，则测算可知可取土量为 180.0 万 m³。

8.5.3　平衡分析

通过上述分析可知，营口市老边区废弃工矿用地复垦区修筑条台田需土量为

158.07 万 m^3、修建灌溉渠道需土量为 90.24 万 m^3、修建排水沟需土量为 32.46 万 m^3、修建道路需土量为 3.25 万 m^3，因此，研究区需土总量为 284.02 万 m^3。

营口市老边区废弃工矿用地复垦区内方塘挖方量为 115.84 万 m^3、排水沟挖方量为 8.70 万 m^3、客土场可供土量为 180.0 万 m^3。由于研究区范围广、涉及土方量大、施工工期长，运输过程中，土方量不可避免会有损耗，本次规划运输损耗率为 5%，折算后，研究区方塘可供土量为 110.05 万 m^3，排水沟可供土量为 8.27 万 m^3，客土场可供土量为 171.0 万 m^3，因此，研究区可供利用土方总量为 289.32 万 m^3（表 8-11）。

表 8-11　土资源平衡分析表　　　（单位：万 m^3）

地块名称	需土量					可供土量				供需差额(+/−)
	条台田客土	灌溉渠道	排水沟	道路	小计	方塘挖方	排水沟挖方	客土场供土量	小计	
研究区	158.07	90.24	32.46	3.25	284.02	110.05	8.27	171.0	289.32	5.3

注：（+/−）表示可能增加也可能减少。

由表 8-11 比较可知，扣除运输损耗后，营口市老边废弃工矿用地复垦区内方塘与排水沟挖方量和区外客土场可供土量可以满足区内各项工程需土量。因此，废弃工矿用地复垦区修筑条台田、进行土壤改良、修建灌渠等各项工程的土资源是有保证的。

8.6　工程总体布置

8.6.1　总平面布置

废弃工矿用地复垦区进行土地复垦的主要限制因素为土地盐碱化。为解决这一问题，复垦区内规划通过修筑条台田、增施有机肥改良土壤来抬高田面、降低地下水位、提高土壤有机质含量、改善土壤结构等；通过修建灌溉与排水设施来进行排盐和压盐、降低土壤含盐量；通过修建田间道路来构建复垦区交通体系，为农业机械化种植提供交通便利。

8.6.2　土地利用布局

依据营口市老边区土地利用总体规划和土地整治规划，废弃工矿用地复垦区总面积为 348.0297 hm^2，建设规模为 348.0297 hm^2。

营口市老边区废弃工矿用地复垦区复垦后土地利用类型为水浇地、坑塘水面、河流水面、沟渠和农村道路。复垦后土地利用结构调整见表 8-12。

表 8-12　土地利用结构调整表

类别名称		复垦前		复垦后		增减量	
		面积/hm²	比例/%	面积/hm²	比例/%	面积/hm²	比例/%
一级地类	二级地类						
耕地（01）	012 水浇地	0.0000	0.00	239.6664	68.87	239.6664	68.86
	小计	0.0000	0.00	239.6664	68.87	239.6664	68.86
交通运输用地（10）	104 农村道路	2.7534	0.79	2.6186	0.75	−0.1348	−0.04
	小计	2.7534	0.79	2.6186	0.75	−0.1348	−0.04
水域及水利设施用地（11）	111 河流水面	2.5059	0.72	2.5059	0.72	0.0000	0.00
	114 坑塘水面	0.0000	0.00	40.9349	11.76	40.9349	11.76
	117 沟渠	0.0000	0.00	62.3039	17.90	62.3039	17.90
	小计	2.5059	0.72	105.7447	30.38	103.2388	29.66
城镇村及工矿用地（20）	204 采矿用地	342.7704	98.49	0.0000	0.00	−342.7704	−98.49
	小计	342.7704	98.49	0.0000	0.00	−342.7704	−98.49
总面积/建设规模		348.0297	100.0	348.0297	100.0	0.0000	0.00

由于废弃工矿用地复垦区土地结构发生调整，研究区土地垦殖率提高了 69.92%。

根据废弃工矿用地复垦区地貌类型、气候条件、地下水和地表水状况等自然条件，以及当地种植结构、经济发展水平等社会经济条件，建议复垦后 1～5 年以发展耐盐经济作物为主，5 年后视土壤改良效果而定，可选择适当的作物进行种植。

8.7　工程平面布置

8.7.1　土地平整工程

1. 条台田修筑

营口市老边区废弃工矿用地复垦区拟复垦为水浇地，种植耐盐碱的经济作物（如菊芋等），因此，需要修筑条台田来构建耕作田块。研究区复垦主要限制因素为土壤盐碱化程度高，本次规划通过客土、铺设碎石、铺设秸秆、铺设土工布等土壤改良措施来修筑条台田，以抬高田面、降低地下水位，达到耕地洗盐排盐基础条件。

　　通过对研究区土资源平衡分析可知，复垦区内方塘、排水沟挖方量基本可以满足规划灌渠、排水沟、道路等工程需土量，区外客土场可满足区内修筑条台田需土量，可以达到土资源供需平衡。

　　参照同地区盐碱土地改良试验，复垦区规划条台田规格为长 100.0 m，宽 30.0 m，畦埂高 0.3 m，个别条台田受田块形状限制，其规格为不规则三角形或梯形。

　　2. 土壤改良

　　为提高土壤改良措施对盐碱土地的改良效果，确保复垦后耕地质量等别，以规划道路、沟系为边界进行划分，将复垦区划分为 5 种改良类型，分别为：土壤改良 A 措施，在客土前分层铺设土工布及碎石垫层；土壤改良 B 措施，在客土前铺设秸秆垫层；土壤改良 C 措施，在客土前铺设土工布；土壤改良 D 措施，在客土前铺设土工布及排盐管；土壤改良 E 措施，直接客土。规划复垦后土壤改良 A、B、C、D 措施耕地质量达到 9 等，土壤改良 E 措施耕地达到 10 等。各土壤改良措施区域面积可根据区域内条台田数量、形状测算而知。研究区土壤改良措施分布如图 8-11 所示。

图 8-11　土壤改良措施分布图

3. 施肥翻耕

由于复垦区土壤盐碱化程度度高，为提高洗盐排盐效果，缩短土壤改良周期，规划在修建条台田的基础上增施有机肥。施肥同时，可采用深松耕以促进土肥结合。

有机肥类型和施肥量可根据复垦区土壤 pH 和土壤有机质含量确定，翻耕次数及时间可视土壤孔隙度和种植作物需求而定，规划在复垦后 3～5 年使耕地达到 9～10 等。

8.7.2　灌溉与排水工程

1. 水源工程

为满足复垦区淡水洗盐和复垦后农作物灌溉需求，规划在复垦区西北侧和东北侧路边位置布设方塘进行蓄水，水源主要为研究区东北侧 2.0 km 处的团结站，可通过蓄水式提水站提水进入复垦区。团结站供水能力可达到 5.0 m³/s，可灌溉农田 2 万亩，水质优良，完全可以满足工程建设和生产需要。

通过水资源平衡分析可知，复垦区每年洗盐总需水量为 122.04 万 m³，规划地块一进行续灌、地块二进行轮灌作业。根据复垦区需水量要求，结合地块形状特点，在区内共布设方塘 21 座，包括 2 种规格：地块一内布设方塘 I 型，共 6 座，规划方塘长 150.0 m、宽 100.0 m、深 4.5 m、内边坡比 1：1，为矩形混凝土衬砌结构；地块二内布设方塘 II 型，共 15 座，规划方塘长 180.0 m、宽 100.0 m、深 4.5 m、内边坡比 1：1，为矩形混凝土衬砌结构。方塘与方塘之间采用涵闸进行串联，保证水系畅通。

2. 输水工程

根据地质勘查资料和水文资料确定灌溉渠道的布置。灌溉渠道布置满足洗盐和灌溉的要求，有效控制地下水位，防止土壤次生盐渍化或沼泽化。灌溉渠道布置符合灌区总体规划和灌溉标准要求。

复垦区内布设灌溉干渠、支渠、斗渠和农渠 4 级渠道，构建研究区洗盐、灌溉的输水系统。灌溉干渠沿平行于方塘的方向布置，为保证灌水效率，提高水的利用率，灌溉干渠上设节制闸，保证单独控制灌溉支渠灌水。灌溉干渠和支渠实行续灌，灌溉支渠上设节制闸。灌溉斗渠实行轮灌，进水口设分水闸。

洗盐水由灌溉式提水站从方塘中提取，由灌溉渠道进入田块，通过自流灌溉的方式进行淡水淋洗，以降低土壤盐分含量，达到洗盐、排盐的目的。同时，规划渠道系统还可以作为复垦后农作物种植用的灌溉渠道。

各级灌溉渠道规格尺寸，依据控制面积逐级推算。由于复垦区洗盐用水量远大于灌溉用水量，因此，进行水力计算时以洗盐流量为测算依据。

灌溉渠道和排水沟道互相参照、互相配合,研究区采用灌排相邻的布置形式,渠道只向一侧灌水,排水沟只接纳一边的径流,灌溉渠道和排水沟并行。田间渠道布置采用横向布置,灌水方向和灌溉斗渠平行,与灌溉农渠方向垂直,农渠间距为 30 m、斗渠间距为 100 m。

3. 排水工程

完善的排水体系不仅可以有效治理土壤盐碱化,避免复垦后耕地的返盐,还能够为复垦后的耕地创造良好的排水条件,防止洪涝灾害的发生。规划排水系统时,必须从实际出发,由调查研究入手,搜集和分析有关资料,摸清涝、渍和盐碱化的情况及原因,然后以此制订规划方案。

复垦区布设排水干沟、支沟、斗沟和农沟四级排水沟道,上下级排水沟互相垂直,灌排相邻布置。洗盐时,田间水通过农沟、斗沟、支沟依次自流,最终汇入研究区西南侧的排水干沟中,最终分别由研究区排水干沟两端的排水站排出。为防止外河水倒灌,在排水站前设节制闸控制。由于上下级沟底高程相差较大,因此在排水斗沟和支沟末端分别布置跌水。

各级排水沟规格尺寸可根据研究区设计洗盐流量逐级推算而来。

4. 渠系建筑物

依据复垦区工程布局布设渠系建筑物,包括节制闸、分水闸、跌水、方塘涵闸、方塘涵洞和道路涵洞 6 项。

规划方塘与方塘之间需布设涵闸以进行串联,保证水系流畅,涵闸规格可根据灌水时间进行校验。

为实现复垦区轮灌作业,在淤泥河、灌溉干渠和灌溉支渠上分别布设节制闸;根据各级灌溉渠道流量,在灌溉干渠与灌溉支渠衔接处、灌溉支渠与灌溉斗渠衔接处分别设置分水闸,用以分配水量;根据各级排水沟流量,在排水斗沟与排水支沟衔接处、排水支沟与排水干沟衔接处分别设置跌水;在田间路、生产路与灌溉渠系或排水沟道交叉位置,根据灌渠或排水沟规格分别设置方塘涵闸、方塘涵洞和道路涵洞。

5. 泵站及输配电工程

为保证区内和区外水系畅通,规划在研究区与外围河交界处分别设置提水站、排水站。同时,配备输电设备及输电线路。

由测量数据及规划后田面高程、规划后方塘设计水位可知,项目外围河水位要低于区内方塘设计水位。因此,需在方塘进水口位置设蓄水提水站,以保证方塘水位可以达到设计需求。

复垦区内，规划方塘设计水位比灌溉干渠设计水位低。因此，需布设灌溉提水站，提引方塘至灌溉渠道。

由测量数据及规划后排水干沟设计水位可知，项目外围河水位要高于排水干沟，无法进行白流排水，需在排水干沟外设置排水站。为尽量缩短排水时间，提高洗盐效率，规划在排水干沟两端，分别设置一座排水站。

规划从复垦区东北侧距离最近的高压线位置接入输电线路，并为泵站配备变压器等输配电设备，完善研究区的电力设施，解决泵站的供电问题。

8.7.3　田间道路工程

复垦区规划新建景观路、田间路、生产路 3 级道路。

规划景观路位于复垦区边界周围，是与外部道路衔接的主要道路，为复垦后生态农业发展提供良好基础。规划田间路分别贯穿复垦区东西与南北两个方向，是区内生产作业的主要道路，在规划灌渠及排水沟田埂基础上修建。规划生产路分别贯穿复垦区东西与南北两个方向，是区内生产作业的辅助道路，主要依靠规划灌渠及排水沟田埂修建。

由于复垦区土壤为黏土，质地柔软，易发生沉陷。因此，修建主要道路（景观路和田间路）时，在铺设路基路面前需要先铺设块石垫层以提高路基承载力，分层铺设路基路面后，应多次碾压，保证修建后景观路的平整度及稳定性。同时，考虑农机作业需求，在规划路面两侧设置素土路肩，以横向支撑路面，并提供临时停车的位置。

规划生产路是生产作业的辅助道路，对路基承载力等要求不高。因此不进行块石垫层和素土路肩布设。

8.7.4　农田防护与生态环境保持工程

复垦区在区外西南侧布设外围河 1 条，用于研究区外周边海水引流。在外围河两侧设置石笼护堤 2 段，其中，南侧一段需要填土筑堤，北侧一段可在规划景观路的基础上进行防护。

8.8　工　程　设　计

8.8.1　工程建设标准

1. 土地平整工程标准

复垦区内种植方向为水浇地，规划客土后抬高田面，对复垦耕地进行土地平整、盐碱地土壤改良和施肥翻耕。

复垦后耕地应实现耕地平整，耕作层土壤应符合《土壤环境质量 农用地土壤污染风险管控标准（试行）》（GB 15618—2018）的规定，将作物生长的障碍因素的影响降到最低程度，并加强耕作层的保护。

复垦后耕地应同时满足《土地复垦质量控制标准》（TD/T 1036—2013）相关要求，即土壤改良后耕地土壤 pH 在 6.5～8.0，有机质≥3%，电导率≤2 dS/m。

施加有机肥时，所用有机肥各指标应符合《有机肥料》（NY/T 525—2021）规定。

2. 灌溉与排水工程标准

灌溉水源应符合《农田灌溉水质标准》（GB 5084—2021）。

排涝标准应满足农田积水不超过作物最大耐淹水深和耐淹时间，应由设计暴雨重现期、设计暴雨历时和排除时间确定。规划研究区农田排水宜采用 10 年一遇，对于 1～3 天的暴雨，从作物受淹起 3～5 天农田积水排至作物耐淹水深。

排渍标准根据当地同类型盐渍化土壤改良经验和种植经验确定。规划研究区排渍深度可取 0.4～0.6 m，日渗漏量可取为 2～8 mm/d（黏性土取较小值，沙性土取较大值）。

根据《灌溉与排水工程设计标准》（GB 50288—2018）规定，灌排建筑物的级别应根据过水流量的大小而确定。

3. 田间道路工程标准

田间道路工程指为满足农业物资运输、农业耕作和其他农业生产活动需要所采取的各种措施，本次规划包括景观路、田间路和生产路。

根据复垦区工程布局、复垦后土地利用方向，分别确定主要道路（景观路和田间路）路面宽度宜为 3.0～6.0 m，辅助道路（生产路）路面宽度宜为 3.0 m 以下。在大型机械化作业区，主要道路的路面宽度可以适当放宽。田间道路通达度应达到 100%。

4. 农田防护与生态环境保持工程标准

根据防护堤所在河道的防洪标准，确定本次防护堤设计防洪标准为 10 年一遇。

8.8.2 土地平整工程

1. 条台田修筑

根据营口市盐碱地改良经验，研究区拟设计为条台田，以达到耕地质量建设要求。

条台田是末级固定沟、渠控制的田块。它是进行机械耕作、布设田间工程和调节土壤水分的基本单元。

1）基本要求

条台田规划的内容包括条台田的大小、形状和方向的确定。确定这些参数要使灌溉、排水、防风效果好，机耕效率高，同时还应使田间工程量小，土地利用率高。条台田规划布置要求如下。

（1）灌溉对条台田的要求：灌溉对条台田的大小和方向有一定的要求。

a. 地面纵坡大于 1%～2%时：采用一般的沟、畦灌水方法，即沿地面主坡向灌水，会产生田面冲刷和水土流失，宜调整条台田方向，与等高线呈一定角度布置，取得 2%～6%的田面水流坡度。

b. 地面坡度等于 1%～2%时：可以采用条台田方向沿地面主坡向，即条台田长边与地面主坡向一致。

c. 地面坡度小于 1%时：条台田方向一般宜与地面主坡向一致。

（2）排水对条台田的要求：排水对条台田的要求主要涉及条台田的宽度，即农排沟的间距。

根据土壤和水文地质条件，控制地下水位的农排沟间距一般以 150.0～200.0 m 为宜。

当坡度较大时，农排沟与等高线小角度相交，沿条台田长边布置，以发挥排水沟的截流作用。当地面坡度较小时，农排沟即条台田长边宜于沿地面主坡向布置。

（3）机耕对条台田的要求：机耕要求条台田要有一定的长度，减少转弯的时间和无效耗油，以提高机械效率。当条台田长度为 200.0 m 时，农机时间利用率为 87.5%～91.4%，再增加条台田长度，则时间利用率增长较慢。条台田宽度不小于 200.0 m，对横向耕作也基本上能满足要求。

机耕要求条台田的形状最好为两边平行的长方形或内角不小于 60°的平行四边形，减少农机耕作时耕不到的死角。

2）条台田的大小、形状、方向的确定

根据以上基本要求，再结合研究区淡水洗盐需求，规划畦田为长 100.0 m、宽 30.0 m 的矩形，畦埂高 0.3 m。设计复垦后研究区地块一地形为西高东低、北高南低，地块二地形为东南高、西北低，地面坡度为 2%，条台田方向沿地面主坡向，即条台田长边与地面主坡向一致。复垦区规划典型条台田示意图如图 8-12～图 8-14 所示。

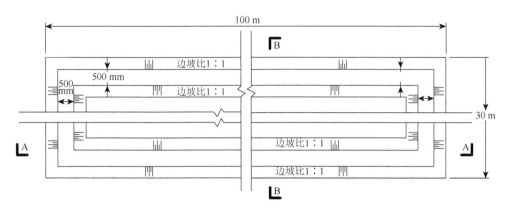

图 8-12　规划典型条台田平面图

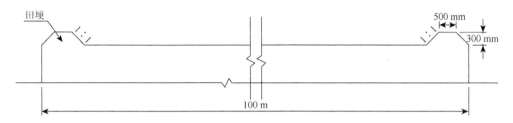

图 8-13　规划典型条台田 A-A 剖面图

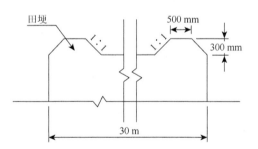

图 8-14　规划典型条台田 B-B 剖面图

3）条台田净面积测算

规划条台田规格主要为长 100.0 m、宽 30.0 m，个别为不规则三角形和梯形。

根据工程布局，在计算耕地净面积时，可将条台田分为标准型、矩形、梯形、三角形分别进行计算。其中，标准型长 100.0 m、宽 30.0 m 的矩形条台田，面积按矩形计算；矩形 1 长 150.0 m、宽 30.0 m 的矩形条台田，面积按矩形计算；三角形 1～4 和三角形 6～8 指地块整体形状为三角形或梯形，条台田宽 30.0 m，单个条台田面积可按矩形计算，长取中间值；三角形 5 指条台田形状为三角形，条台田宽 30.0 m，面积可按三角形计算。

计算耕地净面积时，应根据不同条台田形状分类计算，同时，由于规划条台田周边多为灌溉渠道和排水沟，当条台田田埂可以与灌溉渠道或排水沟埂坎共用时，则不应将其计入净耕地面积。

根据工程布局（图 8-15），复垦区规划条台田、灌溉渠道、排水沟及田间道路的结合方式主要分为以下 8 类。

（1）排水农沟＋排水支沟＋田间路＋灌溉支渠＋灌溉农渠。

（2）排水农沟＋排水支沟＋生产路＋灌溉支渠＋灌溉农渠。

（3）排水斗沟＋田间路＋灌溉斗渠。

（4）排水斗沟＋生产路＋灌溉斗渠。

（5）灌溉干渠Ⅱ型＋灌溉斗渠。

（6）景观路＋排水干沟＋排水斗沟。

（7）排水农沟＋灌溉农渠。

（8）景观路＋灌溉支渠＋灌溉农渠。

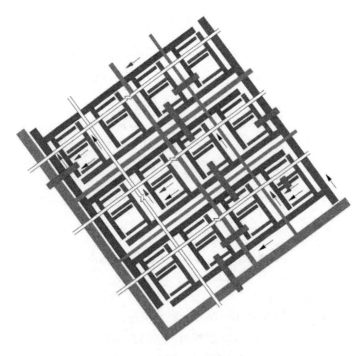

图 8-15　灌排系统典型示意图

通过上述分析可知，结合工程布局，可分别计算出不同类型条台田数量，扣除共用灌渠或排水沟田埂宽度后，即可测算出规划条台田净面积。复垦区规划条台田净面积为 1 975 886.83 m^2，各地块及各土壤改良类型面积详见表 8-13。

表 8-13　规划条台田净面积测算表

所在地块	土壤改良措施	条台田类型	长 L/m	宽 B/m	单个条台田面积/m²	数量/个	条台田小计/m²	土壤改良小计/m²
地块一	土壤改良 A 措施	三角形 1	129.17	24.8	3 203.42	18	57 661.49	57 661.49
	土壤改良 B 措施	矩形 1	143.17	24.8	3 550.62	9	31 955.54	102 787.31
		标准	93.17	24.8	2 310.62	24	55 454.78	
		三角形 2	51.67	24.8	1 281.42	12	15 376.99	
	土壤改良 C 措施	标准	93.17	24.8	2 310.62	26	60 076.02	96 239.63
		三角形 3	112.17	24.8	2 781.82	13	36 163.61	
	土壤改良 D 措施	标准	93.17	24.8	2 310.62	26	60 076.02	89 146.83
		三角形 4	90.17	24.8	2 236.22	13	29 070.81	
	小计		—	—	—	—	345 835.26	345 835.26
地块二	土壤改良 E 措施	标准	93.17	24.8	2 310.62	681	1 573 529.50	1 630 051.57
		三角形 5	96.17	20.6	1 981.10	5	9 905.51	
		三角形 6	201.17	24.8	4 989.02	5	24 945.08	
		三角形 7	149.17	24.8	3 699.42	3	11 098.25	
		三角形 8	213.17	24.8	5 286.62	2	10 573.23	
	小计		—	—	—	—	1 630 051.57	1 630 051.57
	合计		—	—	—	—	1 975 886.83	1 975 886.83

4）修筑条台田客土量计算

复垦区规划条台田净耕地面积为 1 975 886.83 m²，设计客土厚度为 0.8 m，因此修筑条台田需客土总土方量为 158.07 万 m³。

2. 土壤改良

1）土壤改良 A 措施

复垦区在地块一东北处实施土壤改良 A 措施（图 8-16），规划该地块面积为 57 661.49 hm²，实施措施如下：

（1）土地平整，平整后田面由西南向东北倾斜，田面坡度为 2%。

（2）先铺设 0.1 m 厚碎石垫层，碎石粒径为 5～10 mm，然后铺设两层土工布垫层。

（3）根据洗盐水位确定客土厚度为 0.8 m（自然沉降后厚度，即实方）。

2）土壤改良 B 措施

复垦区在地块一中部实施土壤改良 B 措施（图 8-17），规划该地块面积为 102 787.31 m²，实施措施如下：

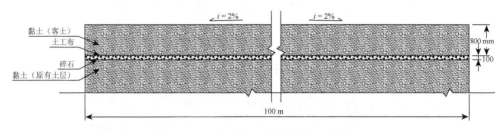

图 8-16 土壤改良 A 措施剖面示意图

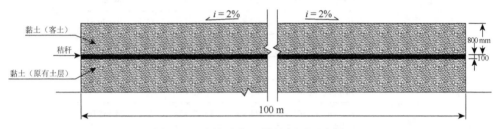

图 8-17 土壤改良 B 措施剖面示意图

（1）土地平整，平整后田面由西南向东北倾斜，田面坡度为 2%。

（2）铺设 0.1 m（自然沉降后厚度）厚秸秆垫层，秸秆为当地玉米秸秆和水稻秸秆。

（3）根据洗盐水位确定客土厚度为 0.8 m（自然沉降后厚度，即实方）。

3）土壤改良 C 措施

复垦区在地块一西北处实施土壤改良 C 措施（图 8-18），规划该地块面积为 96 239.63 m²，实施措施如下：

（1）土地平整，平整后田面由西南向东北倾斜，田面坡度为 2%。

（2）铺设 2～3 层土工布，建议使用具有一定透水性的分类机织土工布。

（3）根据洗盐水位确定客土厚度为 0.8 m（自然沉降后厚度，即实方）。

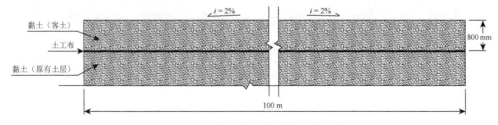

图 8-18 土壤改良 C 措施剖面示意图

4）土壤改良 D 措施

复垦区在地块一西南处实施土壤改良 D 措施（图 8-19），规划该地块面积为 89 146.83 m²，实施措施如下：

（1）土地平整，平整后田面由西南向东北倾斜，田面坡度为 2%。

（2）先铺设两层土工布垫层，然后铺设 50 mm 黄金分切率长度的排盐管，间距为 30.0 m，与排水沟同向。

（3）根据洗盐水位确定客土厚度为 0.8 m（自然沉降后厚度，即实方）。

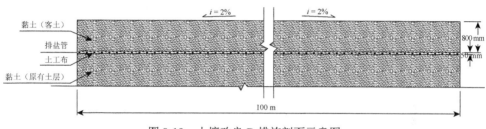

图 8-19　土壤改良 D 措施剖面示意图

5）工程量计算

复垦区地块一中土壤改良净面积为 1 975 886.83m²，工程量计算结果见表 8-14。

3. 施肥翻耕

为保证复垦区复垦后耕地质量能够达到 9～10 等，规划在客土后施加有机肥。由复垦区"土壤分析测试报告"可知，复垦区既有土壤有机质含量较高，但土壤偏碱性，在洗盐后可施加生物有机肥和农家肥，以提高盐碱地土壤改良效果，缩短土壤改良周期。

1）肥料选择

农家肥的种类繁多而且来源广、数量大，可就地取材，就地使用，成本也比较低，可腐熟发酵后直接使用。

根据复垦区有机肥用途可知，生物有机肥、生物菌肥均能对盐碱地改良起较大作用。与生物菌肥相比，生物有机肥价格便宜，肥料中含有的有机功能菌和有机质能改良土壤、促进土壤固定养分的释放，生物有机肥中的有机质本身就是功能菌生活的环境，施入土壤后这些功能菌容易存活。与生物有机肥相比，生物菌肥中的有益微生物能产生糖类物质，这种糖类物质占土壤有机质的 0.1%，与植物黏液、矿物胚体和有机胶体结合在一起，可以改善土壤团粒结构，增强土壤的物理性能和减少土壤颗粒的损失，在一定的条件下，还能参与腐殖质形成。所以施用复合有机菌肥能改善土壤物理性状，有利于提高土壤肥力。

表8-14 土壤改良工程计量计算结果表

工程名称	面积/m²	表层客土		土壤改良A措施				土壤改良B措施		土壤改良C措施		土壤改良D措施			
		客土厚/m	客土量/m³	碎石厚/m	碎石量/m³	土工布/m²	土工布面积/m²	秸秆厚/m	秸秆量/m³	土工布/m²	土工布面积/m²	土工布/m²	土工布面积/m²	排盐管/条	排盐管管长/m
土壤改良A	57 661.49	0.80	46 129.19	0.1	5 766.15	1	57 661.49								
土壤改良B	102 787.31	0.80	82 229.85					0.1	10 278.73						
土壤改良C	96 239.63	0.80	76 991.70							1	96 239.63				
土壤改良D	89 146.83	0.80	71 317.46									1	89 146.83	39	3 703.85
土壤改良E	1 630 051.57	0.80	1 304 041.26												
合计	1 975 886.83	—	1 580 709.46	—	5 766.15	—	57 661.49	—	10 278.73	—	96 239.63	—	89 146.83	—	3 703.85

通过调查比较可知，复合有机菌肥兼具生物有机肥和生物菌肥的双重功效，同时可以将该肥料与农家肥混合使用，既可以降低成本，又可最大限度激发土壤潜力，改善土壤质地，提高土壤肥力，更适合用于本研究盐碱地的改良。

2）施肥量

将全营养复合有机菌肥作为底肥，采用沟施或条施的方式进行施用，同时将腐熟农家肥作为辅助肥料，配合使用。为使复垦后耕地在 3～5 年后达到规划等别，规划拟亩均施加生物有机肥 800 kg/a，腐熟农家肥 1000 kg/a，连续施用 3 年。复垦区规划耕地净面积总计为 197.5887 hm^2，则施肥总量为 5.33489×10^6 kg/a，3 年共需 1.600 468×10^7 kg。详见表 8-15。

表 8-15　施肥量表

耕地等别	面积/hm^2	面积/亩	单位施生物有机肥量/(kg/亩)	生物有机肥量/kg	生物有机肥总量/kg	单位施腐熟农家肥量/(kg/亩)	腐熟农家肥量/kg	腐熟农家肥总量/kg
9 等	34.583 5	518.75	800	415 000	1 245 000	1 000	518 750	1 556 250
10 等	163.005 2	2 445.08	800	1 956 064	5 868 192	1 000	2 445 080	7 335 240
合计	197.588 7	2 963.83	—	2 371 064	7 113 192	—	2 963 830	8 891 490

3）土地翻耕

为提高有机肥改良效果，施肥同时，可采用深松耕（30 cm 以上）以促进土肥结合。复垦区规划耕地净面积总计为 197.5887 hm^2，即土地翻耕面积为 197.5887 hm^2。

8.8.3　灌溉与排水工程

规划设计的灌溉与排水工程包括水源工程（方塘）、输水工程（灌溉渠道）、排水工程（排水沟）、渠系建筑物（节制闸、分水闸、跌水、方塘涵闸、方塘涵洞和道路涵洞）、泵站（提水站、排水站）及输配电工程 5 项。下面介绍输水工程（灌溉渠道）和排水工程（排水沟）。

1. 输水工程

规划灌溉渠道主要用于条台田的淡水洗盐，其次用于复垦种植作物灌溉，洗盐就是把水灌到地里，使土壤中盐分溶解于水中，通过水在土壤中的渗透，自上而下地把土壤中过多的可溶性盐冲洗下去，并由排水沟排走。

1）灌溉渠系工程设计

复垦区内灌溉渠道按干、支、斗、农 4 级布置，其中灌溉干渠为一级渠道，灌溉农渠为田间末级渠道，各级渠道依次相连保证灌溉通畅。

2）灌溉渠道布置

规划的灌溉渠道主要与排水沟配合用于条台田的洗盐，灌溉水源来源主要为团结站农闲时期储水，经蓄水式提水站提水至方塘，再由灌溉式提水站提至灌水渠，最后通过自流灌溉进行洗盐。本次拟进行新建的渠系布置如下。

a. 新建灌溉干渠 3 条，总长度为 3271.03 m，均为梯形土质断面，根据各段控制面积确定渠道断面。

b. 新建灌溉支渠 6 条，总长度为 8063.88 m，均为梯形土质断面，根据各段控制面积确定渠道断面，且部分支渠需进行反比降设计以确保自流灌溉。

c. 新建灌溉斗渠 72 条，总长度为 25 078.80 m，均为梯形土质断面，根据各段控制面积确定渠道断面，各斗渠与支渠相连以保证灌溉通畅。

d. 新建灌溉农渠 843 条，总长度为 82 101.56 m，均为梯形土质断面，根据各段控制面积确定渠道断面，各农渠与斗渠相连以保证灌溉通畅。

（1）灌溉渠道设计流量计算。

灌溉渠道的设计流量是指灌水时期渠道需要通过的最大流量。它是设计渠道断面和渠系建筑物尺寸的主要依据。灌溉渠道设计流量与渠道所控制的灌溉面积大小，条台田洗盐脱盐灌溉制度及渠道的工作制度等有关。

a. 冲洗脱盐标准。

冲洗脱盐标准包括脱盐层允许含盐量和脱盐层厚度两个指标。脱盐层允许含盐量主要决定于盐分组成和作物苗期的耐盐性。此外还与气候、土质、水利、农业技术水平有关。本研究计划将土壤含盐量由 2% 降低到 1%。脱盐层厚度（即计划冲洗土层的厚度）则主要根据作物根系的主要分布深度而定。除了满足作物生长发育需要外，还要考虑防止土壤再度返盐的要求，本研究采用 0.6 m。

b. 冲洗定额。

冲洗定额是在单位面积上使土壤达到冲洗脱盐标准所需要的洗盐水量。根据不同地区冲洗定额实验资料，确定洗盐净灌溉定额为 300 m³/亩。灌水时，应根据情况分若干次灌入田中进行冲洗，这样既可提高冲洗效果，又能方便冲洗工作的进行。由此确定研究区灌水分三次，每次净灌水量为 100 m³/亩，相当于田中水深 15 cm。

c. 灌溉水入渗时间计算。

降雨和灌水时水分向土壤中入渗，入渗速度、一定时段内累计入渗量、入渗后水分在土壤剖面上的分布是确定灌水定额、制定灌溉制度的依据。计算时采用考斯加可夫经验计算入渗时间。

$$t_n = \left(\frac{m}{K_o} \right)^{1/(1-\alpha)} \tag{8-2}$$

式中，t_n 为田内各处入渗水量达到计划灌水定额所需要的下渗时间；m 为计划灌水定额，取一次洗盐定额 100 m³/亩；K_0 为第一个单位时间内的平均入渗速度，黏土取 $K_0 = 0.05$ m/h；α 为土壤入渗指数，取 $\alpha = 0.6$。

由计算得出 $t_n = 15.6$ h。

确定每次灌溉的时间为 0.5 天。

d. 灌水率的确定。

灌区单位面积上所需灌溉的净流量 $q_净$ 称为灌水模数。它是根据灌溉制度确定的，可利用它计算灌区渠首的引水流量和灌溉渠道的设计流量等。

灌水模数的确定应以灌水模数修正图中灌水模数最大、持续时间最长为原则。因为洗盐灌水率为最大灌水率，故取为设计灌水率。

灌水模数计算公式为

$$q_净 = \frac{m}{8.64 \cdot T} \tag{8-3}$$

式中，$q_净$ 为灌水模数，m³/(s·亩)；m 为计划灌水定额，m³/s；T 为灌水延续时间，天。

计划每次灌溉 100.0 m³/亩，用时 0.5 天，计算可知灌水模数 $q_净 = 0.0023$ m³/(s·亩)。

e. 设计流量计算。

研究区洗盐总面积为 197.5887 hm²，根据工程布局，分别确定不同级别灌渠控制面积，继而计算设计流量。研究区灌渠设计流量计算公式如下：

$$Q = A \times q_净 \tag{8-4}$$

式中，Q 为灌溉流量，m³；A 为控制面积，亩。

通过式（8-4）计算可知，研究区各级别灌渠设计流量、加大流量（加大系数取 30%）、最小流量（取设计流量的 40%），详见表 8-16。

表 8-16　灌溉渠道设计流量计算成果表

工程名称	控制面积 /m²	控制面积/亩	灌溉模数 /[m³/(s·亩)]	灌渠设计流量 /(m³/s)	加大流量 /(m³/s)	最小流量 /(m³/s)
灌溉干渠	327 805.93	491.71	0.002 3	1.13	1.47	0.45
灌溉支渠	328 639.43	492.96	0.002 3	1.13	1.47	0.45
灌溉斗渠	41 079.93	61.62	0.002 3	0.14	0.18	0.06
灌溉农渠	3 856.54	5.78	0.002 3	0.01	0.02	0.005

（2）灌溉渠道横断面设计。

按照灌溉所需流量，采用稳定均匀流计算公式对渠道横断面尺寸及输水能力进行计算。计算公式如下：

$$A = (b + mh_0)h_0 \tag{8-5}$$

$$X = b + 2h_0\sqrt{1+m^2} \tag{8-6}$$

$$R = \frac{A}{X} \tag{8-7}$$

$$C = \frac{1}{n}R^{1/6} \tag{8-8}$$

$$Q = AC\sqrt{R_i} \tag{8-9}$$

式中，A 为过水断面面积，m^2；b 为渠道底宽，m；m 为渠道边坡系数，根据土壤类别和渠道设计水深，取 1.0；h_0 为渠道设计水深，m；X 为湿周，m；R 为水力半径，m；C 为谢才系数；n 为糙率，根据工程完工后的实际情况，取 0.025；Q 为过流流量，m^3/s；i 为渠道纵比降，根据渠道土质、地形及流量的大小确定，灌溉干渠、支渠选用 1/5000，灌溉斗渠、农渠选用 1/2000。

复垦区规划灌溉渠道水力计算成果见表 8-17。

表 8-17　灌溉渠道水力计算成果

工程编号	底宽 b/m	设计水深 h_0/m	边坡系数	过水断面面积 A/m^2	湿周 X/m	水力半径 R/m	渠道纵比降 i	糙率 n	谢才系数 C	流速 V/(m/s)	过流流量 Q/(m^3/s)
灌溉干渠 I 型	3.00	1.20	1.00	5.04	6.39	0.79	0.0002	0.025	38.44	0.48	2.43
灌溉干渠 II 型	2.50	1.00	1.00	3.50	5.33	0.66	0.0002	0.025	37.29	0.43	1.50
灌溉支渠 I 型	2.50	0.75	1.00	2.44	4.62	0.53	0.0002	0.025	35.95	0.37	0.90
灌溉支渠 II 型	2.50	1.00	1.00	3.50	5.33	0.66	0.0002	0.025	37.29	0.43	1.50
灌溉斗渠	1.00	0.40	1.00	0.56	2.13	0.26	0.0005	0.025	32.01	0.37	0.21
特殊灌溉斗渠	1.00	0.50	1.00	0.75	2.41	0.31	0.0005	0.025	32.92	0.41	0.31
灌溉农渠	0.50	0.20	1.00	0.14	1.07	0.13	0.0005	0.025	28.52	0.23	0.03

通过水力计算成果表与设计流量对比可知，设计灌渠断面的过流流量均满足设计流量。

复垦区各级灌溉渠道设计典型剖面如图 8-20～图 8-26 所示。

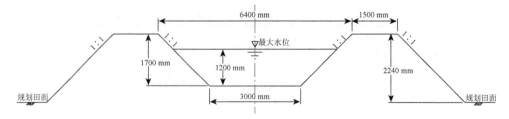

图 8-20　灌溉干渠 I 型典型横剖面图

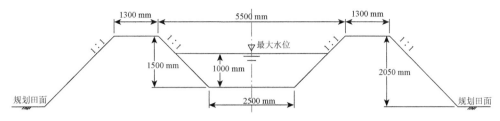

图 8-21　灌溉干渠 II 型典型横剖面图

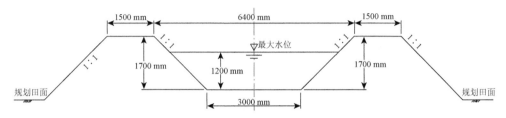

图 8-22　灌溉支渠 I 型典型横剖面图

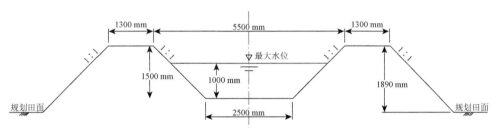

图 8-23　灌溉支渠 II 型典型横剖面图

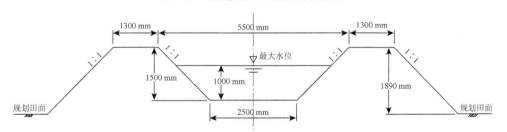

图 8-24　灌溉斗渠典型横剖面图

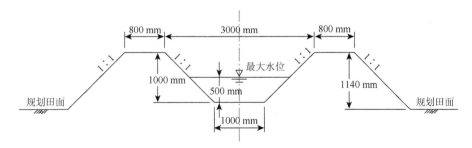

图 8-25　特殊灌溉斗渠典型横剖面图

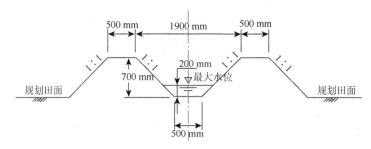

图 8-26　灌溉农渠典型横剖面图

（3）灌溉渠道纵断面设计。

a. 水位推算。

$$H_0 = A_0 + \Delta h + \sum L_i + \sum \varnothing \qquad (8-10)$$

式中，H_0 为灌溉渠道进水口处的设计水位，m；A_0 为灌溉渠道范围内控制点的地面高程，m；Δh 为控制点地面附近末级固定渠道设计水位的高差，m；L 为灌溉渠道的长度，m；$\varnothing$ 为水流通过渠系建筑物的水头损失，m。

b. 水位衔接。

建筑物前后水位衔接：衔接位置一般结合配水枢纽或交叉建筑物布置，并修建足够的渐变段，保证水流平顺过渡。

上下级渠道的水位衔接：在渠道分水口处，上下级渠道的水位应有一定的落差，以满足分水闸的局部水头损失。

通过逐级推算，区内各级灌溉渠道设计水位和渠底高差可以满足自流灌溉要求。

（4）工程量计算。

复垦区新建灌溉干渠 3 条，总长度为 3271.03 m；新建灌溉支渠 6 条，总长度为 8063.88 m；新建灌溉斗渠 72 条，总长度为 25 078.80 m；新建灌溉农渠 843 条，总长度为 82 101.56 m。这些均为填方渠道，梯形土质断面，客土总量为 51.76 万 m³，筑堤土方量为 38.47 万 m³。

2. 排水工程

规划设计的排水沟主要用于配合灌溉渠道洗盐排水，其次用于复垦种植作物田间排水。

1）排水沟工程设计

复垦区内排水沟按干、支、斗、农 4 级布置，其中排水干沟为一级排水沟，排水农沟为田间末级排水沟，各级排水沟依次相连保证排水通畅。

2）排水沟工程布置

规划的排水沟主要用于配合灌溉渠道洗盐排水，排水流量可视为与灌溉流量相同，布置与灌渠布置相似。本次拟进行新建的排水沟布置如下。

（1）新建排水干沟 2 条，总长度为 2943.30 m，均为土质梯形断面，根据周边排水沟控制面积确定沟道断面。

（2）新建排水支沟 6 条，总长度为 7777.65 m，均为土质梯形断面，根据各段控制面积确定沟道断面，各支沟与干沟相连以保证排水通畅。

（3）新建排水斗沟 71 条，总长度为 25 164.34 m，均为土质梯形断面，根据各段控制面积确定沟道断面，各斗沟与支沟相连以保证排水通畅。

（4）新建排水农沟 842 条，总长度为 82 700.16 m，均为土质梯形断面，根据各段控制面积确定沟道断面，各农沟与斗沟相连以保证排水通畅。

3）排水沟设计流量计算

排水设计流量是设计排水沟道和排水设施的依据。排水设计流量又有排涝设计流量（地面排水设计流量）和日常设计流量（排渍设计流量）之分。排涝设计流量主要用来确定排水沟断面和渠系建筑物尺寸，排渍设计流量作为满足控制地下水位要求的地下水排水流量，主要用来确定排水沟沟底高程和排渍水位。

（1）排涝模数。

采用平均排除法计算排涝模数。计算公式如下：

$$q_1 = \frac{R_1}{86.4t_1} \qquad (8\text{-}11)$$

式中，q_1 为降雨排涝模数，$\text{m}^3/(\text{s·km}^2)$；$R_1$ 为降雨径流深，mm，本设计取 108 mm；t_1 为降雨排除时间，天，本设计取 3 天。

$$q_2 = \frac{R_2}{86.4t_2} \qquad (8\text{-}12)$$

式中，q_2 为洗盐排涝模数，$\text{m}^3/(\text{s·km}^2)$；$R_2$ 为洗盐水层深度，mm，本设计取 450 mm；t_2 为洗盐水排除时间，天，本设计取 7 天。

因此，研究区设计排涝模数 $q_{涝} = q_1 + q_2 = 1.16\ \text{m}^3/(\text{s·km}^2)$。

（2）排涝设计流量。

复垦区排涝总面积 197.5887 hm^2，根据工程布局，由排水农沟开始，自下而上，分别确定不同级别排水沟控制面积，继而计算设计流量。复垦区排水沟设计流量计算公式如下：

$$Q = A \times q_{涝} \qquad (8\text{-}13)$$

式中，Q 为灌溉流量，m^3；A 为控制面积，m^2；$q_{涝}$ 为设计排涝模数，$\text{m}^3/(\text{s·km}^2)$。

根据各级排水沟的控制面积，计算各级排水沟的流量，详见表 8-18。

表 8-18　排涝设计流量计算成果表

工程名称	控制面积/km²	排涝模数 /[m³/(s·km²)]	排涝流量 /(m³/s)
排水干沟	1.976	1.160	2.929
排水支沟	0.576	1.160	0.668
排水斗沟	0.036	1.160	0.042
排水农沟	0.003	1.160	0.003

注：表中计算为典型计算；排水农沟控制面积为标准条台田面积，条台田长 100 m，宽 30 m；1 条排水斗沟控制 12 条农沟；1 条排水支沟控制 16 条斗沟；排水干沟控制全区排水，由于干沟两端均有排水站，因此，干沟设计流量取全区设计流量的 1/2。

（3）排渍设计流量。

排水沟排渍设计流量计算公式如下：

$$q_渍 = \frac{1000\Delta h\mu}{86.4T} \qquad (8\text{-}14)$$

式中，$q_渍$ 为设计排渍模数，m³/(s·km²)；Δh 为设计的地下水日降低设计高度，取 0.2 m；μ 为土壤给水度，取 0.03；T 为作物耐渍历时，取 3 天。

因此，复垦区设计排渍模数 $q_渍 = 0.023$ m³/(s·km²)。

根据复垦区各级排水沟控制面积，进行典型计算可得相应的排渍设计流量，详见表 8-19。

表 8-19　排渍设计流量计算成果表

工程名称	控制面积/km²	排渍模数 /[m³/(s·km²)]	排渍流量 /(m³/s)
排水干沟	1.976	0.023	0.0454
排水支沟	0.576	0.023	0.0132
排水斗沟	0.036	0.023	0.0008
排水农沟	0.003	0.023	0.0001

4）排水沟横断面设计

在一定的土地条件下，排水沟的间距越大（或沟深越深），地下水位就越高，降雨或过量灌溉后地下水位回落得越慢。如图 8-27 所示，为了在允许时间内使地下水位降低到要求的地下水埋深 ΔH 以下，并使之得以控制，排水沟的间距 L 越大，则要求沟深 D 也越深，而沟越深施工越困难，排水沟边坡的稳定性也较差；反之排水沟的间距越小，要求的沟深就越浅，施工越方便，排水沟边坡稳定性越高，但这样会使单位面积土地上的排水沟数量增加，土地面积利用率降低。因此，排水沟沟深与间距的确定不仅要考虑作物生长要求的地下水埋深，还要考虑工程量的大小，施工的难易，边坡稳定条件，土地面积利用率的高低，机耕作业的要求等因素，需分析比较，统筹兼顾。

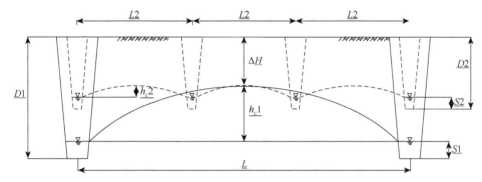

图 8-27 排水沟沟深与间距的关系图

根据复垦区条台田设计规格（长 100.0 m、宽 30.0 m）确定排水农沟间距为 30.0 m，排水斗沟间距为 100.0 m，排水支沟间距为 300.0 m。

当作物允许的地下水埋深 ΔH 一定时，排水沟的深度 D 可写为

$$D = \Delta H + h_c + S \tag{8-15}$$

式中，ΔH 为作物生长要求的地下水埋深，m，取 0.7 m；h_c 为两排水沟间中点地下水位降低 ΔH 时，该点地下水位距排水沟内水面的垂直高度，m，该值的大小视排水沟间距和农田土壤质地而定，一般不小于 0.2～0.3 m，取 0.3 m；S 为排水沟中的水位，排地下水时沟内水深较浅，取 0.2 m。

通过上述计算可知，复垦区排水农沟设计深度 $D = 1.2$ m。

然后，根据排水沟流量，采用稳定均匀流计算公式依次对各级排水沟横断面尺寸及排水能力进行计算，计算公式与灌溉渠道相同。排水沟水力计算成果见表 8-20。

表 8-20 复垦区排水沟水力计算成果表

工程编号	底宽 b/m	设计水深 h/m	边坡系数	过水断面面积 A/m²	湿周 X/m	水力半径 R/m	渠道纵比降 i	糙率 n	谢才系数 C	流速 V /(m/s)	过流流量 Q/(m³/s)
排水干沟	3.00	1.16	1.40	5.36	6.99	0.77	0.0001	0.025	38.27	0.34	1.798
排水支沟	2.00	0.81	1.25	2.44	4.59	0.53	0.0002	0.025	36.00	0.37	0.905
排水斗沟	0.70	0.20	1.00	0.18	1.27	0.14	0.0005	0.025	28.90	0.24	0.044
排水农沟	0.50	0.20	1.00	0.14	1.07	0.13	0.0005	0.025	28.52	0.23	0.032

通过水力计算成果表与设计流量对比可知，设计排水沟断面的过流流量均满足设计流量。

复垦区各级排水沟设计典型剖面如图 8-28～图 8-32 所示。

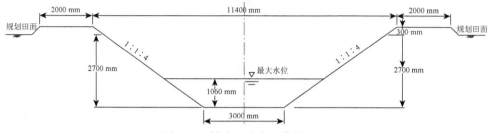

图 8-28　排水干沟典型横剖面图

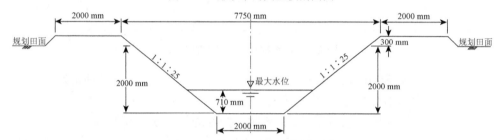

图 8-29　排水支沟典型横剖面图

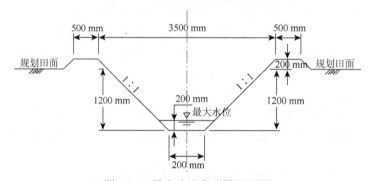

图 8-30　排水斗沟典型横剖面图

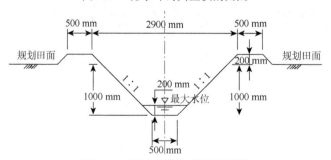

图 8-31　排水农沟典型横剖面图

5）排水沟纵断面设计

水位推算公式如下：

$$Z_{水} = H_0 - \Delta h - L_i \qquad (8\text{-}16)$$

式中，$Z_{水}$ 为排水沟设计水位，m；H_0 为地面高程，m；Δh 为设计水位距地面高差，取 0.1 m；L 为排水沟长度，m；i 为渠道纵比降。

通过逐级推算，复垦区内各级排水沟设计水位和沟底高差可以满足自流排水要求。

6）工程量计算

复垦区新建排水干沟 2 条，总长度为 2943.30 m；新建排水支沟 6 条，总长度为 7777.65 m；新建排水斗沟 71 条，总长度为 25 164.34 m；新建排水农沟 842 条，总长度为 82 700.16 m。均为半挖半填沟道，梯形土质断面，客土总量为 27.93 万 m³，筑埂土方量为 4.53 万 m³，挖方总量为 8.70 万 m³。

8.8.4　田间道路工程

为衔接对外交通、构建复垦区内部交通网络，规划在复垦区内新建景观路、田间路、生产路 3 级道路，其中景观路为对外主要道路，田间路为内部主要道路，生产路为内部辅助道路。

1. 设计原则

（1）方便田间作业，均匀布设，路网通畅。

（2）节约耕地资源，充分利用既有农村道路。

（3）经济实用，节约投资。

（4）坚固耐用，不易损坏。

（5）便于施工，可采用的施工工艺能够满足质量检验评定标准。

2. 控制要素

（1）主要道路服务水平为 15 年，辅助道路对服务水平没有相应要求。

（2）主要道路要求设计速度小于等于 60 km/h，辅助道路要求设计速度小于等于 20 km/h。

（3）道路桥涵的设计荷载按不超过公路-Ⅱ级荷载计算，当道路重型车辆少时，其桥涵设计可采用公路-Ⅱ级车道荷载效应的 0.8 倍，车辆荷载效应可采用 0.7 倍。

车道荷载的计算图示如图 8-32 所示。

计算跨径为：设支座的为相邻两支座中心间的水平距离；不设支座的为上部、下部结构相交面中心点的水平距离；q_k 为均布荷载标准值；P_k 为集中荷载标准值。

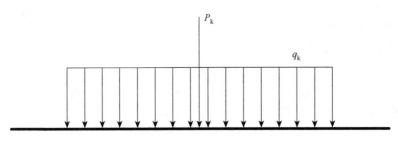

图 8-32　车道荷载的计算图

（1）公路-Ⅰ级车道荷载的均布荷载标准值为 $q_k = 10.5$ kN/m，集中荷载标准值 P_k 按以下规定选取：

　a. 桥涵计算跨径小于或等于 5 m 时，$P_k = 180$ kN；

　b. 桥涵计算跨径等于或大于 50 m 时，$P_k = 360$ kN；

　c. 桥涵计算跨径大于 5 m、小于 50 m 时，P_k 值采用直线内插求得。

（2）公路-Ⅱ级车道荷载的均布荷载标准值 q_k 和集中荷载标准值 P_k 为公路-Ⅰ级车道荷载的 0.75 倍。

3. 主要田间路

规划的主要田间路位于复垦区边界周围，是与外部道路衔接、对外沟通的主要道路，为复垦后生态农业发展提供良好基础。

1）路线、路宽、纵坡等设计要素

路线：位于复垦区四周边界位置，连接区外既有水泥路。

路宽：为对外主要交通道路，根据区外既有水泥路宽及复垦后生态农业需求，本次设计水泥路宽为 5.0 m。

纵坡：最大纵坡为 6%～8%，最小纵坡满足雨雪排除要求，取 0.4%。

2）路基与垫层

根据道路功能、等级，结合研究区地形、地质及路用材料等自然条件，规划在铺筑路基前先铺设块石垫层以提高路基承载力，设计块石垫层厚度为 0.5 m。根据研究区周边既有道路整修经验及研究区自然条件，选择山皮石作为路基材料，设计路基厚度为 0.3 m，边坡比为 1∶1。施工时采用压路机分层压实，压实度大于 85%。

3）路面与路肩

根据复垦区周边道路整修经验及研究区自然条件，并考虑平整和抗滑的要求，本研究选择 C25 水泥混凝土作为路面材料，铺装厚度为 200 mm，每隔 6 m 设置 1 条 3 cm 宽的沥青木板伸缩缝（图 8-33）。同时，考虑农机作业需求，在规划路面两侧分别设置 0.5 m 宽素土路肩，以横向支撑路面，并提供临时停车的位置。路肩边坡坡率为 1∶1，施工时采用压路机分层压实，压实度大于 85%。

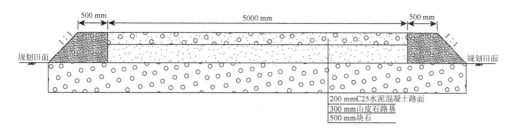

图 8-33　景观路设计横剖面图

4）工程布设及工程量

复垦区共新建主要田间路 3 条，总长度 6221.65 m，路面宽度为 6.0 m。各主要田间路工程量详见表 8-21。

表 8-21　主要田间路工程量表

工程编号	路长/m	修筑标准	水泥路面/m²	伸缩缝/m²	素土路肩/m²	山皮石路基/m²	块石垫层/m³	路床碾压/m²
景观路-01	1 959.84	分层铺筑 0.2 m 水泥路面、0.3 m 山皮石路基、0.5 m 块石垫层、0.5 m 宽素土路肩	9 799.20	32.70	1 959.84	9 799.20	4 899.60	13 718.89
景观路-02	2 101.74		10 508.69	35.00	2 101.74	10 508.69	5 254.34	14 712.16
景观路-03	2 160.07		10 800.35	36.00	2 160.07	10 800.35	5 400.18	15 120.49
合计	6 221.65	—	31 108.24	—	6 221.65	31 108.24	15 554.12	43 551.54

4. 田间路

规划田间路分别贯穿复垦区东西与南北两个方向，是区内生产作业的主要道路，在规划灌渠及排水沟田埂基础上修建。

1）路线、路宽、纵坡等设计要素

路线：复垦区田间路分别贯穿研究区东西与南北两个方向，是区内生产作业的主要道路，在规划灌渠及排水沟田埂基础上修建。

路面宽度：复垦区田间路为区内主要交通道路，根据复垦后生态农业需求，本次设计路宽为 3.0 m。

纵坡：田间路最大纵坡为 6%～8%，最小纵坡满足雨雪排除要求，取 0.4%。

2）路基与垫层

根据道路功能、等级，结合复垦区地形、地质及路用材料等自然条件，规划在铺筑路基前先铺设块石垫层以提高路基承载力，设计块石垫层厚度为 0.5 m。根据复垦区周边既有道路整修经验以及研究区自然条件，设计中选择山皮石作为路基材料，设计路基厚度为 0.2 m，施工时采用压路机分层压实，压实度大于 85%。

3）路面与路肩

根据复垦区周边既有道路整修经验以及复垦区自然条件，同时考虑平整和抗滑的要求，设计中选择砂砾石作为路面材料，粒径范围为 20～60 mm。设计路面厚度为 0.2 m，施工时采用压路机分层压实，压实度大于 85%（图 8-34）。同时，考虑农机作业需求，在规划路面两侧分别设置 0.5 m 宽素土路肩，以横向支撑路面，并提供临时停车的位置。路肩边坡坡率为 1∶1，施工时采用压路机分层压实，压实度大于 85%。

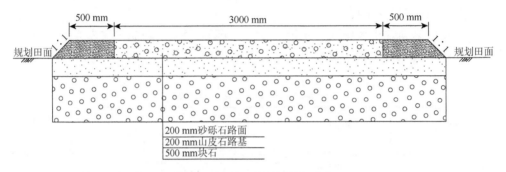

图 8-34　田间路设计横剖面图

4）工程布设及工程量

复垦区共新建田间路 2 条，总长度 3730.21 m，路面宽度为 3.0 m。各田间路工程量详见表 8-22。

表 8-22　田间路工程量表

工程编号	路长/m	修筑标准	砂砾石路面/m²	素土路肩/m²	山皮石路基/m²	块石垫层/m³	路床碾压/m²
田间路-01	1 755.83	分层铺筑 0.2 m 砂砾石路面、0.2 m 山皮石路基、0.5 m 块石垫层、0.5 m 宽素土路肩	5 267.48	1 755.83	5 267.48	2 633.74	8 427.97
田间路-02	1 974.38		5 923.14	1 974.38	5 923.14	2 961.57	9 477.02
合计	3 730.21	—	11 190.62	3 730.21	11 190.62	5 595.31	17 904.99

5. 生产路

生产路分别贯穿复垦区东西与南北两个方向，是复垦区内生产作业的辅助道路，主要依靠规划灌渠及排水沟田埂修建。

1）路线、路宽、纵坡等设计要素

路线：分别贯穿复垦区东西与南北两个方向，是复垦区内生产作业的辅助道路，主要依靠规划灌渠及排水沟田埂修建。

路宽：生产路是复垦区内生产作业的辅助道路，满足日常生产需要即可，本次设计路宽为 2.0 m。

纵坡：最大纵坡为 6%～8%，最小纵坡满足雨雪排除要求，取 0.4%。

2）路基

根据道路功能、等级，结合复垦区地形、地质及路用材料等自然条件，生产路主要依靠规划灌渠及排水沟田埂修建，选择山皮石作为路基材料，设计路基厚度为 0.2 m，边坡坡率为 1：1。施工时采用压路机分层压实，压实度大于 85%。

3）路面

根据复垦区周边既有道路整修经验及复垦区自然条件，同时考虑平整和抗滑的要求，本研究选择砂砾石作为路面材料，粒径范围为 20～60 mm。设计路面厚度为 0.2 m，边坡坡率为 1：1（图 8-35）。施工时采用压路机分层压实，压实度大于 85%。

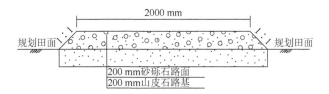

图 8-35　生产路设计横剖面图

4）工程布设及工程量

复垦区共新建生产路 4 条，总长度 7203.37 m，路宽为 2.0 m。各生产路工程量详见表 8-23。

表 8-23　生产路工程量表

工程编号	路长/m	修筑标准	路面/m²	山皮石路基/m²	路床碾压/m²
生产路-01	1 758.31		3 516.61	4 219.93	4 923.25
生产路-02	1 789.49	分层铺筑 0.2 m 砂砾石路面、0.2 m 山皮石路基	3 578.98	4 294.77	5 010.57
生产路-03	1 904.84		3 809.67	4 571.61	5 333.54
生产路-04	1 750.73		3 501.46	4 201.75	4 902.05
合计	7 203.37		14 406.72	17 288.06	20 169.41

8.9　本 章 小 结

营口市老边区废弃工矿用地复垦区主要限制因素为土壤盐碱化程度高，拟规划修筑条台田，复垦为水浇地，种植耐盐碱的经济作物（如菊芋等）。为提高土壤改良措施对盐碱土地的改良效果，确保复垦后耕地质量等别，以规划道路、沟系为边界进行划分，将复垦区划分为 5 种改良类型，分别为：土壤改良 A 措施，在客土前分层铺设土工布及碎石垫层；土壤改良 B 措施，在客土前铺设秸秆垫层；土壤改良 C 措施，在客土前铺设土工布；土壤改良 D 措施，在客土前铺设土工布及排盐管；土壤改良 E 措施，直接客土。规划复垦后土壤改良 A、B、C、D 措施耕地质量达到 9 等，土壤改良 E 措施耕地达到 10 等。

　　为满足复垦区淡水洗盐和复垦后农作物灌溉需求，规划在复垦区西北侧和东北侧路边位置布设方塘进行蓄水，水源主要为研究区东北侧 2.0 km 处的团结站，可通过蓄水式提水站提水进入复垦区。复垦区内布设灌溉干渠、支渠、斗渠和农渠 4 级渠道，构建复垦区洗盐、灌溉的输水系统。灌溉干渠沿平行于方塘的方向布置，为保证灌水效率，提高水的利用率，灌溉干渠上设节制闸，保证单独控制灌溉支渠灌水。复垦区布设排水干沟、支沟、斗沟和农沟 4 级排水沟道，上下级排水沟互相垂直，灌排相邻布置。洗盐时，田间水通过农沟、斗沟、支沟依次自流，最终汇入复垦区西南侧的排水干沟中，最终分别由复垦区排水干沟两端的排水站排出。为实现复垦区轮灌作业，在淤泥河、灌溉干渠和灌溉支渠上分别布设节制闸；根据各级灌溉渠道流量，在灌溉干渠与灌溉支渠衔接处、灌溉支渠与灌溉斗渠衔接处分别设置分水闸，用以分配水量；根据各级排水沟流量，在排水斗沟与排水支沟衔接处、排水支沟与排水干沟衔接处分别设置跌水；在田间路、生产路与灌溉渠系或排水沟道交叉位置，根据灌渠或排水沟规格分别设置方塘涵闸、方塘涵洞和道路涵洞。

参 考 文 献

白伟, 孙占祥, 郑家明, 等. 2011. 辽西地区土壤耕层及养分状况调查分析. 土壤, 43 (5): 714-719.

白中科. 2010. 美国土地复垦的法制化之路. 资源导刊, 2010 (8): 44-45.

白中科, 王文英, 李晋川. 1998. 试析平朔露天煤矿废弃地复垦的新技术. 煤矿环境保护, (6): 47-50.

卞正富. 2000. 国内外煤矿区土地复垦研究综述. 中国土地科学, 14 (1): 6-11.

蔡剑华, 游云龙. 1995. 弯叶画眉草在红壤矿区砂坝的生态适应性及其防护效果. 环境与开发, 10 (3): 1-5.

蔡运龙. 2001. 中国农村转型与耕地保护机制. 地理科学, 21 (1): 1-6.

曹向彬. 2015. 矿山土地复垦水土保持研究与案例分析. 咸阳: 西北农林科技大学.

常毅. 2014. 工矿废弃地复垦价值评价体系研究. 晋中: 山西农业大学.

陈百明, 王秀芬. 2013. 耕地质量建设的生态与环境理念. 中国农业资源与区划, 34 (1): 1-4.

陈虎, 沈卫国, 单来, 等. 2012. 国内外铁尾矿排放及综合利用状况探讨. 混凝土, (2): 88-92.

陈家栋. 2012. 大宝山矿区土壤重金属污染及废弃地生态修复技术. 南京: 南京林业大学.

陈茜. 2012. 北京市基本农田保护区内耕地数量和质量提升潜力评价研究. 长沙: 湖南农业大学.

陈学砧. 2016. 提升耕地质量的土地整治工程遴选与组配. 北京: 中国地质大学 (北京).

陈印军, 王晋臣, 肖碧林, 等. 2011. 我国耕地质量变化态势分析. 中国农业资源与区划, 32 (2): 1-5.

陈元鹏, 周旭, 周妍. 2018. 浅析历史遗留工矿废弃地复垦利用问题. 中国土地, (11): 47-48.

程琳琳, 胡振琪, 宋蕾. 2007. 我国矿产资源开发的生态补偿机制与政策. 中国矿业, 16 (4): 11-13, 18.

崔毅敏. 2017. 我国工矿废弃地可垦性评价. 北京: 中国地质大学 (北京).

代永新. 2012. 露天采坑改建尾矿库关键技术探讨. 金属矿山, 41 (1): 58-62.

邸延顺. 2015. 基于耕地质量评价的基本农田分区建设研究. 哈尔滨: 东北农业大学.

冯留建, 韩丽雯. 2017. 坚持人与自然和谐共生 建设美丽中国. 人民论坛, (34): 36-37.

高世昌. 2018. 国土空间生态修复的理论与方法. 中国土地, (12): 40-43.

高世昌, 苗利梅, 肖文. 2018. 国土空间生态修复工程的技术创新问题. 中国土地, 391 (8): 32-34.

龚杰, 李卫利. 2009. 河北省耕地质量变化对粮食单产的影响研究. 经济论坛, 456 (17): 68-70.

龚杰昌, 李潇, 周晨. 2012. 我国矿区土地复垦保证金收取标准测算方法选择研究. 当代经济科学, (6): 115-121, 126.

关天宇, 朱真, 尚韬, 等. 2008. 充填层对覆土层水分变化影响的模拟研究. 水土保持通报, 28 (3): 97-100.

郭友红，李树志，鲁叶江．2008．塌陷区矸石充填复垦耕地覆土厚度的研究．矿山测量，（2）：59-61．

国土资源部不动产登记中心．2016．历史遗留和自然灾害损毁土地调查与利用研究．北京：科学出版社．

韩德宝，王松江．2004．城镇地价评估体系创新研究．昆明理工大学学报（理工版），（1）：125-128．

何芳，乔冈，刘瑞平，等．2013．矿山土地复垦模式探讨．西北地质，46（2）：201-209．

何永家．2014．浅议辽宁省耕地质量建设．2014 年中国农业资源与区划学会学术年会，福州，393-398．

贺振伟，白中科，张继栋，等．2012．中国土地复垦监管现状与阶段性特征．中国土地科学，26（7）：56-59，97．

洪和琪．2015．基于生态学原理对生态文明建设的思考．环境保护与循环经济，35（10）：68-71．

胡乔木．1993．中国大百科全书：中国地理卷．北京：中国大百科全书出版社．

胡召华，杨甲华，陈涛．2013．耕地质量建设与管理存在的问题及对策浅析．湖南农业科学，（17）：80-83．

胡振琪．1997．煤矿山复垦土壤剖面重构的基本原理与方法．煤炭学报，（6）：617-622．

胡振琪，魏忠义，秦萍．2005．矿山复垦土壤重构的概念与方法．土壤，37（1）：8-12．

黄毅，邹洪涛，虞娜，等．2006．辽西易旱区雨水资源跨时空调控技术的研究．水土保持学报，20（5）：126-129．

贾守国．2012．浅谈工矿废弃地复垦利用工作．华北国土资源，（6）：89-90，93．

贾硕．2014．基于高标准农田建设与耕地质量管理——以白城市为例．长春：东北师范大学．

江焜，董荣，黄晓澜．1997．南斯拉夫的土壤改良技术．安徽科技，3（5）：59-60．

姜明君．2008．基于矿山废弃土地的水土保持优化措施与典型设计——以辽宁盖州矿洞沟诚信金矿为例．农业科技与装备，（6）：41-43．

姜勇，庄秋丽，梁文举，等．2005．空间变异在土壤性质长期定位观测及取样中的应用．土壤通报，36（4）：531-535．

蒋小丹．2016．矿区土地复垦法律制度探析．法制博览，（11）：178-179．

金丹，卞正富．2009．国内外土地复垦政策法规比较与借鉴．中国土地科学，23（10）：66-73．

金赟．2013．基于 GIS 与 RS 工矿废弃地复垦的适宜性分析——以阳新县为例．武汉：华中师范大学．

金涛．2009．浅谈我国土地适宜性评价研究发展．科技创新导报，（31）：107．

金野隆光，朱铭义．1987．土壤生物活性的测定．土壤学进展，（4）：53-56．

孔祥斌．2017．耕地质量系统及生产潜力监测预警的理论与实践．北京：中国农业大学出版社．

黎孟波，刘继华．1985．乳剂特性方程式及其应用．矿物岩石，（1）：124-134．

李乐，李学慧，巴文庄，等．2015．美国州级露天采矿的综合管理与环境保育策略分析——对美国加州《露天采矿管理与复垦法》的解读．国土资源情报，（9）：34-38．

李明卓．2016．辽宁省西部地区气候环境舒适性分析．大连：辽宁师范大学．

李武艳，王华，徐保根，等．2015．耕地质量占补平衡的绩效评价．中国土地科学，11（29）：79-82．

李新凤．2014．高潜水位采煤塌陷区不同土壤重构模式水分运移规律与模拟研究．北京：中国地质大学（北京）．

李学伟. 2008. 生态补偿设计思想的实践——以德国海尔布隆市砖瓦厂公园及北京门头沟区大沙坑环境整治为例. 中国园林, 24 (10): 48-52.

李彦明, 李欣峰, 辛培静, 等. 2007. 利用刺槐治理矿山迹地实验研究. 山西水土保持科技, (3): 20-21.

李奕志, 李立强, 孔祥斌, 等. 2014. 美国国家资源清单及其对中国耕地质量动态监测的启示. 中国土地科学, 28 (7): 82-89.

李真, 赵艳艳, 魏铁霞, 等. 2013. 辽宁西部旱地农业土壤的主要问题分析. 山西农业科学, 41 (11): 1205-1208, 1211.

廉杰, 郑茂兴, 武飞, 等. 2013. 露天坑的治理与综合利用技术研究. 金属矿山, 42 (6): 134-137.

林华, 李瑞华. 2012. 基于能值理论的耕地质量评价研究——以河南省为例. 资源与产业, 14 (5): 123-129.

林培. 1996. 土地资源学 (第二版). 北京: 中国农业大学出版社.

刘江黎, 吴兵. 2014. 矿坑中的佛教世界: 蚌埠白石山栖岩寺景观设计. 南方建筑, (4): 84-87.

刘文锴, 陈秋计, 刘昌华, 等. 2006. 基于可拓模型的矿区复垦土地的适宜性评价. 中国矿业, 15 (3): 34-37.

刘喜韬, 鲍艳, 胡振琪, 等. 2007. 闭矿后矿区土地复垦生态安全评价研究. 农业工程学报, 23 (8): 102-106.

刘志祥, 周士霖. 2012. 充填体强度设计知识库模型. 湖南科技大学学报 (自然科学版), 27 (2): 7-12.

卢敦华. 2017. 基于颗粒流方法的碎石渗透系数分析. 湖南科技大学学报 (自然科学版), 32 (1): 37-41.

罗明飞, 赵翠薇. 2013. 土地整理前后的耕地质量对比研究——以关岭自治县为例. 中国农业资源与区划, 34 (6): 127-131.

吕文帅. 2015. 苍峄铁矿地质环境影响评价及治理规划. 泰安: 山东农业大学.

马彦卿, 李小平, 冯杰, 等. 2000. 粉煤灰在矿山复垦中用于土壤改良的试验研究. 矿冶, 9 (3): 15-19.

密文富, 林志红. 2012. 水土保持综合利用技术在矿山整合治理中的应用. 河北水利, (10): 37.

尼古拉申, 房俭生, 潘咏文. 1999. 向闭坑露天采场充水的综合方法. 国外金属矿山, 24 (5): 26-28.

倪绍祥. 2003. 近10年来中国土地评价研究的进展. 自然资源学报, 18 (6): 672-683.

潘树华, 刘长武, 曾德健. 2008. 废弃矿坑的军事应用//中国岩石力学与工程学会地下工程分组. 第十届全国岩石力学与工程学术大会论文集. 北京: 中国电力出版社.

彭建, 蒋一军, 吴健生, 等. 2005. 我国矿山开采的生态环境效应及土地复垦典型技术. 地理科学进展, 24 (2): 38-48.

钱凤魁. 2011. 基于耕地质量及其立地条件评价体系的基本农田划定研究——以辽宁省凌源市为例. 沈阳: 沈阳农业大学.

史同广, 郑国强, 王智勇, 等. 2007. 中国耕地适宜性评价研究进展. 地理科学进展, 26 (2): 106-115.

舒俭民, 刘连贵, 张岱松, 等. 1996. 石墨矿废弃地生态复垦研究. 中国环境科学, 16 (3): 191-195.

孙承军，王礼焦. 2012. 连云港市耕地质量建设与保护现状及对策. 现代农业科技，（2）：289-291.

孙艳红，张洪江，程金花，等. 2006. 缙云山不同林地类型土壤特性及其水源涵养功能. 水土保持学报，20（2）：106-109.

隋景跃，张国林. 2008. 辽西朝阳地区风资源特点. 安徽农业科学，36（31）：13781-13782.

汪景宽，卢晓姣，李永涛，等. 2012. 中国耕地质量建设与管理立法研究. 中国人口·资源与环境，22（S1）：205-208.

王辉，韩宝平，卞正富. 2007. 充填复垦土壤水分竖直运动模拟研究. 中国矿业大学学报，36（5）：690-695.

王来春. 1994. 辽西叶柏寿片麻岩的特征与成因探讨. 辽宁地质，（4）：342-355.

王沈佳. 2013. 国内外土地复垦适宜性评价的研究综述. 科技广场，（4）：123-127.

王世云. 2014. 黄土高原露天煤矿复垦农用地跟踪监测研究. 北京：中国地质大学（北京）.

王业融. 2016. 松嫩平原耕地质量监测指标体系研究. 哈尔滨：东北农业大学.

王永生，郑敏. 2002. 废弃矿坑综合利用. 中国矿业，（6）：66-68.

魏忠义，王秋兵. 2009. 大型煤矸石山植被重建的土壤限制性因子分析. 水土保持研究，16（1）：179-182.

吴乐知，蔡祖聪. 2007. 基于长期试验资料对中国农田表土有机碳含量变化的估算. 生态环境，16（6）：1768-1774.

吴文斌. 2005. 基于遥感和 GIS 的土地适宜性评价研究. 北京：中国农业科学院.

谢晓彤，朱嘉伟. 2017. 耕地质量影响因素区域差异分析及提升途径研究——以河南省新郑市为例. 中国土地科学，31（6）：70-78.

辛馨，胡克，文屹. 2008. 鞍山齐大山铁矿矿山复垦模式研究. 矿冶工程，28（5）：114-117.

辛磊. 2013. 区域供水规划过程中的主要技术及经济指标分析. 科技视界，（31）：387-388.

邢梦罡. 2011. 河北省矿山复垦区农田水利措施建设的适宜性研究. 保定：河北农业大学.

徐明岗，卢昌艾，张文菊，等. 2016. 我国耕地质量状况与提升对策. 中国农业资源与区划，37（7）：8-14.

杨邦杰，陨文聚，程锋. 2010. 论耕地质量与产能建设. 中国发展，12（1）：1-6.

杨居荣，贺建群，蒋婉茹. 1995. Cd 污染对植物生理生化的影响. 农业环境保护，14（5）：193-197.

杨萌. 2016. 朝阳铁矿尾砂大量施用对土壤理化性质及作物生长状况的影响. 沈阳：沈阳农业大学.

杨庆媛，陈展图，信桂新，等. 2018. 中国耕作制度的历史演变及当前轮作休耕制度的思考. 西部论坛，28（02）：1-8.

伊万诺夫. 1954. 加深黑钙土耕作层的耕作法. 郑绍国，李春华，译. 北京：科学出版社.

尹洪涛. 2006. 辽西地区气候资源精细化模拟与应用研究. 南京：南京信息工程大学.

于涵. 2011. 干旱与半干旱区节水型绿地建设设计研究. 北京：北京林业大学.

袁哲路. 2013. 矿山废弃地的景观重塑与生态恢复. 南京：南京林业大学.

郧文聚，程锋. 2012. 耕地持续增产要靠"五个提升". 中国土地，4（3）：16-17.

郧文聚，宇振荣. 2011. 土地整治加强生态景观建设理论、方法和技术应用对策. 中国土地科学，25（6）：4-9，19.

张蛈蛈，孔祥斌，郧文聚，等. 2015. 我国耕地质量与监控研究综述. 中国农业大学学报，20（2）：216-222.

张弘，白中科，王金满，等.2013. 矿山土地复垦公众参与内在机制及其利益相关者分析. 中国土地科学，27（8）：81-86.

张杰.2003. 矿业城市（矿区）土地复垦与生态重建研究. 南京：南京农业大学.

张璟.2012. 辽西地区金矿成矿规律及成矿预测. 长春：吉林大学.

张凯.2016. 辽西褐土耕层结构障碍因素分析及其耕作培肥措施研究. 沈阳：沈阳农业大学.

张世书.2005. 缩小地区差距促进西部经济发展的财政政策. 大连：东北财经大学.

张世文，周妍，李贞，等.2018. 我国工矿废弃地复垦跟踪监测分类与方案确定研究. 中国矿业，27（3）：87-92.

章家恩，徐琪.1999. 三峡库区秭归县土壤退化综合评价. 中国农业生态学报，7（1）：32-35.

赵方莹，蒋延玲.2010. 矿山废弃地灌草植被不同层次的水土保持效应. 水土保持通报，30（4）：56-59.

赵广礼，陆厚华.1990. 国内外铝矿山复垦概况. 轻金属，（12）：1-6.

赵红，袁培民，吕贻忠，等.2011. 施用有机肥对土壤团聚体稳定性的影响. 土壤，43（2）：306-311.

赵华甫，张凤荣，许月卿，等.2007. 北京城市居民需要导向下的耕地功能保护. 资源科学，29（1）：56-62.

赵淑芹，刘倩.2014. 基于 DEA 的矿产资源开发利用生态效率评价. 中国矿业，23（1）：54-57，103.

郑磊.2011. 基于 GIS 的大连市金州区农用地适宜性评价. 科技创新导报，（19）：235-236.

郑树衡.2014. 岩石力学特性与破碎产品粒度之间的关系和规律. 包头：内蒙古科技大学.

中国环境监测总站.2004. 中国环境监测总站未来十年发展构想. 中国环境监测，20（4）：3-7.

中华人民共和国国务院. 2017. 土地复垦规定.（2017-02-06）[2019-03-24]. http://f.mnr.gov.cn/201702/t20170206_1435815.html.

中华人民共和国国务院. 2011. 土地复垦条例.（2011-2-22）[2018-03-25]. http://www.gov.cn/flfg/2011-03/11/content_1822635.htm.

朱道林.2012. 耕地质量要靠法律管. 中国土地，（2）：20-21.

Anonymous. 2009. Ohio Department of Natural Resources is honored for land reclamation.Mining Engineering，61（10）：54.

Axler R，Yokom S，Tikkanen C，et al. 1998. Restoration of a mine pit lake from aquacultural nutrient enrichment. Restoration Ecology，6（1）：1-19.

Bangian A H，Ataei M，Sayadi A，et al. 2012. Optimizing post-mining land use for pit area in open-pit mining using fuzzy decision making method.International Journal of Environmental Science and Technology，9（4）：613-628.

Darmody R G，Marlin J C. 2014. Utilization of river sediments as topsoil to reclaim brownfields and other sites. Beijing：The Beijing International Symposium Land Reclamation and Ecological Restoration.

European Commission. 2006. The EU Rural Development Policy 2007-2013. Luxemburg：Office for Official Publications of the European Communities.

Fiori M，Grillo S M，Marcello A. 2004. Recovery modelling and water resources of the abandoned open-pit talc-chiorite-feldspar mine excavations at Lasasai-Bonucoro，Central Sardinia，Italy. Acta Petrologica Sinica，20（4）：899-906.

Hudak A J, Cassidy D P. 2004. Stimulating in-soil rhamnolipid production in a bioslurry reactor by limiting nitrogen. Biotechnology and Bioengineering, 88 (7): 861-868.

Lal R. 2004. Soil carbon sequestration impaction global climate change and food security. Science, 304 (5677): 1623-1627.

Lottermoser B G, Munksgaard N C, Daniell M. 2009. Trace element uptake by Mitchell grasses grown on mine wastes, Cannington Ag-Pb-Zn Mine, Australia: Implications for mined land reclamation. Water, Air, and Soil Pollution, 203: 243-259.

Macaskie L E, Wates J M, Dean A C R.1987. Cadmium accumulation by a *Citrobacter* sp. immobilized on gel and solid supports: Applicability to the treatment of liquid wastes containing heavy metal cations. Biotechnology and Bioengineering, 30 (1): 66-73.

Maiti S K, Nandhini S, Das M. 2005. Accumulation of metals by naturally growing herbaceous and tree species in iron ore tailings. International Journal of Environmental Studies, 62 (5): 593-603.

Nusser S M, Breidt F J, Fuller W A. 1998. Design and estimation for investigating the dynamics of natural Resource. Ecological Applications, 8 (2): 234-245.

Oladeji O O, Tian G L, Cox A E, et al. 2012. Effects of long-term application of biosolids for mine land reclamation on groundwater chemistry: Trace metals. Journal of Environmental Quality, 41 (5): 1445-1451.

Otchere F A, Veiga M M, Hinton J, et al. 2004. Transforming open mining pits into fish farms: Moving towards sustainability. Natural Resources Forum, 28 (3): 216-223.

Pašakarnis G, Maliene V. 2010. Towards sustainable rural development in Central and Eastern Europe: Applying land consolidation. Land Use Policy, 27 (2): 545-549.

Rsamussen P E, Goulding K W T, Brown J R, et al. 1998. Long-term agroecosystem experiments: Assessing agricultural sustainability and global change. Science, 282 (5390): 893-896.

Smith G C, Lewis T, Hogan L D. 2015. Fauna community trends during early restoration of alluvial open forest/woodland ecosystems on former agricultural land.Restoration Ecology, 23 (6): 787-799.

Swab R M, Lorenz L, Byrd S, et al. 2017. Native vegetation in reclamation: Improving habitat and ecosystem function through using prairie species in mine land reclamation.Ecological Engineering, 108: 525-536.